市場培育與拓展

馮婕 主編

序

　　市場的培育是從新產品開發就開始的，不是每一個渠道都需要由廠商自行去建立，維繫和鞏固既有的消費者而不是開拓新的目標消費群是企業最經濟的行銷之道，在成熟的市場上企業不是在賣產品而是在賣品牌……我們希望這本書能幫助正在或者將來會從事市場管理和行銷策劃的人士建立正確的市場觀念，並且在短時間內知悉從產品開發到培育成長的每一個關鍵的成長點中可以採取的手段和策略。

　　本書以企業的產品培育成長過程為主線，從新產品開發程序與策略、消費者定位與開拓、忠誠消費者的培養、渠道管理、渠道拓展與渠道創新、促銷及推廣策略、市場競爭戰略、品牌的塑造與品牌忠誠行銷等方面進行了整合分析。

　　在我們對本科生進行教學，對企業市場行銷人員進行培訓的過程中，發現對已經具備了市場行銷基本知識的學生和從業人員而言，雖然市場上有各種相關性的教材和書籍，但缺乏以一種更通俗更簡明的形式把如上內容整合在一起，簡明清晰地從新產品開發到品牌培育整個過程進行邏輯梳理，為後期的進階閱讀進行比較全面的行銷知識鋪墊的教材。而市場對這樣的教材卻有著很大的需求。

　　因此，我們以「實用、可操作」為編寫原則，「通俗、精煉」為編寫風格，針對經濟管理、行銷策劃等相關專業，結合市場需求，在內容的設計上，寬基礎、重實踐，偏重指導閱讀者的實際操作能力培養，增加讀者分析問題和解決問題的能力。在欄目設置和寫作風格上，充分運用圖表、案例、延伸閱讀等形式，使本書的結構層次分明，閱讀更輕鬆。

　　本書可作為市場行銷、廣告推廣、工商管理等專業的培訓教材，也可作為從事市場行銷、廣告策劃、企業管理等工作的人士的應用參考工具書。

　　本書由馮婕擔任主編，餘蓉、汪嘉彬、董亞妮擔任副主編。各章節編寫的具體分工如下：第一章，謝娟；第二章，陳曉；第三章，馮婕；第四章，董亞妮；第五章，王軍、肖梁；第六章，汪嘉彬；第七章，汪嘉彬；第八章、第九章，餘蓉；第十章，馮婕。

因時間緊迫和學術水準有限，本教材還存在不少需要完善的地方，希望廣大師生和讀者在使用過程中提出寶貴意見，以便進一步改進完善。

編　者

目錄

第一章　新產品開發程序與策略 ……………………………………………（1）

　　第一節　產品及新產品概述 ………………………………………（2）

　　第二節　新產品開發程序 …………………………………………（7）

　　第三節　新產品開發策略 …………………………………………（12）

第二章　消費者定位與開拓 …………………………………………………（17）

　　第一節　消費者定位 ………………………………………………（18）

　　第二節　消費者的開拓 ……………………………………………（31）

　　第三節　消費者定位與開拓的區別與聯繫 ………………………（39）

第三章　忠誠消費者的培養 …………………………………………………（43）

　　第一節　從可能購買對象到有效潛在購買對象 …………………（44）

　　第二節　從有效潛在消費者到初次購買者 ………………………（47）

　　第三節　從初次購買者到重複購買者 ……………………………（51）

　　第四節　從重複購買者到忠誠購買者 ……………………………（53）

　　第五節　從忠誠消費者到品牌提倡者 ……………………………（59）

　　第六節　預防忠誠消費者流失 ……………………………………（62）

第四章　渠道與渠道管理 ……………………………………………………（67）

　　第一節　渠道的基本概念和職能 …………………………………（68）

　　第二節　渠道的模式結構 …………………………………………（70）

　　第三節　渠道設計與中間商選擇 …………………………………（74）

　　第四節　渠道管理的概念與內容 …………………………………（79）

第五章　渠道拓展與渠道創新 ………………………………………………（85）

　　第一節　渠道拓展的基本概念和基本內容 ………………………（85）

第二節　渠道規劃設計 …………………………………………………… (87)
　　第三節　渠道甄選與建設 ………………………………………………… (91)
　　第四節　渠道拓展的可能性 ……………………………………………… (94)
　　第五節　渠道拓展的常見形態 …………………………………………… (95)
　　第六節　中小企業進行渠道拓展需要注意的幾點問題 ……………… (100)
　　第七節　渠道創新保障企業基業長青 ………………………………… (102)
　　第八節　網絡時代的渠道拓展和渠道創新 …………………………… (107)

第六章　促銷及推廣策略 ……………………………………………………… (111)
　　第一節　促銷概述 ……………………………………………………… (112)
　　第二節　人員推銷策略 ………………………………………………… (117)
　　第三節　廣告策略 ……………………………………………………… (122)
　　第四節　公共關係策略 ………………………………………………… (130)
　　第五節　營業推廣策略 ………………………………………………… (135)

第七章　市場競爭戰略 ………………………………………………………… (140)
　　第一節　競爭因素分析 ………………………………………………… (141)
　　第二節　識別和選擇競爭對手 ………………………………………… (150)
　　第三節　市場競爭戰略選擇 …………………………………………… (155)

第八章　品牌與定位 …………………………………………………………… (166)
　　第一節　品牌真相 ……………………………………………………… (166)
　　第二節　品牌定位真相 ………………………………………………… (169)
　　第三節　品牌定位的步驟 ……………………………………………… (174)
　　第四節　品牌定位策略 ………………………………………………… (182)

第九章　塑造品牌的策略與手段 ……………………………………………… (188)
　　第一節　塑造品牌的步驟 ……………………………………………… (188)
　　第二節　品牌行銷策略及其實施要點 ………………………………… (193)
　　第二節　品牌策略在產品生命週期不同階段的應用 ………………… (209)

第十章　品牌的締造 …………………………………………………………… (213)
　　第一節　品牌資產 ……………………………………………………… (214)
　　第二節　品牌成長十階梯 ……………………………………………… (227)

第一章
新產品開發程序與策略

小連結

寶潔公司始創於 1837 年，最初只是生產銷售肥皂和蠟燭。1859 年，寶潔年銷售額首次超過 100 萬美元，公司員工發展為 80 人。1890 年，寶潔在 Ivorydale 工廠建立了一個分析實驗室，研究及改進肥皂製造工藝，這是美國工業史上最早的產品開發研究實驗室之一。公司的研究實驗室和工廠一樣繁忙。新產品一個接一個地誕生：象牙皂片（一種洗衣和洗碗碟用的片狀肥皂）、CHIPSO（第一種專為洗衣機設計的肥皂）以及 CRISCO（第一種改變美國人烹調方式的全植物性烘焙油）。所有這些創新產品的產生都是基於對消費者需求的深入瞭解：公司以領先的市場調研方法研究市場，研究消費者。20 世紀初期，寶潔開始在辛辛那提以外設廠。1915 年，寶潔首次在美國以外的加拿大建立生產廠。

1931 年，寶潔公司創立了專門的市場行銷機構，由一組專門人員負責某一品牌的管理，而品牌之間存在競爭。這一系統使每一品牌都具有獨立的市場行銷策略，寶潔的品牌管理系統正式誕生。1933 年，由寶潔贊助播出的電臺系列劇「Ma Perkins」在全美播出，大受歡迎，「肥皂劇」也因此得名。1937 年，寶潔創立一百週年，年銷售額達到 2.3 億美元。

1946 年，寶潔推出被稱做「洗衣奇跡」的汰漬（Tide）洗衣粉。汰漬採用了新的配方，洗滌效果比當時市場上所有其他產品都好。卓越的洗滌效果及合理的價格使汰漬於 1950 年成為美國第一的洗衣粉品牌。它的成功為寶潔累積了進軍新產品系列以及新市場所需的資金。在汰漬推出後的幾年裡，寶潔開拓了很多新的產品。第一支含氟牙膏佳潔士得到美國牙防協會首例認證，很快就成為首屈一指的牙膏品牌。寶潔的紙漿製造工藝促進了紙巾等紙製品的發展，寶潔發明了一次性的嬰兒紙尿片，並於 1961 年推出幫寶適。寶潔原有業務的實力不斷加強，同時開始進軍其他市場。最重要的舉措是 1961 年收購 Folger's 咖啡，以及推出第一種織物柔順劑 Downy。

為拓展全球業務，寶潔開始在墨西哥、歐洲和日本設立分公司。到 1980 年，寶潔在全世界 23 個國家開展業務，銷售額直逼 110 億美金，利潤比 1945 年增長了 35 倍。1980 年，寶潔已發展成為全美最大的跨國公司之一。1988 年，寶潔在廣州成立了在中國的第

一家合資企業——廣州寶潔有限公司，從此開始了寶潔投資中國市場的歷程。目前，寶潔公司已陸續在廣州、北京、上海、成都、天津等地設立了十幾家合資、獨資企業。通過收購 Norwich Eaton 制藥公司（1982）、Rechardson-Vicks 公司（1985），寶潔開始活躍於個人保健用品行業；通過20世紀80年代末90年代初收購 Noxell、Max Factor、Ellen Betrix，寶潔在世界化妝品和香料行業扮演著重要角色。這些收購項目也加快了寶潔全球化的進程。為了充分發揮跨國公司的優勢，寶潔建立了全球性的研究開發網絡，其研究中心遍布美國、歐洲、日本、拉美等地。2001年，寶潔公司從施貴寶公司收購了全球染髮、護髮領導品牌伊卡露系列。2003年，寶潔收購了德國威娜公司。

目前寶潔是世界上最大的日用消費品公司之一，擁有眾多深受信賴的優質、領先品牌，包括玉蘭油、SK-II、潘婷、飄柔、海飛絲、沙宣、伊卡璐、威娜、舒膚佳、吉列、博朗、護舒寶、佳潔士、歐樂-B、幫寶適、汰漬、蘭諾、碧浪、金霸王、品客等品牌產品。寶潔的全球雇員近10萬，在全球80多個國家設有工廠及分公司，所經營的300多個品牌的產品暢銷160多個國家和地區。在《財富》雜誌2009年評選出的全球500家最大工業/服務業企業中，寶潔排名第68位；在2010年《財富》雜誌公布的「2010年全球最受尊敬企業」排名中位列榜單第六位。

資料來源：寶潔網站（http://www.pg.com.cn/）等，其內容經過了編者整理。

從寶潔的發展歷程中，我們看見了資本運作的影子，看見了行銷的魔力，更看見了產品開發之於企業發展的重要性。

我們必須認識到，一個企業一定是以提供產品作為其存在的前提條件。企業要生存，必須要市場接受其產品、消費者購買其產品。可以說，企業的生命力在於產品，成功開發出新產品是企業在市場中生存發展的根本。當今世界，消費者的需求複雜多變，企業間的競爭日益激烈，這些都迫使企業在產品方面要不斷推陳出新。所以說，企業的產品又魂系開發。無數的企業在新產品開發過程中或有成功經驗或有失敗教訓，這些都值得所有企業學習和借鑑。在新產品開發過程中，採取有針對性的新產品開發策略，遵循科學的開發程序，有效地組織和實施開發活動，可以大大降低開發失敗的風險。

第一節　產品及新產品概述

一、產品整體概念（TPC）

人們通常說到產品，想到的就是看得見、摸得著的東西，是某種特定物質形狀和用途的物品。但在現代社會，這已經被視為對產品的一種狹義理解。市場行銷學認為，廣義的產品是指人們通過購買而獲得的能夠滿足某種需求和慾望的有形物品和無形服務的總和；

它既包括具有物質形態的實體,又包括非物質形態的利益。這種理解就是所謂的「產品整體概念」(Total Product Concept)。

產品整體概念依次經歷了三層次和五層次兩種層次結構學說,應該說這是一個漸進的發展和完善過程。三層次結構說認為整體產品應該包含核心產品、形式產品、附加產品三個層次。1994年,P. 科特勒在《市場管理:分析、計劃、執行與控制》一書的修訂版中,將產品概念的內涵由三層次結構說擴展為五層次結構說。產品整體概念包括核心產品、形式產品、期望產品、附加產品和潛在產品五個層次,如圖1.1所示。

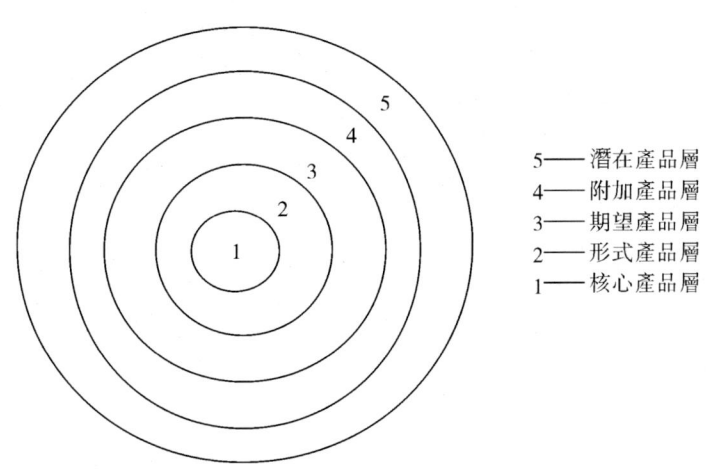

圖1.1　產品整體概念的五個層次

核心產品也稱實質產品,是指消費者購買某種產品時所追求的利益,是顧客真正要買的東西,因而在產品整體概念中也是最基本、最主要的部分。核心產品只是一個抽象的概念。消費者購買某種產品,並不是為了佔有或獲得有形產品本身,而是為了獲得經由有形產品而實現的某種需要的效用或利益。

如人們買衣服主要是為了禦寒,買麵包主要是為了充饑,買房子主要是為了遮蔽風雨,買汽車主要是為了代步,買化妝品則是希望美麗、體現氣質、增加魅力,接受治療是為了恢復健康。因此,企業在開發產品、宣傳產品時應明確地確定產品能提供的根本利益,這樣產品對消費者才會具有吸引力。

形式產品是核心產品的承載體,是產品的基本效用得以實現的形式,即向市場提供的實體和服務的形象。兩者之間的關係可以說就是內容和形式的關係。如果形式產品是實體物品,則它通常表現為品質、式樣、特徵、品牌及包裝等。如果形式產品是服務,則通常表現為一系列的行為過程。

期望產品是指購買者在購買某種產品時期望得到的與產品密切相關的一套屬性和條件,如購買的東西便於攜帶、購物時就近方便、購買的產品是名牌成品等。期望產品使消費者基於核心產品得以實現的利益更加充分和完善。

附加產品是顧客購買產品時所獲得的全部附加服務和利益，包括提供信貸、免費送貨、保證、安裝、售後服務等。附加產品的概念來源於對市場需要的深入認識。因為購買者的目的是為了滿足某種需要，因而他們希望得到和滿足與該項需要有關的其他一切。

　　由於產品的消費是一個連續的過程，消費者不僅需要企業售前宣傳產品，獲取信息，售中企業提供方便，獲得快捷，更需要企業保障售後產品能持久、穩定地發揮效用。可以預見，隨著市場競爭的日趨激烈和用戶要求不斷提高，附加產品將會越來越成為企業競爭獲勝的重要手段。

　　潛在產品是指現有產品包括所有附加產品在內、可能發展成為未來最終產品的潛在狀態。例如彩電可以發展為電腦終端機，手機將成為上網的工具。潛在產品層的存在，使產品本身具有了可持續性，消費者也會為這個預期買單。

小連結

汽車品牌 4S 店

　　4S 店是集汽車銷售、維修、配件和信息服務為一體的銷售店。4S 店是一種以「四位一體」為核心的汽車特許經營模式，包括整車銷售（Sale）、零配件（Spare part）、售後服務（Service）、信息反饋等（Survey）。目前國內大部分汽車產品的銷售都依靠4S 店銷售渠道。

　　以前 4S 店是以賣車為主業，隨著競爭的加劇，商家越來越注重服務品牌的建立，而且 4S 店的後盾是汽生產廠家，所以在售後服務方面可以得到保障。

　　由於 4S 店一般只針對一個廠家的系列車，因為有廠家的系列培訓和技術支持，所以對車的性能、技術參數、使用和維修方面都非常專業，做到了「專而精」。

　　4S 店同時有一完整的客戶投訴、意見、索賠的管理制度，必須承擔為客戶解決困難的責任，因此在客戶中擁有很高的信譽度。

　　4S 店讓車主真正的享受到「上帝」的感覺，累了有休息室，渴了有水喝，無聊可以看報刊、上網，如果急著用車還有備用車供你使用，整個流程有專門的服務人員為你打理，不用自己操心就完成汽車相關業務。

　　資料來源：汽車消費網，http://inf.315che.com/news/78622.htm，內容有改編。

　　產品整體概念是對市場經濟條件下產品概念的完整、系統、科學的表述。它對企業培育和拓展市場具有重要的意義，可以斷言，不懂得產品整體概念的企業不可能真正貫徹市場行銷觀念。在產品整體概念的各個層次上，企業都可以形成自己的特色，從而與競爭產品區別開來。企業要在激烈的市場競爭中取勝，就必須致力於創造自身產品的特色。企業只有通過產品多層次的最佳組合才能確立其產品的市場地位。

二、新產品的含義及類型

　　產品壽命週期理論對於我們準確認識新產品很有啓發。一般來說，對新產品的界定可

以從企業、市場和技術三個角度進行。對企業而言，第一次生產銷售的產品都叫新產品；對市場來講則不然，只有第一次出現的產品才叫新產品；從技術方面看，在產品的原理、結構、功能和形式上發生了改變的產品叫新產品。行銷學的新產品包括了前面三者的成分，但更注重消費者的感受與認同，它是從產品整體概念的角度來定義的。凡是產品整體概念中任何一部分的創新、改進，能給消費者帶來某種新的感受、滿足和利益的相對新的或絕對新的產品，都叫新產品。除包含因科學技術在某一領域的重大發現所產生的新產品外，新產品還包括：在生產銷售方面，只要產品在功能或形態上發生改變，與原來的產品產生差異，甚至只是從原有市場進入新的市場的產品，都可視為新產品；在消費者方面，則是指能進入市場給消費者提供新的利益或新的效用而被消費者認可的產品。

通常新產品可分為全新型、模仿型、改進型、形成系列型、降低成本型和重新定位型六種類型。

（1）全新型新產品是指應用新原理、新技術、新材料，具有新結構、新功能的產品。該新產品在全世界首先開發，能開創全新的市場。

（2）模仿型新產品是企業對國內外市場上已有的產品進行模仿生產，稱為本企業的新產品。

（3）形成系列型新產品是指在原有的產品大類中開發出新的品種、花色、規格等，從而與企業原有產品形成系列，擴大產品的目標市場。

（4）改進型新產品是指在原有老產品的基礎上進行改進，使產品在結構、功能、品質、花色、款式及包裝上具有新的特點和新的突破。改進後的新產品，其結構更加合理，功能更加齊全，品質更加優質，能更好地滿足消費者不斷變化的需要。

（5）重新定位型新產品指企業的老產品進入新的市場而被稱為該市場的新產品。

（6）降低成本型新產品是以較低的成本提供同樣性能的新產品，主要是指企業利用新技術，改進生產工藝或提高生產效率，削減原產品的成本，但保持原有功能不變的新產品。

小連結

產品生命週期理論

產品生命週期（Product Life Cycle），簡稱 PLC，是產品的市場壽命，即一種新產品從開始進入市場到被市場淘汰的整個過程。產品和人的生命一樣，要經歷形成、成長、成熟、衰退這樣的週期。就產品而言，也就是要經歷一個開發、引進、成長、成熟、衰退的階段。這個週期在不同技術水準國家裡，其發生的過程和時間是不一樣的，存在著較大的差距和時差。

典型的產品生命週期一般可以分成四個階段，即介紹期（或引入期）、成長期、成熟期和衰退期。

（1）介紹期（引入期）。這是指產品從設計投產直到投入市場進入測試階段。此時產

品品種少，顧客對產品還不瞭解，除少數追求新奇的顧客外，幾乎無人實際購買該產品。生產者為了擴大銷路，不得不投入大量的促銷費用，對產品進行宣傳推廣。該階段由於生產技術方面的限制，產品生產批量小，製造成本高，廣告費用多，產品銷售價格偏高，銷售量極為有限，企業通常不能獲利，反而可能虧損。

（2）成長期。成長期是產品經過引入期，銷售取得成功的階段。產品通過試銷效果良好，購買者逐漸接受該產品，在市場上站住腳並且打開銷路，需求量和銷售額迅速上升，生產成本大幅度下降，利潤迅速增長。與此同時，競爭者看到有利可圖，也紛紛進入市場參與競爭，使同類產品供給量增加，價格隨之下降，企業利潤增長速度逐步減慢，最後達到生命週期利潤的最高點。

（3）成熟期。這是指產品進入大批量生產並穩定地進入市場銷售、市場需求趨於飽和的階段。此時，產品普及並日趨標準化，成本低而產量大，銷售增長速度緩慢直至轉而下降。由於競爭的加劇，同類產品生產企業之間不得不加大在產品質量、花色、規格、包裝服務等方面的投入，一定程度上增加了產品成本。

（4）衰退期。隨著科技的發展以及消費者消費習慣的改變，市場上會出現其他性能更好、價格更低的新產品，足以滿足消費者的需求，產品在市場上開始老化，不能適應市場需求，銷售量和利潤持續下降，產品進入淘汰階段。此時成本較高的企業就會由於無利可圖而陸續停止生產，該類產品的生命週期陸續結束，以至完全撤出市場。

資料來源：MBA智庫百科（wiki.mbalib.com/wiki）產品生命週期理論，內容有改編。

美國BA&H管理諮詢公司對美國700家公司在1979—1984年間投入市場的新產品的分類情況進行了調查，具體情況如圖1.2所示：[1]

對公司的新穎程度			
高	模仿型 20%		全新型 10%
	改進型 26%	形成系列型 26%	
低	降低成本型 11%	重新定位型 7%	
	低	對市場的新穎程度	高

圖1.2　新產品的分類和比重

---

[1]　資料來源：羅伯特·G.庫伯．新產品開發流程管理［M］．3版．北京：電子工業出版社，2010：12.

開發新產品對於企業的意義是不言而喻的，它使企業能夠更好地滿足人們日益增長的需求，提升企業的競爭實力，提高企業經濟效益，保障企業的生存和發展。上述統計數據告訴我們，上市的新產品中大約四分之三都可歸入由現有產品改進而產生的新產品。因此，無論哪類企業都應重視從現有產品的改進中去開發新產品。但是企業在開發新產品的同時，必須要從企業實際出發確定開發方向和類型，根據市場需要來開發適銷對路的新產品。

第二節　新產品開發程序

一、新產品開發的線性程序

中國的很多企業往往僅將新產品開發工作看成一項技術活動。而國外的企業比較早地將其和行銷、財務等活動結合起來，從而提高了新產品開發的成功率。新產品開發是一項極其複雜的工作，從根據用戶需要提出設想到正式生產產品投放市場為止，其中經歷了許多階段，這些階段之間互相制約、互相促進、涉及面廣、科學性強。要使產品開發工作協調、順利地進行，必須要按照一定的程序開展工作。由於行業的差別和產品的不同特點，特別是因為選擇產品開發方式的不同，新產品開發所經歷的階段和具體內容並不完全一樣。通常這個過程將經過如圖 1.3 所示的八個階段，即尋求創意、創意篩選、概念開發和測試、制定行銷戰略、商業分析、產品開發、市場試銷、商業化。這種線性程序常常被看做開發新產品的標準模式。

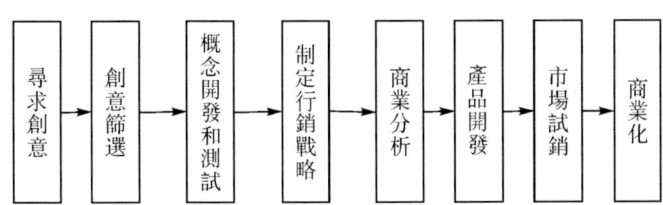

圖 1.3　新產品開發的過程

小連結

將客戶的需求融入到新產品開發中

位於美國緬因州的 L. L. Bean 公司是世界著名的生產和銷售服裝及戶外運動裝備的企業。為顧客著想，傾聽顧客意見，這些源於創始人 L. L. Bean 的企業理念始終主導公司的行為，也貫穿於新產品開發的過程中。

當 L. L. Bean 公司準備開發一項新產品時，它首先要做的是瞭解顧客的真實感受。由公司裡不同部門人員組成的產品開發小組將產品開發的過程列出詳細的計劃，並向真正有

大量類似產品使用經歷的顧客介紹情況。這些顧客是根據他們的戶外活動經歷和坦率程度挑選出來的。選定對象以後，開發人員對這些顧客進行訪談。每支面談隊伍將會使用同樣一組廣泛的、開放式問題來探究戶外活動者的世界，其目的是想知道各種戶外活動的環境到底是什麼樣子。當結束一次面談的時候，小組會盡快詳細回顧並整理面談內容，找出那些關鍵的、印象深刻的描述來。

所有的面談結束後，整個開發團隊進入隔離階段，集中研究顧客需求，努力將顧客的語言翻譯成一連串關於新產品要滿足的需求。由於太多的需求可能導致產品無法設計出來，團隊採取投票的方法將需求按重要性排列。最後，數量有限的幾個需求組形成。封閉會議結束的時候，產品開發團隊開發出了一份列有最終顧客需求的總結報告。這個總結是對顧客世界的需求的共識，並將指導團隊對新產品的設計。

資料來源：根據汪立耕《案例：將客戶的需求融入到新產品開發中》一文內容改編，網址為http：//qkzz.net/article/c698091b－5890－4fab－95de－715697e67fcd.htm。

（1）尋求創意。新產品開發過程是從尋求創意開始的。所謂創意，就是開發新產品的設想。雖然並不是所有的設想或創意都可變成產品，尋求盡可能多的創意卻可為開發新產品提供較多的機會。所以，現代企業都非常重視創意的開發。新產品創意的主要來源有顧客、科學家、競爭對手、企業推銷人員和經銷商、企業高層管理人員、市場研究公司、廣告代理商等。除了以上幾種來源外，企業還可以從大學、諮詢公司、同行業的團體協會、有關的創刊媒介那裡尋求有用的新產品創意。一般說來，企業應當主要靠激發內部人員的熱情來尋求創意。這就要建立各種激勵性制度，對提出創意的職工給予獎勵，而且高層主管人員應當對這種活動表現出充分的重視和關心。

（2）創意篩選。取得足夠創意之後，要對這些創意加以評估，研究其可行性，並挑選出可行性較高的創意，這就是創意篩選。創意篩選的目的就是淘汰那些不可行或可行性較低的創意，使公司有限的資源集中於成功機會較大的創意。創意篩選時，一般要考慮兩個因素：一是該創意是否與企業的戰略目標相適應，表現為利潤目標、銷售目標、銷售增長目標、形象目標等幾個方面；二是企業有無足夠的能力開發這種創意。這些能力表現為資金能力、技術能力、人力資源、銷售能力等。

（3）概念開發和測試。經過篩選後保留下來的產品創意還要進一步發展成為產品概念。在這裡，首先應當明確產品創意、產品概念和產品形象之間的區別。所謂產品創意，是指企業從自己角度考慮的、能夠向市場提供的可能產品的構想。所謂產品概念，是指企業從消費者的角度對這種創意所作的詳盡的描述。而產品形象，則是消費者對某種現實產品或潛在產品所形成的特定形象。產品概念形成後，必須向適當的目標消費者介紹，研究他們的反應。

（4）制定市場行銷戰略。形成產品概念之後，需要制定市場行銷戰略。企業的有關人員要擬定一個將新產品投放市場的初步的市場行銷戰略報告書。報告書由三個部分組成：①描述目標市場的規模、結構、行為、新產品在目標市場上定位、頭幾年的銷售額、

市場佔有率、利潤目標等。②略述新產品的計劃價格、分銷戰略以及第一年的市場行銷預算。③闡述計劃長期銷售額和目標利潤以及不同時間的市場行銷組合。

（5）營業分析。在新產品開發過程的這一階段，企業市場行銷管理者要復查新產品將來的銷售額、成本和利潤的估計，看看它們是否符合企業的目標。如果符合，就可以進行新產品開發。

（6）產品開發。如果產品概念通過了營業分析，研究與開發部門及工程技術部門就可以把這種產品概念轉變成為產品，進入試製階段。只有在這一階段，文字、圖表及模型等描述的產品設計才變為確實的物質產品。

（7）市場試銷。如果企業的高層管理對某種新產品開發試驗結果感到滿意，就著手用品牌名稱、包裝和初步市場行銷方案把這種新產品裝扮起來，把產品推上真正的消費者舞臺進行試驗。其目的在於瞭解消費者和經銷商對於經營、使用和再購買這種新產品的實際情況以及市場大小，然後再酌情採取適當對策。市場試驗的規模決定於兩個方面：一是投資費用和風險大小，二是市場試驗費用和時間。總的來說，市場試驗費用不宜在新產品開發投資總額中占太大比例。

（8）批量上市。經過市場試驗，企業高層管理者已經佔有了足夠信息資料來決定是否將這種新產品投放市場。如果決定向市場推出，企業就需再次付出巨額資金：一是購買或租用全面投產所需要的設備形成生產能力，二是進行大量的市場行銷活動。在這裡，工廠規模大小是至關重要的決策，很多公司慎重地把生產能力限制在所預測的銷售額內，以免新產品的盈利收不回成本。

圖1.4是羅伯特·G.庫伯（Robert．G．Cooper）設計的階段門模型的簡略圖①。該模型明確標示出新產品開發的各個環節，但在中間加入了一系列的「門」（gate，簡記為「G」），每一個門都是一個決策點。一個新產品必須通過這些審核點才能成功地完成從最初的設想到最終產品的歷程。

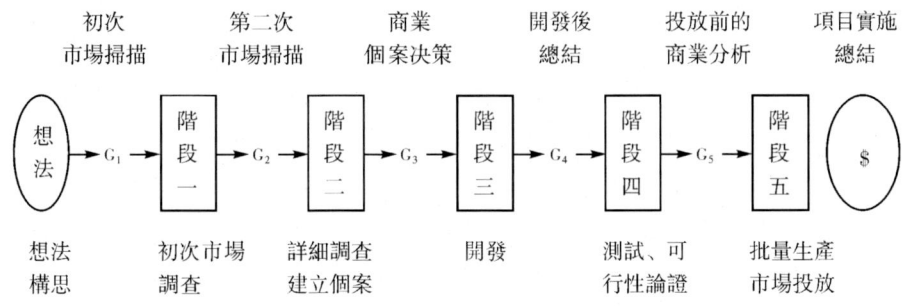

圖1.4　新產品開發的階段門模型

---

① 資料來源：根據康拉德·貝倫森等的《新產品開發》（2版．北京：中國人民大學出版社，2003：5-7．）結合羅伯特·G.庫伯的《新產品開發流程管理》（3版．北京：電子工業出版社，2010：108-119．），有改編。

由於消費品和工業品的複雜程度不同，它們的新產品開發過程並不一定都非經歷八個細分階段不可，細分階段的前後次序也可能根據不同產品有所調整。但是，無論是消費品還是工業品，其概念、樣品、商業化三大開發階段則是共同的，缺一不可，並有嚴格的順序。

二、新產品協同開發模式

由於市場需求的複雜多變，產品的生命週期越來越短，這就要求企業在開發新產品時必須盡可能地縮短產品開發週期。同時，企業開發出來的產品要能成功上市，不僅產品本身要滿足消費者的質量功能要求，而且其價格既應在消費者接受的範圍內，又要能給企業帶來期望的利潤。而這些要求往往是線性的標準開發模式無法解決的。新產品協同開發模式恰好可以適應這些要求。它將產品開發過程中的各個活動視為統一的整體，從全局優化的角度出發，對產品開發過程實施系統化的管理和監控，其關鍵是產品開發過程的重組和並行化。

小連結

低價格思想貫穿宜家產品設計始終

在宜家有一種說法：「我們最先設計的是價簽」，即設計師在設計產品之前，宜家就已經為該產品設定了比較低的銷售價格及成本，然後在這個成本之內，盡一切可能做到精美、實用。以邦格杯子的設計為例，生產員 Pia 在 1996 年接到設計一種新型杯子的任務，她同時還被告知這種杯子在商場應出售的價格必須低得驚人——只有 5 個瑞典克朗。也就是說，在設計之前，宜家就確定這種杯子的價格必須能夠真正擊倒所有競爭對手。為了以低成本生產出符合要求的杯子，Pia 與同事必須充分考慮材料、顏色和設計等因素，如：杯子的顏色選為綠色、藍色、黃色或者白色，因為這些色料與其他顏色（如紅色）的色料相比，成本更低；為了在儲運、生產等方面降低成本，Pia 最後把邦格杯子設計成了一種特殊的錐形，因為這種形狀使邦格杯子能夠在生產過程中以盡可能短的時間通過機器，從而達到節省成本的效果；邦格杯子的尺寸使得生產廠家一次能在烘箱中放入杯子的數量最大，這樣既節省了生產時間，又節約了成本；宜家對成本的追求是無止境的。宜家後來又對邦格杯子進行了重新設計，與原來的杯子相比，新型杯子的高度小了，杯把兒的形狀也得到了改進，可以更有效地進行疊放，從而節省了杯子在運輸、倉儲、商場展示以及顧客家中碗櫥內占用的空間，降低了產品成本。

資料來源：根據《宜家設計經驗談》一文內容改編。網址：http://liaozhai.pujia.com/thread-332508-1.html。

新產品協同開發模式如圖 1.5 模型所示①。協同開發的核心問題是網絡支持的「共享環境」、「共同任務」、「協同任務」和「軟件共享」等。協同開發模型描述了產品、團隊、設計過程和資源之間的關係。

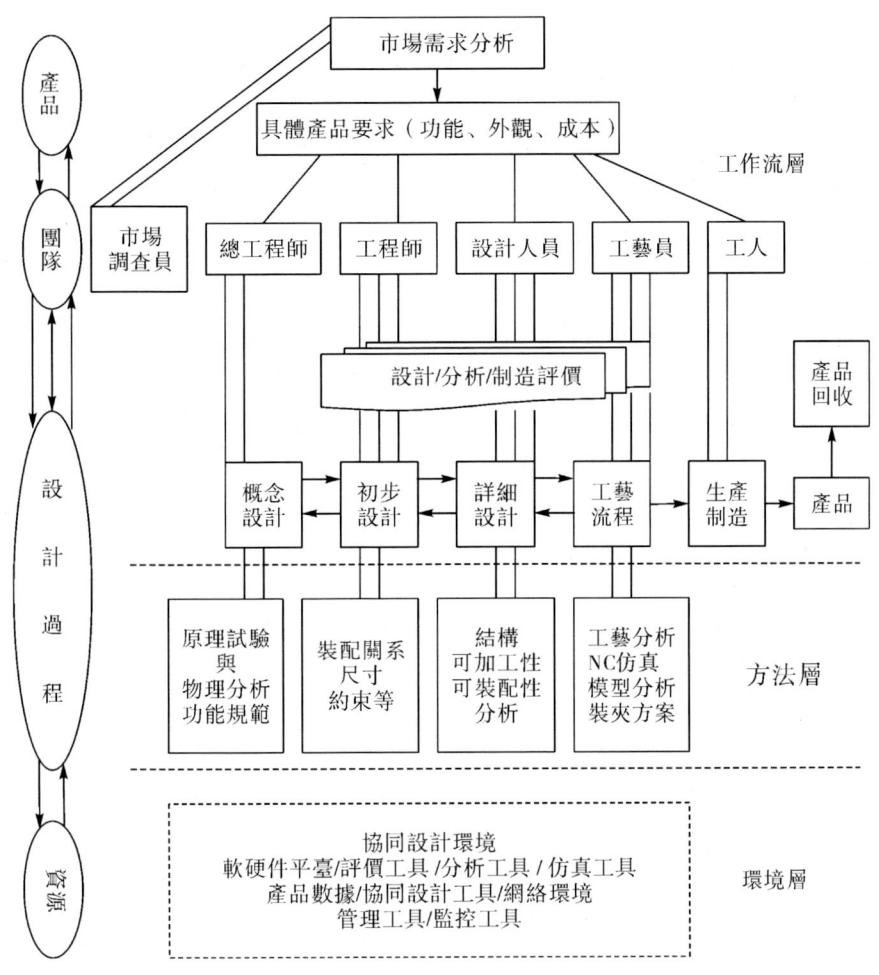

圖 1.5　新產品協同開發模型

產品是聯繫各個方面的紐帶，它是根據市場調查提供的調研報告制定出來的開發任務。設計過程是協同開發的核心，它仍然遵循線性開發模式的基本程序，但從一開始它就受到企業自身條件和產品性質的約束，並將產品應用領域、產品的成本、產量的規模和原材料的來源等作為限制條件。設計過程強調根據產品的特點選定相應的設計方法，考慮整個設計過程中相關活動之間的相互關聯和影響，並且動態地適應開發過程中的變化。團隊

---

① 資料來源：任君卿，等. 新產品開發 [M]. 2 版. 北京：科學出版社，2009：29.

是設計過程的執行者。團隊成員既有分工，更有合作，在同一領域和不同領域之間利用網絡的便捷性實現信息的交互，使用各種環境資源實現協同開發。

第三節　新產品開發策略

一、新產品開發策略的含義及其考慮因素

分析大量企業新產品開發失敗的案例，其原因大致可以歸納為以下三種情況：①市場對該新產品並不真正存在著需求；②有需求存在，但產品滿足不了該需求；③有需求，產品也基本滿足需求，但市場並不瞭解該產品，即市場調研失敗，生產技術失誤，行銷過程的管理不當。如果從管理功能的角度深加追究，其原因都可歸結為企業缺乏正確的新產品開發策略。

新產品開發工作是一種系統性的活動，需要將開發策略作為一種指導思想來統領全局。企業只有制定正確的開發策略，才能使新產品開發工作沿著健康的軌道前進，減少失誤，最終取得成功。新產品開發策略不僅為開發人員指明開發工作的方向，告訴他們可以開發什麼產品，不可以開發什麼產品，而且對開發過程中各階段的工作都給予指導，有利於參與開發的各方的協調工作。

企業在確定新產品開發策略時，資源和機會是兩個占支配地位的要素。資源存在於企業內部，機會來自企業外部。企業所擁有的資源涉及管理技能、技術能力和生產技能的廣度、深度和素質。當然，在估計企業的資源時，應當相對於競爭對手的同類能力去進行橫向比較，綜合判斷自身的資源是否具有相對優勢。市場機會則是指對確定的經營業務領域或新產品項目的識別和確認。一般來說，以下各項都可作為確定的市場機會：①已經觸及到的一種潛在需求或者對某類現有產品正在迅速擴大的需求；②市場由若干擁有大量購買能力的顧客群組成；③存在一種有重要使用價值的新產品，又能從中盈利；④競爭者只有滿足短期需求的能力；⑤新的競爭者不易進入市場；⑥嚴重的新限制可以預見時。多數情況下，市場機會往往是上述多項的結合。

從這個意義上說，新產品開發策略就是一種發現真正的新產品市場機會並能最有效地利用企業資源的指南。

二、新產品開發策略的類型

目前，很多的理論分析中新產品開發策略分類混亂，造成實踐中策略選擇的盲目，究其原因，乃是分類所依據的標準混雜。

現代產品管理理論認為，新產品開發策略至少要包含對以下四個方面的描述：

（1）產品類型和目標市場；

（2）新產品開發的目標；

（3）取得上述目標的基本途徑；
（4）開發過程的協調與控制的基本原則。

從新產品開發策略的含義來看，這四個方面較好地表述了策略的全貌，可以發揮其應有的作用。

這四項內容中任何一項的變化都可能形成一種不同的開發策略。其中每一項又都可以設立出若干不同的子項目標準。因此，以不同的項目或標準來劃分，就會有不同的新產品開發策略。表1.1列舉了常見的一些開發策略。此外，以產品準備進入的檔次、品質優劣的程度和產品品牌的形象等仍可列出許多不同的開發策略。

表1.1　　　　　　　　　　　　常見新產品開發策略類型

劃分依據	劃分的具體標準	策略類型
產品和市場	產品技術與市場組合狀況	技術驅動策略
		市場驅動策略
		技術市場雙驅動策略
開發目標	企業成長程度的目標	迅速增長策略
		有限增長策略
		維持性策略
		防止過快衰退策略
	希望取得的市場地位的目標	爭取新市場機會的策略
		尋求新市場份額的策略
		保住市場佔有率的策略
		擴大市場佔有率的策略
開發途徑	市場行銷為基礎的開發來源	改進競爭產品策略
		產品重新定位策略
		擴展產品線策略
		改進本企業產品的品牌與包裝策略
	應用於產品的適用技術的來源	基礎研究
		應用技術研究
		開發研究與工藝改進
	新產品將實施的革新程度	開拓型策略
		採用型策略
		模仿型策略
	以技術為基礎的開發來源	自主開發策略
		聯合研製策略
		購買產品生產許可證或專利策略
		企業兼併策略
協調控制	掌握開發時機和藝術	搶先策略
		迅速反應策略
		後進策略

事實上，這些類型之間往往有一定的關聯性。任何一種新產品開發策略的擬定都會涉及上述各項標準中的大多數標準，而每一劃分標準之下又有若干不同選擇的可能性。按照排列組合計算，即使除去其中的重複部分，仍可以得出數百種的開發策略方案。在研究新產品開發策略、選擇和擬定企業具體的開發策略的類型時，必須做好以下兩個方面的工作：

（1）找出擬定新產品開發策略時至關重要的決定因素，並對其不同的選擇方案進行比較。如果解決了主要因素的權衡和取捨，其他的相關因素的選擇往往可以隨之解決。

經驗證明，企業在擬定新產品開發策略時，最重要的是要處理好四個關係：①以市場為中心或以生產技術為中心；②以創新為主或以應用、模仿為主；③自主開發還是聯合開發；④開發全新產品為主還是改進現有產品為主。

（2）必須對可能形成的多種開發策略進行綜合分析，以便對可以選擇的策略方案有一個比較清楚的整體認識和準確判斷。當然這並不是一件輕而易舉就能取得一致看法的事情。

三、新產品開發策略的概括

不同組合的新產品開發策略可以歸納為三種基本類型：

（1）維持強化型策略。該策略也叫防衛性策略。這種策略的著眼點是控制風險的出現，確定有限的最高目標，盡可能減少開發失敗而造成的損失。企業如果對其經營狀況基本上感到滿意，如果希望將來有所增長，則可以考慮採用維持強化型策略。其制訂的任何新產品計劃都表現為保住市場份額，防止利潤下降，維持原有經營狀況。這種策略所利用的革新的手段主要是在市場行銷方面，以降低產品成本、提高質量為特徵。其革新的程度通常是很有限的，多開發市場型新產品，技術上以應用適應性技術或仿製為主。與這種策略相適應的投放產品的時機，一般不採取領先或搶先進入市場，但也不願成為落伍者。

（2）改革型策略。這種策略具有進攻性，風險更大，而且在開發過程中伴隨更多的創造性活動。為了使企業獲得更多開發新產品的機會，在開發策略中對開發方向的規定往往採用產品的最終用途的術語進行描述。這種策略的目標很明確：通過增加銷量和提高市場佔有率達到較大的增長。有的企業的改革型策略的實現完全依附於一兩個方面的革新成果，而大多數企業則把市場行銷和技術改革相結合。技術革新的程度比較接近開拓型，也有許多企業採取採用型，並且以自主開發為主。這種策略要求掌握市場投放時機，要麼最先投放，要麼緊跟第一家，以便取得足夠的市場份額。總的來說，改革型策略以承擔更大的風險來換取高額利潤。但與第三種風險型策略相比，仍然屬於有節制的冒險。

（3）風險型策略。當改革型策略不完全滿足企業希望達到的經營目標，或不適應企業達到的經營目標時，或企業確認不採取更冒險的策略就無法提高市場佔有率時，可以選擇第三種，即風險型開發策略。以迅速成長為目標的風險型策略，通常不僅強調產品的最

終用途的新穎性，而且強調技術的進步作用，並常常以技術的重大突破作為開發工作的中心。採取這種策略需要有雄厚的資源，投放市場時機往往是搶先占領市場或者緊跟第一家投放者投放。以這種策略為指導所開發的新產品，在技術性能、結構特徵、品牌與包裝等方面的異樣化程度應當具有相當的獨特性，否則不可能實現企業所確定的大步向前的目標。這樣的新產品一旦開發成功，風險即轉變為巨大的盈利機會，而這正是採取冒險策略的企業家所追逐的目標。

小連結

反應性策略和預測性策略

格倫·厄本和約翰·豪澤在他們合著的《新產品的設計與行銷》一書中把新產品開發策略分為兩類：

（1）反應性策略。反應性策略是基於對前期所產生的各種問題如何處理而制定的。最適合反應性策略的企業應滿足以下條件：

①需要對現有產品或市場投入更多的資源；

②新產品革新成果不易保護；

③新產品市場太小，不能彌補開發費用的支出；

④有可能因為競爭者的模仿而被擠垮；

⑤其他新產品搶走本企業的分銷渠道。

（2）預測性策略。預測性策略以明確地將資源分配到將來準備搶先奪取的領域為目的。如果有些企業處於非常有利於革新的地位，那麼就應當採取預測性策略去開發新產品。這些企業的條件是：

①採用成長型的總體戰略；

②樂於進入新的產品或市場；

③有取得保護專利或保護市場的能力；

④有進入高銷量或高增值市場的能力；

⑤擁有開發新產品所需要的資源和時機；

⑥競爭者不能用「居二更好」的策略進入的市場；

⑦分銷渠道穩定而暢通。

資料來源：格倫·厄本，約翰·豪澤. 新產品的設計與行銷［M］. 韓冀東，譯. 北京：華夏出版社，2002.

思考題

1. 從寶潔公司的歷程中，整理其各個階段的產品，分析其新產品的類型及其新產品開發策略的選擇情況，你從中可得到哪些啟示？
2. 在新產品開發過程中應該怎樣優化質量、時間和成本這組關係？
3. 傳統新產品開發過程中的做「價格加法」與宜家的做法有什麼樣的本質區別？對你有何啟示？
4. 企業在選擇新產品開發策略時，應該重點考慮哪些因素？

參考文獻

［1］吳健安，等. 市場行銷學［M］. 3版. 北京：高等教育出版社，2007：246-277.

［2］紀寶成，等. 市場行銷學教程［M］. 北京：中國人民大學出版社，2002：170-186.

［3］菲利普·科特勒. 行銷管理［M］. 宋學寶，等，譯. 北京：清華大學出版社，2003：179-186.

［4］康拉德·貝倫森，等. 新產品開發［M］. 2版. 北京：中國人民大學出版社，2003：5-7.

［5］羅伯特·G.庫伯. 新產品開發流程管理［M］. 3版. 青銅器軟件公司，譯. 北京：電子工業出版社，2010：12-14，108-119.

［6］任君卿，周根然，張明寶. 新產品開發［M］. 2版. 北京：科學出版社，2009：28-30.

［7］彭芳. 如何進行新產品開發［M］. 北京：北京大學出版社，2004：72-75.

［8］莫爾·克勞福德，安東尼·迪·畢尼迪托. 新產品管理［M］. 7版. 黃煒，等，譯. 北京：中國人民大學出版社，2006.

［9］格倫·厄本，約翰·豪澤. 新產品的設計與行銷［M］. 韓冀東，譯. 北京：華夏出版社，2002.

［10］李光鬥. 企業新產品開發模式的創新［J］. 中國機電工業，2009（2）：68-69.

［11］中國品牌總網. 新產品開發策略概述［EB/OL］. http：//www.ppzw.com/Article_Show_33566.html.

第二章
消費者定位與開拓

問題：怎樣通過對消費者的定位與開拓，提升企業的競爭力？

故事一：《青蛙》
將一只青蛙放在大鍋裡，向鍋裡加水再用小火慢慢加熱，青蛙雖然可以約微感覺水溫在慢慢變化，卻因惰性與麻木沒有往鍋外跳，最後被水煮熟而不自知。

☞ 盤點：企業競爭環境的改變大多是漸熱式的，如果企業管理者與消費者對環境之變化沒有疼痛的感覺，企業最後就會像這只青蛙一樣，被煮熟、淘汰了而不自知。

☞ 思考：運用怎樣的方法使企業立於不敗之地？

故事二：《猴子》
科學家將四只猴子投在一個密閉房間裡，每天餵食很少的食物，讓猴子餓得吱吱叫。幾天後，實驗者在房間上面的一個洞放下一串香蕉。一只餓得頭昏眼花的大猴子一個箭步衝向前，可是它還沒拿到香蕉，就被預設機關所潑出的滾燙熱水燙得全身是傷。當後面三只猴子依次爬上去拿香蕉時，一樣被熱水燙傷。於是幾只猴子只好望「蕉」興嘆。

幾天後，實驗者換進一只新猴子進入房內，當新猴子餓得也想嘗試爬上去吃香蕉時，立刻被其他三只老猴子制止，並告知有危險，千萬不可嘗試。實驗者再換一只新猴子進入，當這只新猴子想吃香蕉時，有趣的事情發生了，這次不止剩下的兩只老猴子制止他，連沒被燙傷的猴子也極力阻止他。

實驗繼續，當所有的猴子都是新猴子之後，沒有一只猴子曾經被燙傷，上頭的熱水機關也被取消了，香蕉唾手可得，卻沒猴子敢前去享用。

☞ 盤點：企業禁忌經常故老相傳，雖然事過境遷、環境改變，大多數的組織仍然恪遵前人的失敗經驗，平白錯失大好機會。

☞ 思考：管理者應該怎樣保持企業的創新性與先進性？具體運用什麼方法？怎麼做？

第一節　消費者定位

小連結

「定位」可謂歷史悠久，早在1969年，就由著名的美國行銷專家艾爾列斯（Al Ries）與杰克特羅（Jack Trout）提出來了。當時，他們在美國的《廣告時代》發表了名為《定位時代》的系列文章。以後，他們又把這些觀點和理論集中反應在他們的第一本著作《廣告攻心戰略》一書中。正如他們所言，這是一本關於傳播溝通的教科書。1996年，杰克特羅整理了25年來的工作經驗，寫出了《新定位》一書。這本書也許是更加符合時代的要求，但其核心思想卻仍然源自他們於1972年提出的定位論。定位理論的產生，源於人類各種信息傳播渠道的擁擠和阻塞，可以歸結為信息爆炸時代對商業運作的影響。科技進步和經濟社會的發展，幾乎把消費者推到了無所適從的境地。首先是媒體的爆炸：廣播、電視、互聯網，各種音像製品使消費者目不暇接。其次是產品的爆炸：僅電視就有大屏幕的給人以眼花繚亂的感覺。再就是廣告的爆炸：電視廣告、廣播廣告、報刊廣告、街頭廣告、樓門廣告、電梯廣告，真可謂無孔不入。因此，定位就顯得非常必要。

按照艾爾列斯與杰克特羅的觀點：定位，是從產品開始，可以是一件商品，一項服務，一家公司，一個機構，甚至是一個人，也可能是你自己。定位並不是要你對產品做什麼事情，定位是你對產品在未來的潛在顧客的腦海裡確定一個合理的位置，也就是把產品定位在你未來潛在顧客的心目中。如電視機定位可以看成對現有產品的、小屏幕的、平面直角的、超平的、純平的，從耐用消費品到日用品，都有的一種創造性試驗。「改變的是名稱、價格及包裝，實際上對產品則完全沒有改變，所有的改變，基本上是在作著修飾而已，其目的是在潛在顧客心中得到有利的地位。」

資料來源：MBA智庫百科（wiki.mbalib.com/wiki）定位理論，內容有改編。

一、消費者定位

小連結

家樂福（Carrefour）公司是歐洲第一大、全球第二大零售商，目前經營四種零售業態：大型超市、超級市場、小型市場和便利商店。2003年，其銷售額為789.94億歐元，全球店鋪數量達到10,385家，業務遍及全球18個國家及地區。家樂福公司於1993年進入中國內地，2004年實現銷售額162.40億元人民幣，排列中國零售業的第五位。截至2004年底，家樂福公司在中國內地已擁有62家店鋪。

問題：

1. 針對家樂福這個案例，根據已知的定位方法，應該怎樣對它進行分析？

2. 從這個案例中，我們可以學到些什麼？

資料來源：MBA智庫百科（wiki.mbalib.com/wiki）市場定位，內容有改編。

（一）定位理論

1. 引子

所謂定位，就是令你的企業和產品與眾不同，形成核心競爭力；對受眾而言，即鮮明地建立品牌。——杰克·特勞特

定位是對產品在未來的潛在顧客的腦海裡確定一個合理的位置。定位的基本原則不是去創造某種新奇的或與眾不同的東西，而是去操縱人們心中原本的想法，去打開聯想之結。定位的真諦就是「攻心為上」，消費者的心靈才是行銷的終極戰場。消費者有五大思考模式：消費者只能接收有限的信息，消費者喜歡簡單、討厭複雜，消費者缺乏安全感，消費者對品牌的印象不會輕易改變，消費者的想法容易失去焦點。掌握這些特點有利於幫助企業占領消費者心目中的位置。

2. 消費者定位

消費者定位是指對產品潛在的消費群體進行定位。對消費對象的定位也是多方面的。比如從年齡上，有兒童、青年、老年；從性別上，有男人、女人；根據消費層次，有高低之分；根據職業，有醫生、工人、學生，等等。

3. 消費者行為

消費者行為就是指人們為滿足需要與慾望而尋找、挑選、購買、使用、評價或處置產品、服務時介入的活動和過程。

4. 消費者心理定位

人的行為總是受到一定動機的支配，消費行為也不例外。常見的消費動機有價值、規範、習慣、身分、情感等幾種。根據杰克特勞特的定位理論，有人把消費者的消費動機稱為消費者心理定位。相應地，消費者心理定位也就有價值心理、規範心理、習慣心理、身分心理、情感心理等。

（二）消費者定位的影響因素

影響消費者定位的因素從大體上來看有兩個方面：消費者心理因素和消費者行為因素。

1. 消費者心理因素主要包括價值心理、規範心理、習慣心理、身分心理等

（1）消費者的價值心理

艾爾強森認為，消費者之所以喜歡某種產品，是因為他相信這種產品會給他帶來比同類產品更大的價值，也就是說該產品具有更大的潛在價值。潛在價值取決於產品的潛在質量。所謂潛在質量，它不是指質量監管部門檢測出的質量，而是指在消費者心中感受到的質量，是消費者主觀上對一種品牌的評價。

（2）消費者的規範心理

規範是指人們共同遵守的全部道德行為規則的總和。在許多情況下，規範可以成為誘發消費行為的動機。據行銷專家的長期調查與研究，消費者喜愛某種品牌，常常是為了避免或消除一種與其規範和價值相矛盾的內心衝突。消費者在做出購買或不購買某一品牌產品的決定時，規範是一個重要的影響因素。

（3）消費者的習慣心理

習慣是長期養成而一時難以改變的行為。習慣常常是無法抗拒的，它甚至比價值心理對人的決定作用還要大。消費者一般都有特定的消費習慣，這是消費者在日常生活的長期的消費行為中形成的。

（4）消費者的身分心理

每個人都有一定的身分，人們也在不知不覺中顯露著自己的身分。對企業來說，開發比競爭對手更勝一籌的、能夠顯露消費者身分的產品，也就成為了一個重要課題，因為這直接影響到消費者的購買決策，進而影響到產品定位。

2. 消費者行為因素

（1）文化因素

文化是指人類從生活實踐中建立起來的價值觀念、道德、理想和其他有意義的象徵的綜合體，它包括語言、法律、宗教、風俗習慣、價值觀、信仰等諸多方面。文化是決定人類慾望的行為的最基本的因素，對消費者購買行為的影響最為廣泛和深遠。每個人都是在一定的社會文化環境中成長起來的，通過家庭和其他社會組織的社會化過程學習，形成了基礎的文化觀念。不同國家和地區因為有不同的文化傳統和風俗習慣，體現在消費者購買行為中，也有較大差異。

（2）社會因素

①相關群體：A. 示範性，即相關群體向消費者展示了新的消費行為和生活方式。B. 模仿性，即相關群體的消費行為引起人們模仿的慾望。C. 一致性，即由於模仿使消費者的消費行為趨於一致。

②家庭：A. 各自做主型，即各個家庭成員對自己所需要的商品均可獨立作出購買決策。B. 丈夫支配型，即家庭購買決策權掌握在丈夫手中。C. 妻子支配型，即家庭購買決策權掌握在妻子手中。D. 共同支配型，即家庭大部分購買決策由家庭成員共同協商作出。

③角色和地位：消費者在作出購買決策時往往會考慮自己的角色和地位，根據自己的角色產品需求來購買商品或服務。

（3）個人因素

①經濟因素：影響消費者購買行為的可支配收入、消費信貸、商品價格、商品效用、機會成本、經濟週期等因素。經濟因素是個人購買行為的首要影響因素。

②生理因素：年齡、性別、體貌特徵、健康狀況和嗜好等生理特徵的差別。

③個性和自我形象：個性是一個人比較固定的心理特徵，使人對環境作出比較一致和持續的反應，可以引發直接和間接的購買行為。自我形象是與個性相關的一種概念。

④生活方式：一個人在生活中表現出來的活動、興趣和態度的綜合模式。

二、消費者定位的分析與方法

（一）引子

消費者定位是指依據消費者的心理與購買動機，尋求其不同的需求並不斷給予滿足。縱觀世界經濟發展史，每次行業劇變都會對消費者的意識和行為造成衝擊，潛在或強制改變著消費者的意識行為和審美觀，並形成新的產業品類或造就強勢企業。如工業革命催生了汽車產業，現代網絡造就了百度、谷歌，現代的能源危機感成就了日本的概念汽車時代，也成就了豐田等一批世界名車。而這些企業都是對行業的發展趨勢有著超強的觸覺，並能及時把握這種行業趨勢和消費者的需求。在方便面行業，白象大骨面可謂這方面的優秀代表。隨著人們生活水準的提升，人們消費方便面的需求點逐步由方便向營養轉化。白象正是通過對消費者行為的分析，而研製出大骨面並成功推廣。對消費者行為進行分析並不是要求我們去滿足所有消費者的需求，而是找出最合適、與企業資源狀況最匹配的消費群體，集中運作去滿足這部分消費者的需求。

（二）定位的方向與方法

「真正決定行銷成敗的是消費者的大腦，消費者的認知就是事實。」今天亞馬遜網站上最暢銷的廣告書是杰克·特勞特和阿爾·里斯在 1980 年寫的《定位：頭腦爭奪戰》。定位已可謂無人不曉。如今沒有哪家公司是在推出一個新品牌之前不搞份定位聲明的。

然而，當你仔細研究這些定位聲明，你會發現許多行銷人士已經偏離軌道太遠了。他們一般是從公司的觀點出發。比如，「我們把我們的品牌定位為該品類的第一。」像這樣的定位聲明錯在哪裡了？全錯！它把潛在消費者置於定位法則之外了。定位要求從潛在消費者的觀念出發。如果你這樣為你的產品定位，你的選擇是有限的。

1. 消費者定位的方向

（1）尋找空當

價格是潛在消費者大腦裡最容易理解的空當，也最容易去填補。哈根達斯引進了一條最昂貴的冰激凌生產線，讓其品牌建立起了「高價冰激凌」的定位，從而使哈根達斯幾十年來獲得了持久的行銷成功。

同樣，依雲在礦泉水業，奧維爾·雷登巴切在爆米花行業，勞力士在手錶業，梅塞德斯—奔馳在汽車業，都是以填補高價位空檔而成功的。低價位是消費者大腦裡的另一個空檔。比如沃爾瑪和西南航空等品牌正在低端做得熱火朝天。

（2）創建新的產品類別

有時在消費者大腦裡沒有明顯的空當，那你不得不自己創建一個。這就是定位法則中

讲的：「如果你不是第一，就创建一个你能成为第一的新品类。」比如，佳得乐是第一个运动饮料，能量棒（Power Bar）是第一个补充能量的巧克力条。红牛从中得到启发，它是第一个补充能量的饮料。

但是得注意，你不仅需要给你的品牌起一个好名字，还必须给你所创建的这个新品类起一个容易理解的品类名。

比如，瑞玛（Zima）是第一个……什么呢？产品的标签上说是「清麦芽」，但没人知道那是什么意思。电视广告也没帮上什么忙。「里面是什么？」酒吧间的男侍者问。「是个秘密。有不同的东西。」穿白西服戴黑帽子的销售员回答道。可想而知，瑞玛会卖得好吗？

（3）把自己定位为第二品牌

消费者喜欢选择。你可以通过给消费者一个与领导者不同的选择而成为强大的品牌。

不过什么战略才能成功建立起第二品牌呢？一般想法是这样的：「我们可以生产比领导者更好的产品，虽然我们没指望能超过它，但可以牢牢站稳第二的位置。」这是最差劲的方法。为什么这么说呢？因为在消费者头脑里，领导者已经占有了它们生产这个行业最好的产品的认知了。你说你比它好，那怎么不是第一？

那该怎么办呢？与领导者对立！可口可乐是年纪大的人喝的可乐，百事可乐就定位为年轻人喝的可乐。李斯德林漱口液能够杀死口腔细菌和消除异味，但它本身有股难闻的药味，于是斯科特就定位成味道好的漱口液而成为第二品牌。

（4）聚焦成为专家

在美国，每家咖啡店都卖咖啡，但除此之外，它们还卖汉堡、热狗、法国炸鸡、苹果派、油炸圈以及十几种其他食品和饮料。你要扩大生意是卖更多的东西呢还是减少？

看看星巴克做的，它只卖咖啡，成为当今最成功的品牌之一。再看，麦当劳聚焦于做汉堡，生意遍及全球；赛百味则聚焦于做潜艇三明治，它的连锁店在美国已经比麦当劳还多。

在与通才品牌的竞争中，专家品牌总是赢家。

（5）创建渠道品牌

你也可以通过填补销售渠道上的空当来定位品牌。比如 L'eggs 原是第一个专为超市推出的连裤袜品牌，但现在它已是美国销售最好的连裤袜品牌了。保罗·米切尔则是通过聚焦于专业美发沙龙这个渠道，而成为价值 6 亿美元的护发和皮肤护理品牌的。

今天在互联网上有很多创建品牌的机会，像亚马逊（Amazon）、电子海湾（eBay）、查尔斯·施瓦布（Charles Schwab）等网站都是一些成功的互联网品牌。

（6）创建性别品牌

有时你可以通过把焦点集中于一半市场而成为一个大品牌。比如「万宝路」通过定位成第一个男性香烟而成为大品牌，「Virginia Slims」则以第一个女性香烟而成为大品牌，「Right Guard」定位成第一个男性除臭剂而成为大品牌，「Secret」则通过定位成第一个女

性除臭劑而成為大品牌。

2. 消費者定位的方法

消費者定位的具體方法有定位圖法（鑽石定位法）。

（1）三種主要定位圖比較

表 2.1　　　　　　　　　　三種主要定位圖比較①

特徵說明	基於屬性數據繪製的感知定位圖	基於相似性數據繪製的感知定位圖	顧客感知和偏好組的綜合定位圖
優點	表明各種產品位置和屬性向量的空間圖，展示產品在競爭中的各個屬性的位置，可以清楚地識別出基本維度，品牌少也可以繪圖	表明各種產品位置的相關圖，展示誰是或誰不是競爭替代品	表明各種產品位置、屬性向量和顧客理想點和偏好點的空間圖，可以將顧客感知和偏好結合在一起
缺點	要求一定的數據規模，沒有與顧客偏好聯繫起來	缺乏解釋基本維度的機制，要求評價的品牌需超過 8 個，沒有與顧客偏好聯繫起來	工作量大而相對複雜
適用性	市場結構主要由無形屬性（如：產品外觀、性能、服務特點）決定時	市場結構主要由無形屬性（如：形象、審美觀念、氣味）決定時	市場結構由綜合屬性決定時，有著廣泛的實用性
繪製步驟	1. 確定一組產品及評價產品的屬性（耐用、時尚、服務等） 2. 從目標顧客那裡取得對自我和競爭品牌各屬性的打分數據 3. 選擇一種感知繪圖方法，常用因子分析法 4. 解釋因子分析法的輸出結果	1. 找出研究的產品對象，是顧客熟悉的產品，8 個品牌以上 2. 建立一個相似性矩陣，讓顧客判斷自我和競爭品牌的相似性 3. 根據調查數據繪製感知圖 4. 確定感知圖的維數 5. 解釋感知圖的維度	1. 一種方法是在基於屬性的感知圖中，加入一個理想品牌，將顧客理想品牌的屬性評價視為偏好，然後進行顧客偏好和產品屬性評價的比較，繪製成圖 2. 另一種方法是直接在基於屬性的感知圖中，加入一個偏好屬性，讓顧客對每一個屬性打分，確定相應的偏好，再與屬性進行比較，繪製成圖

有效的定位條件包括四個條件：①必須對目標顧客有一個清晰的認識，不同顧客會對同一產品屬性特徵有不同的定位認知；②定位確定的另一點必須是目標顧客最為看重的要素之一，低價利益點對於價格不敏感的顧客來說就屬於非重要因素；③定位必須建立在公司和品牌現有的競爭優勢基礎上；④定位應該是可以向目標顧客傳播的，即應該簡單、可修正，便於轉化為有吸引力的廣告。

（2）鑽石定位法模型（定位的步驟與要素）

如圖 2.1 所示：

---

① 資料來源：李飛. 鑽石圖定位 [M]. 北京：經濟科學出版社，2006：13.

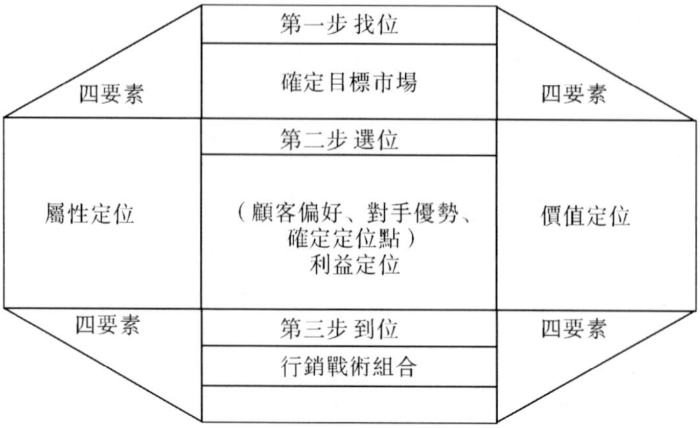

市場培育與拓展

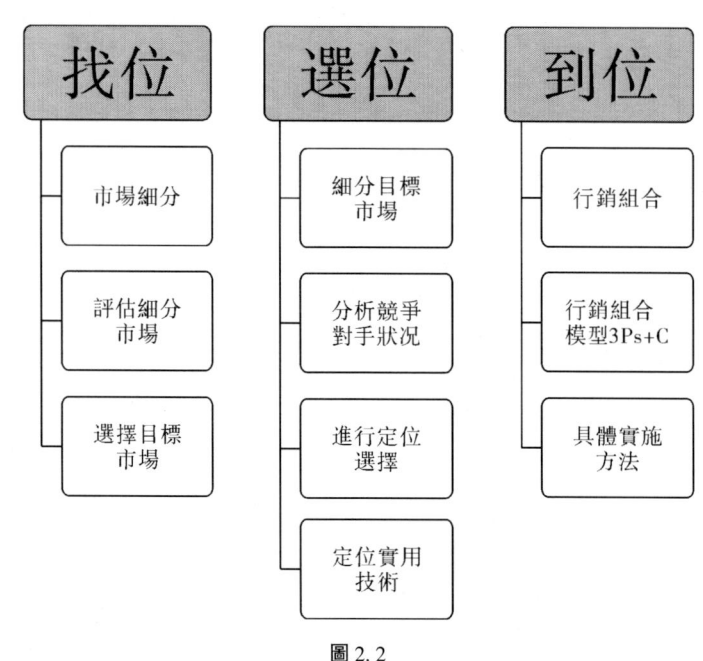

圖 2.1　鑽石定位法模型[1]

隨著競爭激化，為了解決同質化、相似化日益嚴重的問題，所以需要創造心理差異，他們主張從傳播對象（消費者）角度出發，研究瞭解消費者的所思所想，由外向內在傳播對象心目中占據一個獨特的位置。

（3）具體步驟

定位圖法的具體步驟如圖 2.2 所示：

圖 2.2

---

[1]　資料來源：李飛. 鑽石圖定位［M］. 北京：經濟科學出版社，2006：15.

「消費者定位」最大的貢獻在於「固定化」。它把原本紛亂複雜的產品特徵加以分析，選擇其中最有力的一個訴求點，以最簡潔的方式把它「固定」在企業的目標消費對象上，使人產生一種條件反射式的反應。一談到「王老吉」，就能立即想到它的定位是「預防上火」；一談到「百事可樂」，就能立即知道它的定位人群是「年輕人」。這就是「定位」的巨大威力。但是，「定位理論」的最大缺陷也在於「固定」。在日新月異的市場行銷戰中，一旦位置「固定」下來，也就只能任憑別人從你頭上「越位」了。

「消費者定位理論」的策略基礎就是在廣告宣傳中通過放棄大量的產品特徵和放棄大量的消費者而對特定的消費者傳播特定的產品特徵。換句話說，所謂「定位」就是在當今巨浪滔滔的市場行銷大河中，定了「只取一瓢飲」的觀念。

3. 消費者定位的重要性

（1）定位能創造差異：通過向消費者傳達定位的信息，使差異性清楚地凸顯於消費者面前，從而使消費者注意你的產品，並使你的產品駐留在消費者心中。

（2）定位是基本行銷戰略要素：競爭將市場推向了定位時代，在行銷理論中，市場細分、目標市場與定位都是公司行銷戰略的要素，被稱為行銷戰略的市場目標定位（STP）。

（3）定位是制定各種行銷策略的前提和依據：只有以定位為制定各種策略的依據，各種手段相互配合，協同向消費者傳達產品的定位信息，才能使產品準確擊中目標市場。

（4）定位形成競爭優勢：在這個定位時代，關鍵的不是對一件產品本身做些什麼，而是你在消費者的心中做些什麼。單憑質量的上乘或價格的低廉也難以獲得競爭優勢。

三、重新定位

（一）引子

產品或品牌定位應該保持長期的穩定性，隨便改變定位是行銷中的大忌，許多成功的品牌之所以成功就是其對合適定位的長期堅持，而很多品牌的失敗原因就在於其定位隨意變動。

定位的穩定性與變遷是相對而言的。定位最終是對以消費者的需求為基礎的。消費者的需求隨時在變，在市場急遽變化的情況下，固守原來的定位，有可能導致產生被市場拋棄的後果。所以，企業應該隨時關注消費需求的變化，看自己的定位是否可以適應新的需求。

重新定位一般是發生在市場需要發生了重大變化後才會進行，而不會因為市場的細微變化而頻繁作出改變。

（二）定義

重新定位，意即打破事物（例如產品）在消費者心目中所保持的原有位置與結構，使事物按照新的觀念在消費者心目中重新排位，調理關係，以創造一個有利於自己的新的秩序。這意味著必須先把舊的觀念或產品從消費者的記憶中消除，才能把另一個新的定位

裝進去。

重新定位通常是指對銷路少、市場反應差的產品進行二次定位。初次定位後，隨著時間的推移，新的競爭者進入市場，選擇與本企業相近的市場位置，致使本企業的市場佔有率下降；或者由於顧客需求偏好發生轉移，原來喜歡本企業產品的人轉而喜歡其他企業的產品，因而市場對本企業的產品的需求減少。在這些情況下，企業就需要對其產品進行重新定位。所以一般講來，重新定位是企業為了擺脫經營困境，但換言之，也可以說是因為發現了新的市場範圍。例如，某種專門為青年設計的產品在中老年人中開始流行後，這種產品就需要被重新定位了。

重新定位：定位所在——這是檢驗商業人士頭腦的時刻

1. 看不到變化

企業倘若失去市場方向，很快就會遭到市場的報復。今天，喪失市場定位的危險尤為嚴重。下面是其主要的原因：

（1）技術的快速發展；

（2）消費者態度快速的、不可預料的改變；

（3）全球經濟的競爭加劇。

企業在進行重新定位時，要對兩個方面的問題進行深入思考：一是企業進行重新定位所需要的全部費用是多少；二是企業將自己的品牌定在新位置上的預期收入是多少，而收入多少又取決於該新市場上的競爭狀況、需求規模及產品與其售價的高低。

2. 回到起點

消費者希望公司能在狹窄的領域裡生產專業產品，特別是在公司已經開拓出自己的市場，並受到消費者認可的時候。同樣，公司一旦進行產品線延伸，消費者就會產生疑慮。通常消費者的疑慮是有道理的，因為各種新產品很少能像最初的老產品一樣優秀，因為老產品經過多年的打造已經很完美了。產品線的延伸不僅浪費金錢，還會使原有的產品市場佔有率下降。

3. 避免損失慘重

企業不應該總是為產品線的延伸付出代價。他們應該接觸市場，擁有重新定位的勇氣，以免使企業的產品、形象和收入受到沉重的打擊。使某一種成功的觀念被一個大型群體所接受，以及把共用一種商標名的50種產品或服務觀念推銷給50個不同群體，二者相比，前者更有效。

4. 集中思路，但不要胡思亂想

要隨時注意技術和產品的革新。預測未來市場的最佳方法是觀察小公司。企業管理人員不能分散企業的注意力。通常總是最有創造力的人喜歡胡思亂想，考慮新產品，或對現有產品進行新的改造。但是這些想法必須同消費者的觀念和公司的成功記錄保持一致，否則肯定會使公司喪失焦點和在顧客心目中的位置。

5. 在市場變化之時

消費者的態度發生變化時，或者技術的發展使現有的產品落後時，或者產品偏離了消費者頭腦中穩固觀念時，企業必須進行重新定位。

(三) 重新定位方法

重新定位就是轉移戰場，它建立在有發展前景的新觀念上，但仍然是僅僅集中於一個觀念、一個字眼上，以使消費者在大腦裡形成清晰而穩固的概念。

其實很多公司的失敗並不在於不知道應變。變化都是有預兆的，問題是在如何應變上。大多數人最容易採取最沒有效果的「腳踏兩只船」的方法，要麼頻繁改變，失去焦點，結果兩頭落空。

領導者的職責就是引領方向。你必須選擇一個焦點，儘管這不容易，需要CEO（首席執行官）的果斷與支持。

如果你的產品形象在消費者大腦中已經弱化或已不再存在，你就可以全力以赴打造新定位。或者在原定位的基礎上緩慢過渡而讓消費者感覺不到突兀，那麼你用現有的品牌也沒有問題。

最值得選擇的是為新定位啓動新品牌。如果新市場沒有大的發展，你損失的只是資金；如果它發展良好但你又沒準備一個好的新名字，那你可能丟掉的是你的霸主地位。

小連結

在對家樂福大型超市進行調查的基礎上，我們運用零售公司定位戰略的鑽石模型，歸納出家樂福的定位戰略實際選擇模型（見圖2.3）

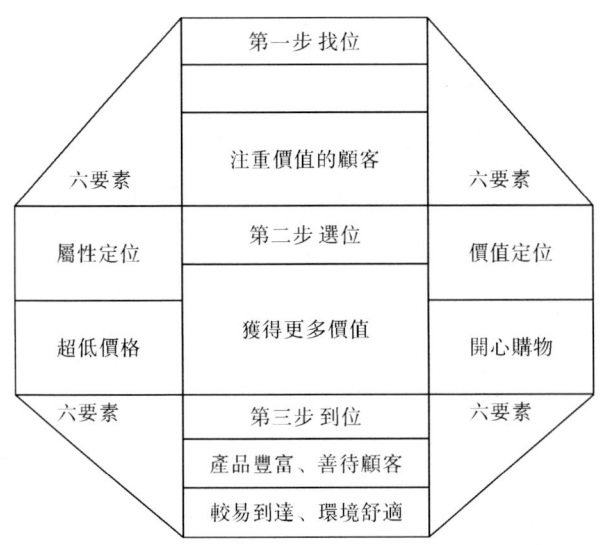

圖2.3　家樂福的定位戰略實際選擇模型

1. 找位——確定目標市場

家樂福大型超級市場將目標顧客鎖定為大中城市的中產階級家庭。家樂福公司在進入中國所做的分析報告中指出：中國今天高收入階層的消費結構類似於法國的20世紀60年代，中國最大的消費群體是新生的中產階級，人數大約為1.5億，年收入在1,500～3,000美元之間，容易接受新產品。這是家樂福發展的顧客基礎。家樂福大型超市的目標顧客大多為注重商品和服務價值的家庭主婦，他們不僅關注價格，更關注性能價格比。

2. 選位——確定市場定位點

（1）家樂福公司的定位點決策

家樂福公司自己制定的形象宣傳口號是「開心購物家樂福」，確定的經營理念是：一次購足、超低售價、貨品新鮮、自選購物和免費停車。這五個理念中真正有比較優勢的是超低價格和貨品新鮮的集合，其他因素是大型超市的共同特徵。因此，我們推論家樂福確定的定位點為讓顧客獲得更大價值。

（2）中國競爭對家樂福公司定位點的認知

2004年7月30日，我們運用消費者關聯工具對20家國內大型流通企業董事長和總經理進行了問卷調查，發出問卷25份，回收20份，有效問卷17份。其結果，有30%的人認為家樂福的定位點在價格方面，18%認為在環境方面，12%認為在便利方面。因此，家樂福的定位點似乎也在價格方面（見表2.2）。

表2.2　　　　　　　　　　　家樂福公司定位點選擇

等級	產品	服務	價格	便利	溝通	環境
消費者追逐（5分）	產品出色或豐富	超越顧客期望	顧客的購買代理	到達和選擇很便利	溝通親切，體現關懷	令人享受
消費者偏愛（4分）	產品值得信賴	顧客滿意	價格公平可信	到達和選擇較便利	關心顧客	使人舒服
消費者接受（3分）	產品具有可信性	適應顧客	價格誠實，不虛假打折	便利進出，容易選擇	尊重顧客	安全衛生
消費者抱怨（1～2分）	產品質量低劣	顧客不滿意	價格誤導和詐欺	進出困難，找貨不易	沒人情味，不關心顧客	不想停留

（3）家樂福公司定位點描述

用定位鑽石模型對家樂福公司的定位點進行具體分析，我們會發現，家樂福大型超市的屬性定位的超低價格，利益定位是使顧客獲得更多的價值，價值定位於開心購物。這一定位點的選擇是目標顧客的購買的價值，這可以從兩方面實現：一是增加產品價值；二是降低價格。從競爭對手來看，或是採取增加價值的辦法，或是採取間歇性打折的方法。但是，家樂福是雙管齊下：一方面提供超低價格；另一方面提供豐富和新鮮的商品，提供性能價格比。

3. 到位——實現定位戰略

（1）家樂福大型超市在法國市場定位的實現

法國家樂福店鋪食品和百貨的毛利為4%～6%，鮮花為15%～20%，一般商品為20%～28%，這是獲得1%～2%微利的保證。他們通過產品、服務、渠道（便利）、溝通（廣告和促銷）、店鋪環境等因素實現定位，降低營運成本。如為降低庫存費只經營暢銷品牌，通過大批量購買降低進價，很少做廣告，直達信函廣告費用也要分攤到廠家身上，店址選在地段便宜的郊區，不進行店鋪的豪華裝修，幾乎不提供任何增加費用的服務，嚴格控制人工成本等。其中，最主要的方法是向供應商收取進店費和促銷費，供應商返還銷售額2%作為特別貢獻；同時家樂福頻繁進行促銷活動，其中，折扣額部分由供應商承擔。這一系列措施保證了家樂福的定位在法國市場的實現。

（2）家樂福大型超市在中國市場定位的實現

2004年9月我們對曾經光顧北京家樂福大型超市的顧客進行了滿意度調查，以考察家樂福在中國市場的定位、到位情況。我們將調查的問題分為最滿意的、比較滿意的、一般的和不滿意的四種情況，要求被訪者選1項最滿意的（如果有的話），比較滿意的、一般的和不滿意的可以選擇多項。共發放問卷102份，其中有效問卷101份，無效問卷1份，統計結果見表2.3。

表2.3　　　　　　　　北京家樂福超市的顧客滿意度調查

項目	商品	服務	價格	便利	溝通	環境
最滿意的數量（份）	45	4	17	7	5	23
最滿意的比例（%）	44.6	4.0	16.8	6.9	5.0	22.8
比較滿意的數量（份）	36	21	43	36	29	42
比較滿意的比例（%）	17.4	10.1	20.8	17.4	14.0	20.3
認為一般的數量（份）	14	51	36	32	55	27
認為一般的比例（%）	6.5	23.7	16.7	14.9	25.6	12.6
不滿意的數量（份）	6	25	5	26	12	9
不滿意的比例（%）	7.2	30.1	6.0	31.3	14.5	10.8
填答項次總計	101	101	101	101	101	101

由統計結果可知，北京顧客對家樂福最為滿意的是商品（比例為44.6%），其次為環境（比例為22.8%），第三位為價格（比例為16.8%）；比較滿意排在第一位的是價格（比例為20.8%），第二位是環境（比例為20.3%），並列第三位的為商品和便利（比例為17.4%）。可見，家樂福部分商品低價、部分時間低價、部分地點低價的策略沒有形成自己的價格絕對優勢。實際上，家樂福在中國市場採取了更為靈活的方式，努力實現超低價定位點。例如2002年建立了中國商品部，對全國性品牌進行統一管理，對全國供應商的進價下調，具體下降比例為飲料1.5%、冷凍冷藏1.7%、蔬果2.2%、麵包3.0%、鞋

3.2%，休閒用品 3.1%；逼迫廠家分擔更多行銷費用，大大地降低了經營成本（見表 2.4）；對價格敏感性商品（一般占全部商品的 10%）實行促銷低價策略，同時周三派員工對競爭對手採價，周四將價格調整至具有競爭力的低價水準，迎接週末的銷售高潮等。但是，從目標顧客的滿意度調查情況看，超低價格的優勢雖然形成但還是不夠。

表 2.4　　　　　　　　家樂福向供應商收取的各種費用[①]

1.	法國節日店費	每年 10 萬元
2.	中國節慶費	每年 30 萬元
3.	新店開張費	1 萬~2 萬元
4.	老店翻新費	1 萬~2 萬元
5.	海報費	每店 2,340 元，一般每年 10 次左右
6.	端頭費	與海報同步，每店 2,000 元
7.	新品費	3.4 萬元
8.	人員管理費	每人每月 2,000 元
9.	堆頭費	每家門店 3 萬~10 萬元
10.	服務費	占銷售額的 1.5%~2%
11.	諮詢費	占 1%，送貨不及時扣款：每天 3%
12.	補損費	產品保管不善，無條件退款
13.	無條件退貨	占銷售額的 3%~5%
14.	稅差	占 5%~6%
15.	補差費	廠家商品在別家店售價低於家樂福，要向家樂福交罰金

　　不過，在上海和青島的調查結果顯示，家樂福好於競爭對手的方面主要表現在價格低廉、商品豐富、商場環境方面。這可能是由於兩地沒有沃爾瑪購物廣場，家樂福在產品和環境方面得到消費者的偏愛。家樂福全球統一的五大經營方針是：一次購足、超低價格、免費停車、自助式服務、新鮮和品質。它的廣告定位語是「開心購物家樂福」。可見，商品的豐富性、高質量性和環境舒適型的重要。一些購物者表示不是因為價格低廉，而是因為商品豐富和環境舒適才來家樂福的。家樂福經營 2 萬多種商品，在中國一般是兩層設置，一層為日用非食品，一層為食品和生鮮品。與相同業態的競爭對手比較，家樂福的食品管理安全性高，表現在衛生管理和保質期管理等方面，商品豐富程度和購物環境也是比較好的。在上海零售市場上，顧客反應家樂福的性價比大大高於競爭對手。

　　同時，家樂福在服務、溝通和便利方面也得到消費者的認可和接受，達到了行業平均水準。他推行了行業內普遍實施的免費停車服務、超過定額的送貨服務和 15 日內無條件退貨服務等，但是交款排隊等候時間較長；其店鋪位置都選擇了顧客容易到達的地方，店

[①] 資料來源：《北京現代商報》，2003 年 6 月 18 日。

內商品佈局利於顧客尋找和挑選，能夠基本滿足顧客的需要。在上海的一項調查結果顯示：家樂福服務效率略好於競爭對手，便利程度處於中檔位置。

資料來源：MBA智庫百科（wiki.mbalib.com/wiki）市場定位，內容有改編。

第二節　消費者的開拓

小連結

兩個與開拓有關的故事

《聖經》裡說：一個叫摩西的人率領在埃及為奴的以色列人逃離埃及，到了紅海。這時，後有追兵，前有海水，他們看起來真的是無路可走了。但是，摩西大膽地把腳踏進海水中。海竟然分開了，露出一條路，讓他們安然過去了。

記不清是誰講過這麼一個故事：一個瓢潑大雨的晚上，一個過路人來到野外的一間茅屋前，又冷又餓，可他總是害怕推門進去會受到冷遇，他也不願意打擾人家。於是，他就滿足在屋簷下躲雨，心想總比剛才在路上舒服。後來，他昏過去了，被人抱進茅屋。等他醒來之後，茅屋的人問他：「你為啥不進來呢？」他說「深更半夜的，敲門進來，害怕影響到你，惹你討厭。」「其實門就一直是虛掩著的，我也不是這兒的主人，我也是路過的，怎麼會嫌棄你呢？」

聖經裡所說的摩西在後有追兵，前有海水的情形下，大膽地把腳踏進海水中。海竟然分來了，露出了一條路，讓他們安然度過。故事中的過路人因害怕打擾人家，在屋簷下躲雨，而昏了過去。

讓思想衝破恐懼的牢籠，用行動擺脫鎖鏈的束縛，企業要發展就必須跨過「紅海」，打開虛掩的門，主動進行消費者開發行銷，進行以消費者為中心、行銷為導向的運作。行銷學家菲利普·科特勒指出：企業的行銷有三種層次，最低的層次是反應式行銷，即對消費者表達出來的需要作出反應；中間層次是預見性行銷，即根據環境變化預見消費者將要產生的需要，並對此作出反應；最高層次是創造性行銷，即通過創造消費者未曾要求甚至未曾想像的產品來創造市場。一個企業的發展前景如何，關鍵要看你用什麼樣的心態去看待消費者以及企業怎樣去尋找、去操作和經營消費者。

企業開發消費者不僅需要有目標，還需要謀略；不僅需要行動，還需要方法；企業向目標地出發，要淘汰路程上其他的誘惑。有謀略地行動，在運作中的成本才能變成珍珠。

問題：

1. 員工的工資是誰發的呢？
2. 員工的獎金是誰發的呢？
3. 工資是老板、是財務部門、還是員工自己給自己發的？
4. 老板從哪弄錢給他們發的工資呢？

5. 財務部門又是憑什麼給他們發獎金呢？他們的錢又是從哪來的？

分析：

在上述問題中，有的員工說工資和獎金是老闆發的，有的說是財務經理發的，還有的說是自己給自己發的。這些答案並沒有對錯之分，問題是，答案本身暴露出了每個人對市場經營的一點看法，角度的不同體現出行銷觀念的變化。

有一個故事：有一個水塔，接了很多出水管，有很多人要用水生活，水龍頭就經常流著。如果沒有不斷地向水塔續水，那麼，過不了多久，水塔就會枯竭，大家自然也就沒有水吃。同樣的道理，企業的員工若不去開拓消費者，縱使企業有再大的資財也會被損耗完。

沒有消費者，企業的一切經營活動將無從談起；沒有消費者，企業就失去了生存之根本。企業已經進入了一個以消費者為中心的行銷時代。管理學大師彼得‧德魯克說過：「企業的首要任務就是要創造消費者。」消費者是企業的生命源泉，給了他們所需要的，企業才能從他們那裡得到企業所想要的。德魯克說：每一位偉大的企業創始人都有一套關於本企業的明確理念，從而指引企業的行動和決策，而這套理念卻必須以消費者為中心。但是僅僅重視消費者還是不夠的，企業還必須想辦法去接近消費者並滿足他們的需要，並與之建立起一種長遠合作的經營戰略，無疑，消費者開拓工作已經成為企業行銷工作的重中之重。

資料來源：範雲峰. 客戶開發與行銷 [M]. 北京：中國經濟出版社，2003：2.

一、消費者開拓

（一）消費者開拓的定義

1. 概念

消費者開拓是將市場、商品的潛在因素和實際因素結合消費者自身情況，而進行的在消費者方面的經濟領域的開發與拓展。以一定的組織方式將某系列產品推銷的方式，綜合開拓＝培訓＋活動量，培訓＝綜合技能＝保費，活動量＝多次拜訪＝保費。

2. 消費者市場分析

所謂消費者市場，是指個人和家庭為了生活消費而購買或租用的商品和勞務的市場。一般來說，社會最終產品的大部分是個人消費品。

消費者市場分析可從以下四個方面著手：

①購買對象——市場需要什麼？

②購買目的——為何購買？

③購買組織——購買者是誰？

④購買方式——如何購買？

例如，某家企業要生產和銷售一種服裝，它事先必須經過分析研究，回答以下問題：

目前市場上最需要什麼樣的服裝？顧客為什麼要買這種服裝？哪一類顧客才喜歡穿這種服裝？他們一般在什麼情況下才會購買？如果這幾個問題的分析是正確的，那麼就可以說，這種服裝的目標市場就形成了。

3. 對購買者的分析

在商品分類和明確市場需要什麼商品以後，企業必須對購買者進行分析。在消費者市場中，消費者的購買活動一般以家庭為單位；但是購買的決策者，通常不是家庭全體成員，而是家庭中的某一成員或某幾個成員。

例如一個家庭要購買一臺電視機，首先提出建議的也許是兒子；最終決策購買可能是父母二人共同商量作出，實際購買者可能由父親和兒子承擔，而實際的使用者可能是全家。由於不同的家庭成員對購買商品具有不同的實際影響力，因此，企業必須研究不同的家庭特點，瞭解家庭各成員對購買決策影響力的差異。企業要通過對於消費品購買者的研究，採取正確的行銷措施，吸引顧客。

(二) 消費者開拓的重要性

消費者開拓需要企業不斷地去開發。然而，即使有一天企業擁有了大量的消費者資源的規律，開拓消費者的過程就是創造消費者的過程，一旦企業停下來，企業的消費者就會減少，自然而然，企業的業績就會下降。

一般而言，消費者有時因為成長而更換供貨商，有時因為業績衰退而壓縮採購；有時候消費者搬遷了或者是因採購主管、採購人員流動而流失。根據一般企業的經驗，消費者每年流失約在 1/3 左右，據此推算，企業倘若不去開發新的消費者，不出五年，老消費者必將歸零，而企業的利潤之源也將枯竭，所以，為了補充流失的消費者，防止業績的下滑，企業就必須勤於開發新的消費者。

(三) 尋找消費者

尋找潛在消費者作為消費者開發的第一個環節、第一個步驟或第一項技術手段，是最具基礎性和關鍵性的一步。消費者是一個企業的潛在資源，一個企業擁有了消費者，也就擁有了資本，擁有了成功的希望。消費者是企業首先應該注意並重視的問題，消費者開拓都是從尋找新消費者開始的。在找到消費者之後，還要進行上門的銷售，處理在銷售過程中遭到的拒絕以及消費者的各種異議等。

(四) 尋找消費者的原則

一個企業在開拓消費者以前必須明確自己的目標消費者，企業的產品是賣給誰的——什麼樣的消費者需要這種產品。企業在開拓消費者的時候還要遵守開拓消費者的三大原則，即勤奮、慧眼、創造性。

二、開拓的內容、方法與步驟

(一) 開拓策略

1. 市場開拓

在微觀市場行銷學中，消費者開拓策略是指商品生產者以什麼樣的手段和方法打開市場，提高本企業產品的市場佔有率。

企業在目標市場開拓過程中有六大典型戰略可供選擇：

A.「滾雪球」戰略；

B.「保齡球」戰略；

C.「採蘑菇」戰略；

D.「農村包圍城市」戰略；

E.「遍地開花」戰略；

F. 點、線、面三點進入法。

市場開拓戰略的選擇，對企業的行銷及發展戰略至關重要，因此在選擇時需要格外慎重。而在具體的運作過程中，可以選擇其中一種戰略方式，也可以用幾種戰略方式的有效組合。總之，堅持實事求是的原則，根據企業及品牌的具體情況，並以占領目標市場、實現企業的既定戰略目標為最終目的。

2. 商品開拓策略

商品的開拓則是第二個重要的過程，因為只有好的產品才能吸引消費者，才會有市場。

以下便是幾個經典的商品開拓過程：

A. 具有明顯的差異化或獨特的商品特點；

B. 具有完整的商品原型構想；

C. 具有足夠的市場吸引力；

D. 具有良好的行銷組合執行力；

E. 具有良好的商品品質或具有顧客想要的重要特性；

F. 正確的上市時機。

消費品的開發上，不能故步自封，應該把握好時機，最重要的就是要有創新精神。

3. 消費者的開拓

要想高效地利用消費者的價值，就必須理解現有消費者和新消費者之間的聯繫。現有消費者正在為企業創造著價值，但是光靠維護他們的價值還遠遠不夠，新消費者的開拓將為企業提供更大的機遇。

在高度競爭的商業社會裡，高價值、高忠誠度、高回頭率的消費者是所有現代企業竭力爭取的稀缺資源。新消費者對於企業的重要性已經被越來越多的企業所意識到，企業的

生存和發展的一切皆源自他們對新消費者資源開拓的成效；誰能最終贏得新消費者資源成功的轉化，誰就能獲得持續發展的優勢和機遇。如何把新消費者服務與新消費者資源管理納入企業的管理和控制之中，已經成為現代企業管理人員關注和思考的重點。

隨著對新消費者地位認識的逐步加深，供應商和服務商們越來越樂於為新消費者資源的成功轉化提供服務，以迎合他們的需求來換取由現金和持續性業務體現的價值。其中的商機之多、管理層與行銷層追求成功的願望之強烈，是毋庸置疑的。

(二) 消費者開拓的步驟

消費者是企業的生命之源，消費者開拓既是一門科學又是一種古老的藝術，已經形成了許多理論和原則。在企業消費者開拓中，沒有一種銷售方法可以在任何情況下都非常的有效，但大多數的銷售訓練計劃在有效的銷售過程中都要經過一些主要的步驟。消費者開拓的步驟如圖2.4所示：

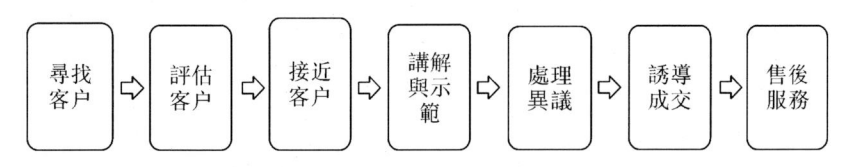

尋找客戶 ▷ 評估客戶 ▷ 接近客戶 ▷ 講解與示範 ▷ 處理異議 ▷ 誘導成交 ▷ 售後服務

圖2.4　客戶開發的步驟

1. 尋找消費者

企業可以通過以下方法尋找線索：

・逐步訪問

・廣告搜尋

・通過老客戶的介紹

・查詢資料

・名人介紹

・利用參加會議的機會搜尋

・電話尋找

・直接郵寄資料尋找

・觀察

・利用代理人來尋找

……

2. 評估消費者

企業找到自己的消費者之後，取得潛在消費者的名單，會根據自身產品的特點、用途、價格及其他方面的特性，對預期消費者進行更深入的衡量與評價。

3. 接近消費者

企業應該知道初次與客戶交往該怎樣制訂自己的拜訪計劃，該弄清自己使用什麼樣的

銷售工具才有效,該怎樣會見和向消費者問候,從而使雙方的關係有一個良好的開端。

4. 講解和示範

企業在接近消費者之後,緊接著的工作就是要與消費者進行洽談,以正確的方法向消費者描述產品帶給他們的利益。與目標消費者的深入洽談是決定其是否購買產品的一個重要環節,主要方法有語言介紹和銷售示範。

5. 處理消費者異議

消費者在聽取產品介紹過程中,或在要他們訂購時,幾乎都會表現出抵觸情緒。要緩解或消除這些抵觸情緒,企業應採取積極的方法。

6. 誘導交易

企業必須懂得如何從消費者那裡發現可以達成交易的信號,包括消費者的動作、語言、評論和提出的問題,並誘導消費者達成交易。

7. 售後服務

交易達成之後,企業要向消費者提供服務,以努力維持和吸引消費者,假如企業無法提供恰當的售後服務,則很可能使原本滿意的消費者變得不滿意。

(三)消費者心理開拓

消費者的心理開拓,最重要的是一定要看透消費者的心,也就是他們想要從你這裡得到什麼,或者從你的服務或者產品上得到什麼,這也是別人無法模仿的。摸透對方的心,才會有最好的銷售。

1. 把握消費者心理開拓而制定的行銷策略重要性

是否能夠準確地把握市場需求,樹立正確的行銷觀念,根據消費者的心理和行為規律採取適當的行銷策略,是企業能否成功地占領消費者領域的關鍵策略。

總的來說,企業的行銷計劃始終是針對廣大消費者的行為,把消費者對商品市場的購物心理結合到行銷策略中來,一旦方式正確,便會取得很好的效果。往往大型的企業對這一點的研究很細緻。

2. 制定相應的行銷策略

(1) 堅持投其所好

企業的決策者如果不根據消費者的需求而盲目生產,其產品必然得不到消費者的認可,不受歡迎。要想贏得市場,就要不斷求新立異,把握消費需求,投其所好,始終堅持企業的行銷原則——「你要什麼,我有什麼」。

(2) 注意潛在市場需求

企業決策者總是把目光投向潛在的需求,即那些消費者尚未意識到,或是已經意識到卻沒有生產出來的產品。

(3) 認真細分市場

認真仔細地進行市場分析,細分目標市場,從而把握目標市場,這是企業發展的又一

難題。

(4) 引導未來消費

企業決策者要滿足消費者由低到高、由陳舊到新潮的不斷變化的需求，就必須具有超前意識，把握消費並引導消費。

(5) 不斷開發市場

創造了市場就等於創造了產品，創造了顧客需要的產品，就贏得了廣闊的市場。企業需要從被動到主動，由適應需要到激發需要，不斷開發新的市場。

(6) 注意廣告形象

一個企業或商品的廣告效應是很重要的，它往往帶給消費者的是整個企業或商品的形象，而形象好壞卻關係著這個商品的銷量大小等問題。

(四) 成功案例

新消費者的開拓是企業成長的基礎，對新老消費者價值的認識是企業在市場運作方面必須考慮的重要因素。

請看國際著名品牌「優派」的表現：

優派作為全球著名的視訊科技和專業顯示器品牌，在國內始終堅持以優秀的品牌形象、優異的產品品質和貼心周到的服務贏得消費者。優派進入中國市場的同時也將全球性的行銷和服務理念帶入了中國，其品牌認知度迅速提升。優派深知，良好的服務是下一次銷售前的最好促銷，是提升消費者度和忠誠度的主要方式，也是樹立企業口碑和傳播企業形象的重要途徑。優派在開拓新消費者的同時，還非常注重維繫與老消費者之間的關係。雖然維護老消費者所投入的精力只有開拓新消費者的十分之一，但老費者的口碑作用得以使優派的品牌一傳十，十傳百，口口相傳的結果能夠為優派帶來源源不斷的新消費者。這就是優派為什麼能夠獲得「品牌忠誠度第一」的榮譽原因所在。

作為專業的顯示設備提供商，優派一直是高品質的代名詞。從全球第一臺分辨率達920萬像素顯示器的推出，到引領大屏幕時尚的巔峰，系列產品「Vet-ta」系列，再到可以接收HDTV信號的18寸液晶VG800、16毫秒產品的領跑等，優派的產品滿足了各種不同用戶的需求，從機場到海關，從衛星指揮中心到證券交易所，到處都是代表優派的三只可愛「優鳥」的身影，「產品滿意度第一」是對優派產品的最好認可。

隨著消費者的品牌意識的不斷增強，消費者購買產品時也從單純地考慮價格因素轉向從品牌、品質和各方面綜合考慮。消費者對品牌的滿意度如何，可以從產品的銷售量和銷售額的增長中得到最好的印證。

(五) 總結

消費者流失是當今大多數企業所面臨的一個難題，這不僅意味著企業的資源流失，還會加大新消費者開發的難度，意味著將要付出更加高昂的開發成本。部分企業員工可能會認為，消費者流失了就流失了，舊的不去，新的不來。他們根本不知道，流失一個消費

者，企業要損失多少。一個企業如果每年能降低5%的消費者流失率，利潤可相應增加25%～85%。

市場是不斷變化著的，消費者的口味也會改變，消費者年齡會增大，經濟有繁榮也會有衰退——環境的種種變化會使曾經成功的制勝之道歸於失效。因此，防範消費者流失的工作既是一門藝術，也是一門科學，需要企業不斷地去創造、傳遞和溝通優質的消費者價值，這樣才能最終獲得、保持和增加消費者，鍛煉企業的核心競爭力，使企業擁有立足於市場的資本。

小連結

大寶是北京三露廠生產的護膚品，在國內化妝品市場競爭激烈的情況下，大寶不僅沒有被擊垮，還逐漸發展成為國產名牌。在日益增長的國內化妝品市場上，大寶選擇了普通工薪階層作為銷售對象。既然是面向工薪階層，銷售的產品就一定要與他們的消費習慣相吻合。一般說，工薪階層的收入不高，很少選擇價格較高的化妝品，而他們對產品的質量也很看重，並喜歡固定使用一種品牌的產品。因此，大寶在注重質量的同時，堅持按普通工薪階層能接受的價格定價。其主要產品「大寶 SOD 蜜」市場零售價不超過10元，日霜和晚霜也不過是20元。產品的價格同市場上的同類化妝品相比有很大的優勢，其產品本身的質量也不錯，再加上人們對國內品牌的信任，大寶很快爭得了顧客。許多顧客不但自己使用，也帶動家庭其他成員使用大寶產品。

大寶還瞭解到，使用大寶護膚品的消費者35歲以上者居多。這一類消費者群體性格成熟，接受一種產品後一般很少更換。這種群體向別人推薦時，又具有可信度，而化妝品的口碑好壞對銷售起著重要作用。大寶正是靠著群眾路線獲得了市場。

在銷售渠道上，大寶認為如果繼續依賴商業部門的訂貨會和各省市的百貨批發，必然會造成渠道越來越窄。於是，三露廠採取主動出擊，開闢新的銷售網點的辦法，在全國大中城市有影響的百貨商場設置專櫃，直接銷售自己的產品。

在廣告宣傳上，大寶強調廣告媒體的選擇一定要經濟而且恰到好處。大寶一改化妝品廣告的美女與明星形象，選用了戲劇演員、教師、工人、攝影師等實實在在的普通工薪階層人士，在日常生活的場景中，向人們講述了生活和工作中所遇到的煩惱以及用了大寶護膚品後的感受。廣告的訴求點是工薪階層所期望解決的問題，於是，「大寶挺好的」、「想要皮膚好，早晚用大寶」、「大寶明天見，大寶天天見」等廣告詞深深植入老百姓的心中。

問題：

1. 大寶化妝品成功的主要原因是什麼？
2. 結合本案例談談企業應如何根據顧客消費心理進行顧客的開發與拓展。

資料來源：百度文庫（http://www.wenkn.baidu.com），內容有改編。

第三節　消費者定位與開拓的區別與聯繫

小連結

香港家居的不同定位來開拓市場

大家都知道「IKEA 宜家」家居市場。在香港，除了瑞典的宜家，還有很多這樣的家居市場，如日本的 Francfranc、MUJI 無印良品、香港本地的 G.O.D 住好的、citysuper、LOG－ON，還有一些物美價廉的，如實惠家居廣場、日本城等。

雖然家居市場有不少，但是每家家居市場的定位都各不相同。G.O.D 住好的、宜家家居和實惠家居廣場產品都比較全面，生活中所需的各種家居用品都可以在這幾個地方一站購齊，而 Francfranc、MUJI 無印良品、citysuper、LOG－ON、日本城就以多種多樣的家居裝飾品為主。

綜合家居店 G.O.D 住好的、宜家家居和實惠家居廣場這三個地方在香港都銷售良好，擁有多家分店，產品齊全，包括家具、家紡用品、裝飾品、廚房和浴室用品等。按產品檔次來分，G.O.D 住好的、宜家家居和實惠家居廣場依次為高、中、低檔。

宜家店助理產品經理表示，每年宜家家居都會推出新系列，令產品多樣化，增加對消費者的吸引力。

與宜家的銷售形式很相似的 G.O.D 住好的是香港本地的家居店，已經在香港開了兩家分店，都位於繁華商業區，主要銷售流行家居用品。設計師善於將傳統東方技術和新科技、新材料融合在一起，照顧高密度城市居住空間的需要。據說追求生活品位的香港年輕一代都喜歡在 G.O.D 購買家居產品。G.O.D 以有生命的設計，讓每件產品都變得鮮活起來，讓每個人都能以自己的方式住好一點。它的賣點就是地道的本土文化，並以此建立自身形象。

香港 LOG－ON 是 citysuper 的品牌副線，主要銷售精品雜貨。該店從世界各地引入了富有創意的有趣產品，有成百甚至上千個產品，頗具設計感，讓很多人都愛不釋手。店鋪有很多來自歐洲及日本品牌的新系列。該店現在分別於又一城和太古城中心設有分店，而兩間 LOG－ON 的產品組成又不盡相同。又一城 LOG－ON 銷售生活雜貨、時裝，太古城中心 LOG－ON 銷售家居設計、廚房用具、小器具及健康產品等。「開每一間分店時，都要因地區而做不同的組合，重點也會有所不同，這是 citysuper 的開店策略。」

資料來源：http://www.poluoluo.com/zt/201104/118426.html。

（一）聯繫

消費者定位是消費者開拓的前提條件和基礎，因此定位與開拓是緊密聯繫的。絕大多數企業在創造業績的過程中都是從消費者定位入手，在此基礎上開拓市場，如圖 2.5

所示。

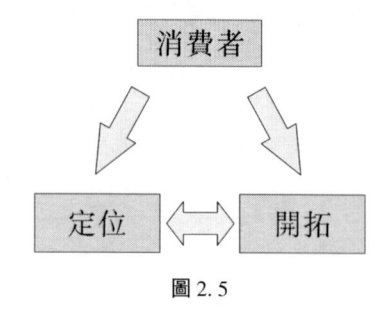

圖 2.5

（二）區別

雖然兩者有聯繫，但兩者還是有區別：

兩者的含義不同。定位就是要找準目標，找準在市場的地位，使企業與眾不同，讓企業在市場中有自己的品牌和優勢。企業有自己的產品之後，就會以某種方式向消費者推薦自己的產品，這就需要企業開拓。

兩者的重要性不同。定位的重要性是創造產品的差異，使企業有自己的特點和品牌，在消費者心裡留下深刻的印象，能區分出企業的產品跟其他產品的不同。定位是行銷的重要的要素，是各種行銷的依據和前提；開拓是讓企業保持並增加自己的消費者數量。為了補充流失的消費者，防止業績的下滑，企業必須懂得怎樣開拓消費者。

兩者的步驟不同。定位是先找到適合企業的方法，然後開創自己的品牌，創造新的產品類別；當企業有了自己品牌之後，要把自己的產品推銷出去，這時就需要企業來開拓自己的消費者，由於企業在開始的階段沒有自己的消費者，就首先需要尋找消費者。當找到自己的消費者之後，企業就會接近消費者，向消費者介紹自己的產品，讓消費者瞭解企業的產品，使消費者對企業以及企業的產品有一個深刻的印象。

小連結

美國西南航空公司（Southwest Airlines）是 1971 年 6 月 18 日由羅林‧金與赫伯‧凱萊赫創建。其首航從達拉斯到休斯敦和聖安東尼奧，是一個簡單配餐而且沒有額外服務的短程航線。它的總部設在得克薩斯州達拉斯。美國西南航空以「廉價航空公司」而聞名，是民航業「廉價航空公司」經營模式的鼻祖。西南航空在美國國內的通航城市最多。根據美國民航業 2005 年的統計數據，從載客量上計算，它是美國第二大航空公司。西南航空經營的重點城市有達拉斯、拉斯維加斯、麥卡倫、芝加哥、鳳凰城、巴爾的摩、菲尼克斯、奧克蘭、奧蘭多、休斯敦、聖地亞哥等。

美國西南航空幾年內迅速擴張和發展，成為以美國國內城際間航線為主的航空公司，創造了多項美國民航業紀錄。其利潤淨增長率最高，負債經營率較低，資信等級為美國民

航業中最高。2001 年「9/11」事件後，幾乎所有的美國航空公司都陷入了困境，而西南航空公司則例外。2005 年運力過剩和史無前例的燃油價格讓美國整個航空公司行業共虧損 100 億美元，達美航空和美國西北航空都是同年申請破產法保護。相比之下，西南航空則連續第 33 年保持贏利。美國西南航空是自 1973 年以來唯一一家連續盈利時間最長的航空公司。

分析：「9/11」恐怖事件致使整個航空業遭受了巨大的打擊。而此時航空業的戰略已不是盈利而是生存。在這種情況下，在其他航空業採取削減戰略時，西南航空堅持自己的方向，保持了全部日常安排，而且在這個特別時期裡把別的競爭對手的顧客也爭取了過來，並盡力在空中業務回升時留住這些顧客。這些都是西南航空公司戰略計劃的體現，為企業的未來發展創立了良好的環境與總體目標。西南航空通過內部環境研究與外部環境研究選擇了適合企業的發展途徑，看清了企業將來發展的方向。雖然在過渡時期，企業也承擔了巨大的損失，但由於其把握好了戰略計劃的整體性與長期性，通過戰術性計劃將戰略計劃付諸實施，最終使得自己在全年裡仍然保持了盈利的狀況。而其他主要的航空公司都是虧損的，這充分證明了西南航空公司採取的戰略計劃的正確性。而這一切戰略計劃都基於美國西南航空公司在公司成立初期對航空這塊市場根據路途的長短進行細分，將航空市場分為長線和短線。對自己的消費者市場有一個明確的定位。瞄準短線這塊空缺市場進行投資，並取得成功。抓住消費者對於金錢和效率方面的需要開拓了消費者市場。而且在遇到危機的時候、在自己有優勢的時候抓住機會發展了新的消費者。從而達到留住舊的消費者、吸引新的消費者的目的，提高了自己的競爭力。

就現在西南航空公司的現狀，它有自己的發展方向。

A.「碳平衡」綠色飛機；

B. 無線上網；

C. 橫向發展：將業務拓展到各個地區。

資料來源：MBA 智庫百科（wiki.mbalib.com/wiki）美國西南航空公司，內容有改編。

思考題

1. 消費者定位的定義是什麼？
2. 開拓的重要性體現在哪些方面？
3. 消費者定位與開拓的步驟有哪幾步？
4. 企業開拓應遵循的原則是什麼？
5. 做好消費者開拓的意義是什麼？

參考文獻

[1] 李飛. 鑽石圖定位法 [M]. 北京：經濟科學出版社，2006.

[2] 李飛. 定位地圖 [M]. 北京：經濟科學出版社，2008.

[3] 範雲峰. 客戶開發行銷 [M]. 北京：中國經濟出版社，2003.

[4] 傑克·特勞特，史蒂夫·瑞維金. 新定位 [M]. 北京：中國財政經濟出版社，2005.

[5] 劉鑫. 定位決定成敗 [M]. 北京：中國紡織出版社，2006.

[6] 劉永炬. 玩定位 [M]. 北京：機械工業出版社，2009.

[7] 張永成. 讓魚浮出水面 [M]. 北京：機械工業出版社，2005.

[8] 陳友玲. 市場調查、預測與決策 [M]. 北京：機械工業出版社，2009.

[9] Graham Hooley, John Saunders, Nigel Piercy. 行銷戰略與競爭定位 [M]. 3版. 北京：中國人民大學出版社，2007.

[10] 熊素芳. 行銷心理學 [M]. 北京：北京理工大學出版社，2006.

[11] 白戰風. 消費心理分析 [M]. 北京：中國經濟出版社，2006.

[12] 陳一君. 市場調查與預測 [M]. 成都：西南交通大學出版社，2009.

[13] 盧泰宏. 消費者行為學 [M]. 北京：高等教育出版社，2005.

[14] 楊順勇. 市場行銷學 [M]. 北京：化學工業出版社，2009.

[15] 邵景波. 顧客資產測量與提升 [M]. 哈爾濱：哈爾濱工業大學出版社，2008.

[16] 葉敏，張波，平宇偉. 消費者行為學 [M]. 北京：北京郵電大學出版社，2008.

[17] 鄭玉香，劉澤東. 市場行銷學新論 [M]. 北京：北京大學出版社，2007.

[18] 侯惠夫. 重新認識定位 [M]. 北京：中國人民大學出版社，2007.

第三章
忠誠消費者的培養

小連結

　　泰國的東方飯店堪稱亞洲飯店之最，幾乎天天客滿，不提前一個月預定是很難有入住機會的，而且客人大都來自西方發達國家。泰國在亞洲算不上特別發達，但為什麼會有如此誘人的飯店呢？

　　一位朋友因公務經常出差泰國並下榻在東方飯店，第一次入住時良好的飯店環境和服務就給他留下了深刻的印象，當他第二次進住時幾個細節更使他對飯店的好感迅速升級。那天早上，在他走出房門籌備去餐廳的時候，樓層服務生恭敬地問道：「於先生是要用早餐嗎？」於先生很奇異，反問「你怎麼知道我姓於？」服務生說：「我們飯店規定，晚上要背熟所有客人的姓名。」這令於先生大吃一驚，因為他頻繁往返於世界各地，入住過無數高等酒店，但這種情況還是第一次碰到。

　　於先生愉快地乘電梯下到餐廳所在的樓層，剛剛走出電梯門，餐廳的服務生就說：「於先生，裡面請。」於先生更加懷疑，因為服務生並沒有看到他的房卡，就問：「你知道我姓於？」服務生答：「上面的電話剛剛下來，說您已經下樓了。」如此高的效率讓於先生再次大吃一驚。

　　於先生剛走進餐廳，服務小姐微笑著問：「於先生還要老位子嗎？」於先生的驚奇再次升級，心想「儘管我不是第一次在這裡吃飯，但最近的一次也有一年多了，難道這裡的服務小姐記憶力那麼好？」看到於先生驚奇的眼光，服務小姐自動說明：「我剛剛查過電腦記載，您在去年的6月8日在靠近第二個窗口的位子上用過早餐」，於先生聽後高興地說：「老位子！老位子！」小姐接著問：「老菜單？一個三明治，一杯咖啡，一個雞蛋？」現在於先生已經不再驚奇了：「老菜單，就要老菜單！」於先生已經高興到了極點。上餐時餐廳贈送了於先生一碟小菜，由於這種小菜於先生是第一次看到，就問：「這是什麼？」服務生後退兩步（為了防止唾液不慎落在客人的食品上）說：「這是我們特有的某某小菜」。

　　這一次早餐給於先生留下了畢生難忘的印象。後來，由於業務調整的原因，於先生有

三年的時光沒有再到泰國去。有一天，在於先生生日的時候忽然收到了一封東方飯店發來的生日賀卡，裡面還附了一封短信，內容是：親愛的於先生，您已經有三年沒有來過我們這裡了，我們全部職員都非常惦念您，盼望能再次見到您。今天是您的生日，祝您生日快樂。於先生當時激動得熱淚盈眶，起誓假如再去泰國，絕對不會到任何其他的飯店，必定要住在東方，而且要說服所有的朋友也像他一樣選擇！

迄今為止，世界各國約20萬人曾經住過東方飯店，用他們的話說，只要每年有十分之一的老顧客光顧飯店，就會永遠客滿。這就是東方飯店成功的秘訣。

問題：東方飯店生意盈門的關鍵是什麼？

資料來源：http://www.zongcai.net/infoview/Article_2342.html，中國成功資訊，2005-8-7，作者：餘世維，內容略有改動。

對於企業而言，開拓新的消費市場誠然十分重要，而維繫和鞏固既有的消費者，培養和形成消費忠誠，更是最基礎的立命之本，也是最經濟的行銷之道。

美國學者雷奇漢（Frederick F. Reichheld）和賽塞（W. Earl Sasser, Jr）的研究結果表明，顧客忠誠率提高5%，企業的利潤就能增加25%~85%。對於企業來說，擁有一批忠誠的顧客能夠提升企業的競爭優勢、鼓舞員工士氣、提高勞動生產率，並且也是企業實施客戶關係管理（CRM）的最終目標。

忠誠消費者的培養，大致可按如下六個階段進行：

第一節　從可能購買對象到有效潛在購買對象

尋找潛在客戶是任何銷售人員從事銷售工作的一條起跑線。

所謂潛在客戶，就是指對銷售人員所在公司的產品或服務確實存在需求並具有購買能力的任何個人或組織。

如果某個個人或組織存在對某種產品或服務的可能需求，但這種可能性又尚未被證實，那麼這種有可能購買某種產品或服務的客戶就稱為「可能購買對象」；可能的購買對象被證實確實有需求，就成為「有效潛在購買對象」；經銷售人員按照某種要求評估合格的有效潛在購買對象就成了實際銷售的對象，即「目標客戶」。

從可能購買對象到有效潛在購買對象僅一步之隔。

一、尋找潛在客戶的原則

尋找潛在客戶首先是量身定制的原則，也就是選擇或定制一個滿足自己企業具體需要的尋找潛在客戶的原則。不同的企業，對尋找潛在客戶的要求不同，因此，必須結合自己公司的具體需要，靈活應對。任何拘泥於形式或條款的原則都可能有悖公司的發展方向。

其次是重點關注的原則，即 80：20 原則。該原則指導我們事先確定尋找客戶的輕重緩急，把重點放在具有高潛力的客戶身上，把潛力低的潛在客戶放在後邊。

最後是循序漸進的原則。

二、尋找可能購買對象的方法

尋找潛在客戶的方法非常多。主要的方法有：

（一）逐戶尋訪法

該法又稱為普訪法、貿然訪問法，指銷售人員在特定的區域或行業內，用上門訪問的形式，對估計可能成為客戶的單位、組織、家庭乃至個人逐一地進行訪問並確定銷售對象的方法。逐戶尋訪法遵循「平均法則」原理，即認為在被尋訪的所有對象中，必定有銷售人員所要的客戶，而且分佈均勻，其客戶的數量與訪問對象的數量成正比。

逐戶尋訪法是一個古老但比較可靠的方法，它可以使銷售人員在尋訪客戶的同時，瞭解客戶、瞭解市場、瞭解社會。該法主要適合於日用消費品或保險等服務的銷售；該法的缺點就是費時、費力，帶有較大的盲目性；更為嚴峻的是，隨著經濟的發展，人們對住宅、隱私越來越重視，這種逐戶尋訪法的實施面臨著越來越大的難度。

（二）客戶引薦法

該法又稱為連鎖介紹法、無限連鎖法，指銷售人員由現有客戶介紹他認為有可能購買產品的潛在客戶的方法。方法主要有口頭介紹、寫信介紹、電話介紹、名片介紹等。實踐證明，客戶引薦法是一種比較有效的尋找潛在客戶的方法，它不僅可以有效地避免尋找工作的盲目性，而且有助於銷售人員贏得新客戶的信任。

客戶引薦法適合於特定用途的產品，比如專業性強的產品或服務性要求較高的產品等。

（三）光輝效應法

該法又稱為中心輻射法、名人效應法或影響中心法等，屬於介紹法的一種應用特例。它是指在某一特定的區域內，首先尋找並爭取有較大影響力的中心人物為客戶，然後利用中心人物的影響與協助把該區域內可能的潛在客戶發展為潛在客戶的方法。

該法的得名來自於心理學上的「光輝效應」法則。心理學原理認為，人們對於在自己心目中享有一定威望的人物是信服並願意追隨的。因此，一些中心人物的購買與消費行為，就可能在他的崇拜者心目中形成示範作用與先導效應，從而引發崇拜者的購買行為與消費行為。

光輝效應法適合於一些具有一定品牌形象、具有一定品位的產品或服務的銷售，比如高檔服飾、化妝品、健身等。多利用廣告、公關或者直效行銷等手段。

（四）代理人法

代理人法，就是通過代理人尋找潛在客戶的辦法。在國內，大多由銷售人員所在公司

出面，採取聘請信息員與兼職銷售人員的形式實施，其佣金由公司確定並支付，實際上這種方法是以一定的經濟利益換取代理人的關係資源。

該法的依據是經濟學上的「最小、最大化」原則與市場相關性原理。代理人法的不足與局限性在於合適的代理人難以尋找。更為嚴重的是，如果銷售人員與代理人合作不好、溝通不暢或者代理人同時為多家公司擔任代理，則可能洩露公司商業秘密，這樣可能使公司與銷售人員陷於不公平的市場競爭中。

（五）直接郵寄法

在有大量的可能的潛在客戶需要某一產品或服務的情況下，用直接郵寄的方法來尋找潛在客戶不失為一種有效的方式。直接郵寄法具有成本較低、接觸的人較多、覆蓋的範圍較廣等優點；不過，該法的缺點是時間週期較長。

（六）電話行銷法

電話行銷法利用電信技術和受過培訓的人員，針對可能的潛在客戶群進行有計劃的、可衡量的市場行銷溝通。運用電話尋找潛在客戶法可以在短時間內接觸到分佈在廣闊地區內的大量潛在客戶。

（七）滾雪球法

所謂滾雪球法，就是指在每次訪問客戶之後，銷售人員都向客戶詢問其他可能對該產品或服務感興趣的人的名單。這樣就像滾雪球一樣，在短期內很快就可以開發出數量可觀的潛在客戶。滾雪球法，尤其適合於服務性產品，比如保險和證券等。

（八）資料查閱法

該法又稱間接市場調查法，即銷售人員通過各種現有資料來尋找潛在客戶的方法。不過，使用該法需要注意以下問題：一是對資料的來源與資料的提供者進行分析，以確認資料與信息的可靠性；二是注意資料可能因為時間關係而出現的錯漏等問題。

（九）市場諮詢法

所謂市場諮詢法，就是指銷售人員利用社會上各種專門的市場信息諮詢機構或政府有關部門所提供的信息來尋找潛在客戶的方法。使用該法的前提是市場上的信息諮詢行業比較發達。

使用該法的優點是比較節省時間，所獲得的信息比較客觀、準確，缺點是費用較高。

三、對可能購買對象的評估

大量的可能購買對象並不能轉變為有效潛在購買對象，因此，需要對可能購買對象進行及時、客觀的評估，以便從眾多的名單中篩選出目標客戶。

（一）帕累托法則

帕累托法則，即 80：20 法則，這是義大利經濟學家帕累托於 1897 年發現的一個極其重要的社會學法則。該法則具有廣泛的社會實用性，比如 20% 的富有人群擁有整個社會

80%的財富、20%的客戶帶來公司80%的營業收入和利潤，等等。帕累托法則要求銷售人員分清主次，鎖定重要的對象。

（二）MAN法則

MAN法則，引導銷售人員發現可能購買對象的支付能力、決策權力以及需要。

一是該潛在客戶是否有購買資金M（Money），即是否具有消費此產品或服務的經濟能力，有沒有購買力或籌措資金的能力。

二是該潛在客戶是否有購買決策A（Authority），即對方是否有購買決定權。

三是該潛在客戶是否有購買需要N（Need），在這裡還包括需求。需要是指存在於人們內心的對某種目標的渴求或慾望，它由內在的或外在的、精神的或物質的刺激所引發。另一方面客戶需求具有層次性、複雜性、無限性、多樣性和動態性等特點，它能夠反覆地激發每一次的購買決策，而且具有接受信息和重組客戶需要結構並修正下一次購買決策的功能。

第二節　從有效潛在消費者到初次購買者

一、成功的關鍵在於堅持與耐心

相關資料表明，平均需要接觸七次才有可能將一名有效潛在消費者轉化為初次購買者。所以，堅持、必要的投資和耐心，是促成這一轉換的關鍵。而一旦取得消費者的信賴，將帶來長久的利益。

二、建立消費者的信賴感

信任感是消費者對一個品牌的信賴，也就是消費者安全需要的一種演變。因為，消費者覺得相信這個品牌時，才有可能重度消費，才有可能持續消費。所以，信任感是消費者產生忠誠的基本前提。

而建立這種信賴感的關鍵是：永遠優先考慮消費者的利益，用事實和數據來說話，塑造產品的價值，並且只允諾可以履行的承諾。

三、聆聽消費者需求

消費者需要的是有人可以聆聽他們誠實而且直截了當地提出的需求，能夠診斷問題並提供解決途徑。

比如，在「非典」時期，樂百氏公司發現人們對自己身體的健康關注程度達到一個新的高度，所以抓住時機迅速推出了「脈動」飲料。該功能性飲料可以提高人體的免疫能力，滿足了人們對健康的需求，一經推出，就在全國熱銷。後來，康師傅、農夫山泉等

公司也相繼推出功能性飲料，進一步加劇了飲料市場的細分。

類似的例子很多，而在市場上，忽略消費者需求而失敗的例子也非常多。比如價格和品牌影響力十分接近的兩個競爭牙膏品牌同時在某大型賣場做促銷，雙方的堆頭和海報也旗鼓相當。不過形式上，A 品牌是在每盒牙膏上附贈一個刷牙用的杯子，賣一送一。B 品牌也同樣是賣一送一，不過贈品是一塊香皂。活動結束後發現，送香皂的品牌銷量遠遠高於送刷牙杯的 A 品牌銷量。為什麼呢？試想哪個家庭會缺少刷牙用的杯子呢？而香皂是日常必用品，是家庭經常需要補充購買的易耗品。這樣的贈品更符合消費者的需要，當然效果也會更好。

四、作好再次接觸的準備

促進消費者作出購買決定，這絕不是一蹴而就的事情。我們需要作好多次接觸持續溝通的準備，方能成功說服對方達成銷售。

五、從失敗交易的反省中，獲取有價值的信息

失敗並不可怕，在促使消費者從關注者到購買者的這一轉換過程中，我們並不能做到百發百中——我們總會受到各種制約：潛在購買者的現時購買能力、競爭品牌的壓力、輿論環境的變化等等，都有可能成為這一轉化過程的制約。

關鍵是，我們是否明確地知悉導致這一轉化過程失敗的關鍵因素是什麼。這將成為我們改進銷售策略、提升購買轉化率的關鍵。

小連結

6 個輕鬆步驟幫你成功銷售

這是一篇令人期待已久的文章，文中介紹了 6 個步驟，幫助你實現 B2B 和 B2C 的銷售目標。

這些步驟是在與 Linda Richardson 談話的基礎上歸納整理出來的。Linda Richardson 是銷售培訓公司 Richardson 的創立者，也是《完美銷售》這本暢銷書的作者。

步驟 1：摒棄 ABC 戰略

我不是在開玩笑。傳統的銷售培訓課程一般在強調「ABC」（Always Be Closing）戰略，即「一定要成交」戰略。雖然這個戰略很容易被人們所記住，但是它卻是一個糟糕的戰略。

原因很簡單。任何一個客戶都不願意在別人的逼迫下購買產品。而 ABC 戰略對客戶形成一種購買的壓力，這自然會使客戶產生對銷售的抵制。

即使是 ABC 戰略取得了效果，也不是好消息，因為銷售人員可能會面臨其他的麻煩。為什麼這麼說呢？當客戶屈服於銷售人員的壓力之後，他們不免會對銷售人員產生厭煩的

心理，並找機會使眼下的這樁買賣不能成交，或者下次不再與銷售人員打交道。

步驟2：樹立正確的心態

優秀的銷售人員認為，時鐘只有一個時間，那就是現在。如果他們獲得領先的機會，那麼他們肯定會抓住這個機會，並完美地堅持下去。

如果你想使銷售取得成功，那你一定要堅持不懈地努力。如果一樁買賣有三個銷售人員去競爭的話，那麼最後的成功者一定是一位有心人。比如他會在與客戶會面之後及時地把特製的信件或電子郵件發送給客戶。

銷售人員應該在採取行動時既謹慎又不遺餘力。他們應當善於與客戶交流，在銷售過程中合理地運用技巧，並對銷售工作充滿自信。

更重要的是，好的銷售人員知道，為了成交一樁生意而破壞與客戶關係的做法是錯誤的。

步驟3：為每次會面設立一個目標

當你去拜訪一個客戶時，你應該有一個特定的、可衡量的、適度超前的目標。

特定的目標並不等於是感覺良好的目標，如「我一定要與客戶達成交易」。特定的目標是容易被評估和衡量的，比如「我要得到一份重要的決策人名單」或「我要向客戶提出交易請求」。

目標還應當適度超前，但是要符合你在銷售週期中所處的階段。比如，第一次去和多位決策者談一樁數百萬美元的交易，如果你抱著「今天必須完成交易」的目標，那就顯得過於激進了。

設定目標並不意味著你的行動失去了靈活性，也不表明你不能對目標進行調整。優秀的銷售人員總是懂得把握與客戶談話的方向，保持雙方對交易的興趣，進而使一樁交易得以最終實現。

步驟4：在實現目標的過程中不斷地檢驗

在與客戶見面的過程中，始終保持客戶積極地參與談話。在談話中，你能夠判斷客戶的目標、戰略、決策過程、時間表等等重要信息，並把你的思路、產品情況和解決辦法告訴客戶，以迎合他們的需求。這是一個基本的銷售方法。

你必須在與客戶的交談中拋出一些「檢驗性」問題，以求得對方的反饋。向他們詢問一些開放性的、非引導性的問題。這可以幫助你瞭解客戶的需要，並及時調整你的解決方案。最重要的是，這個檢驗的過程能夠幫助你獲得重要的信息，以最終實現交易。

有效的「檢驗性」問題不能是那些引導性問題，比如「這對你有意義嗎」或「你是否同意」。在回答這些引導性問題時，客戶通常會選擇簡單的方法回答，答案並不一定是他們的真實想法。因此，你應當問一些「檢驗性問題」，比如「這聽起來怎麼樣」或「你怎麼想」。

與引導性問題不同，「檢驗性問題」會使客戶為你提供坦率的、重要的信息。例如：

不好的交流方式：

你：「我們在所有重要市場都擁有一流的交付能力。」（銷售人員在表達完自己的意思之後得不到有效的回答）

客戶：「那麼如何開具發票？」

以上的對話不能表現出客戶對你所說的「一流交付能力」是否同意。

好的交流方式：

你：「我們在所有重要市場都擁有一流的交付能力。你認為這對於你們有幫助嗎？」

客戶：「我擔心的是，你們無法滿足我們的全球市場需求。」

你：「我知道你們的需求是全球性的，為什麼你認為我們無法滿足你們的需求呢？」

客戶：「因為你們好像沒有國際分支機構。」

你：「在全世界進行人員部署很重要，為此我們在每個地區都與當地的頂尖企業結成了夥伴關係，這樣我們就無須再設立分支機構了。不知這樣能否滿足你們的要求？」

客戶：「當然可以，這麼說你們可以集中開具貨物發票。」

上面的對話可以使銷售人員瞭解客戶所想，並且可以為最終達成交易而重新配置公司能力。

總之，每一次你在介紹產品和服務之後，都應該從客戶那裡獲得反饋信息。最好的反饋是，客戶對你所說的一切表示認可，並急於與你進行交易。

步驟5：總結，然後進行最終檢驗

如果你的客戶沒有表現出急於成交的意思，那麼你必須進行最後的努力，否則你將失去有利地位甚至失去這椿生意。

你已經將你的產品和服務向客戶作了清晰的介紹，客戶也已經瞭解你的產品和服務是否能夠滿足他們的需要。而且通過「檢驗性問題」，你清楚了客戶對於你表達意思的理解和他們的態度。現在就應當進行談判的最後環節了。

首先，再給客戶一個簡短而清晰的總結，重申你的產品和服務能給客戶帶來的好處。做完這一步，直接進入最後的檢驗環節。不是為了讓客戶瞭解什麼，而是為了徵得他們的同意。比如：

你：「我們遍及全球的服務可以使你的員工在任何地方都能享受到，而且成本比你們今天使用的服務要低很多。這能否達到你們的期望？」

最後檢驗環節的目的是為達成最終交易鋪路，同時也給客戶一個提出異議的機會。如果客戶提出不利於交易實現的問題，那麼靈活地應對，再次爭取機會。

步驟6：提出成交請求

已經到了該直接詢問是否能達成交易的時候了。在進行這一步時，一定要有自信，而且意思要表達清楚。比如：

你：「我們已經為這椿生意作好了準備，你能否與我們合作？」

如果客戶沒有同意，那要搞清楚是什麼原因，然後再繼續嘗試。無論你是否能夠最終實現這樁交易，但在與客戶的整個會面過程中，你的自信、活力和誠意都會給他們留下深刻的印象。

最後謝謝你的客戶與你達成交易，或者表達繼續與他們保持密切聯繫的願望。

資料來源：6個輕鬆步驟幫你成功銷售（http://blogs.bnet.com.cn/?action-viewspace-itemid-10834），內容有改編。

第三節　從初次購買者到重複購買者

顧客重複購買意向，它在歐盟和美國顧客滿意指數體系中均被作為顧客忠誠度的主要測量指標之一。

實現這個令企業欣喜的指標的關鍵前提是：品質。我們這裡所說的一切都基於優秀品質和良好服務的前提。而在這個前提之下，我們還必須進行如下工作：

一、分析初次購買者拒絕回頭的原因

通常，消費者不再進行重複購買的主要原因有：

（一）在接受產品和服務過程後，購買者對實際質量的評估低於他們的期望水準

顧客在購買和使用該品牌產品後，對它的實物質量和服務質量形成感知，預期與感知之間經常存在差異。當感知高於預期水準時，顧客滿意程度較高，顧客重複購買的意向較高。當感知沒有達到預期水準時，顧客的滿意程度較低，顧客重複購買的意向較低。而這種感知是顧客對質量的預期、對實物質量的感知、對服務質量感知、對品牌形象的感知和對性能價格比感知的集中體現。

雖然這些原因的產生是令人遺憾的，但從中找到自身的不足，進行完善和調整，避免類似情況的發生，是我們可以從失敗中得到的最大收益。

（二）消費者與以前的供應者繼續聯繫

消費者在轉移供應商時會感覺有轉換障礙，即顧客在對以前服務不滿意的情況下，轉移到其他供應商時會感覺到經濟、社會和心理負擔。轉換障礙越小，顧客被強迫與其以前的供應商保持關係的可能性也越大。

這種情況就要求企業能夠提供競爭對手難以模仿的服務，或者可以提供更好的產品。

（三）沒有正規的服務系統

消費者對企業所提供的服務的要求大致有：

可靠性——切實履行承諾的能力；

積極主動性——協助消費者提供快速服務的意願，提前預料到問題；

保障——員工的專業知識和勤懇程度，以及博取人信賴的能力；

外在形象——公司的設施配備以及員工給人的印象；

同理心——對消費者關心專注的程度。

小連結

服務的規範化強調七個方面的內容：

1. 時限：向客戶提供服務的過程應該花費多長時間？每個步驟所需要的時間為多長？
2. 流程：如何協調服務提供系統的不同部分，它們之間如何相互配合成整體？
3. 適應性：服務能否按照不斷變化的客戶需要作及時調整？便利程度如何？
4. 預見性：你能預測客戶需求嗎？能否搶先一步向客戶提供信息？
5. 信息溝通：你如何確保信息得到充分、準確和及時的溝通？
6. 客戶反饋：你瞭解客戶的想法嗎？如何知道客戶對你提供的服務是否滿意？
7. 組織和監督：有效率的服務程序是如何分工的，由誰來監督？

服務人員的七項有效技能：

1. 儀表：你希望客戶看到什麼？符合儀表要求的外在指標是什麼？
2. 態度：如何傳遞適當的服務態度，通過表情、語氣、肢體語言來把握。
3. 關注：認同客戶的個性，從而以一種獨特的方式對待每一位顧客。
4. 得體：在不同的環境中，說哪些話比較合適？哪些話不能說？
5. 指導：服務人員如何幫助客戶？如何指導客戶作出選擇和決定？
6. 銷售和服務技巧：你提供服務的技巧如何？客戶是否很容易接受你的推薦和服務方式？
7. 禮貌地解決客戶問題：如何解決客戶不滿的問題？

服務中展現出的可親近性與靈活性可以反應在以下八個方面：

1. 關注客戶：敏感快速地關注到客戶的需求和特殊情況；
2. 瞭解客戶的行為原因：設身處地為顧客考慮；
3. 能幫客戶解決問題：對問題的理解和處理能力；
4. 客戶和他人是平等的：不能區別對待客戶；
5. 用客戶能懂的方式溝通：不要擺官腔或技術員的架子；
6. 不要恐嚇壓制客戶：絕對不可以威脅和忽視客戶；
7. 能指導客戶：如果客戶有問題，應幫助他們解決問題，他們會感謝你；
8. 靈活，可以通融：以人為本，客戶不是機器，你也不是操縱機器的人。

資料來源：虞瑩《從客戶滿意到客戶忠誠》，內容有改編。

（四）與決策者溝通不力

與消費方的決策者缺少有效溝通，對方缺少對我們所銷售的產品或服務的共識，這也是導致購買者流失而在實踐中常常被忽略的重要因素。

二、建立消費者資料庫，對初次購買者進一步瞭解，及時提供正確的信息

建立品牌與消費者的關係，必須瞭解消費者需求的變化，在建立消費者資料庫的基礎上，深入瞭解初次購買者的決策依據、個性特點、購買需求、使用狀況等等，以便能在後續的行銷行為中提供其真正感興趣並符合個人需求的信息，使消費者完全而持續地滿意。

三、培養忠誠消費者，必須先培養忠誠的員工

員工穩定是消費者穩定的基石。穩定的員工隊伍可以為企業節省培訓費，提供更好的服務，增強競爭力。

企業應該重視對人的投資甚於對機器的投資；用技術來支援一線的員工，而不是用監督或做不好就替換的方法；對一線員工的招聘與訓練與經理人員一樣重要，並且要根據員工的成績及時給予表揚和獎勵。

四、鼓勵初次購買者重複購買的方法

感謝初次購買者，贏得情感上的親近。

及時發現消費者的反應，及時應對。

通過廣告、公關等傳播活動，持續在客戶的心中強調公司的價值。

讓消費者瞭解公司全系列的服務項目。

郵寄產品的使用說明。大部分消費者的不滿意在於不知道如何正確、全面的使用產品，所以及時、準確的對消費者輔導是必需的。

提供產品保證、無條件退換等服務的保障。

開發客戶的資料庫。

推行消費者獎勵辦法，比如積分活動。

開展「歡迎新消費者」的促銷活動。

價值附加的促銷活動。如在兌換贈品前，顧客先要接受相關的市場調查，或者留下其個人資料等，如艾美特電風扇讓顧客做完市場調查問卷後就有機會抽大獎，贏數碼獎品。這些操作都有利於企業以後開展市場行銷活動。

第四節　從重複購買者到忠誠購買者

從消費者第一次購買你的品牌開始，就有眾多的競爭者在虎視眈眈地要把他爭奪過去。企業在此階段，需要鞏固與消費者的關係，增強心理共鳴，形成更加穩定的關係。

在此階段的關鍵點是：給消費者價值滿足感。

一、成功的根本：提供三種形態的價值

營運作業的優越性、對消費者的親和性、居於領導地位的產品，這三點是維繫消費者忠誠最基本的三個要素。

二、研究消費者

誰是你最好的消費群？他們採購些什麼？他們購買的原因是什麼？

只有瞭解消費者以及他們的需求心理，才能有的放矢，以產品、服務和品牌氛圍的營造取得認同和支持。

小連結

La Mer，來自深海的美麗傳奇海藍之謎

美國前太空科學家 Dr. Max Huber 任職於美太空總署 NASA 時，在一次火箭燃料爆炸中嚴重燒灼，面容幾乎全毀。經過無數次的求醫診治及皮膚療養，均無法除去烙痕。他因此決心投入皮膚保養乳霜的研發。歷經 12 年、超過 6000 次的實驗，終於發現了太平洋深海的秘密能量。海藍之謎（La Mer）完整保留海草的活性精華，讓肌膚細胞再生，不但撫平了 Dr. Max Huber 的傷痕，更能讓人感受前所未有的肌膚新光芒。

ESTEE LAUDER

從一瓶護膚霜開始。20 世紀 30 年代，Estee 從擔任藥劑師的叔叔那裡獲得了一種潤膚霜配方，憑藉這個配方，她闖入陌生的美容行業。

雅詩蘭黛（ESTEE LAUDER）使越來越多的女性仿佛得到歲月的寵愛，跨越年齡的藩籬。她們的肌膚不再洩露時光的秘密，只因為她們幸運地開啓了雅詩蘭黛的「瓶中神話」——ANR 特潤修護露。

「ANR，16 年後容顏依舊！」全世界 10 秒就賣出一瓶 ANR 特潤修護露。

SK-II

SK-II 的核心成分活細胞酵母精華（Pitera）頗具傳奇色彩。一切開始於 1975 年。日本北海道的一家清酒釀造廠，一隊喜歡尋根問底的科學家，在一次參觀釀酒廠的過程中，偶爾注意到釀酒婆婆擁有一雙少女般細嫩的手。在驚訝的目光裡，他們知道，有人在遭遇奇跡：在清酒（Sake）的釀造過程中，蘊含著一個令肌膚晶瑩剔透的秘密。

25 年來，Pitera 幾乎成為了 SK-II 的靈魂，它存在於所有 SK-II 的產品中，也書寫了 25 年間 SK-II 晶瑩剔透的奇跡。

科技發展到今天，Pitera 依舊不能人工合成，只能在特定環境、特定壓力和溫度下，在自然發酵過程中提純出來。每一滴 Pitera 都需要經過漫長的發酵培育過程，像孕育生命一樣小心。

Neutrogena

1954 年，創辦人 Stolaroff 在一次赴歐洲出差的機會中發現了一塊由比利時的化學家博士 Edmond Fromont 所發明的獨特洗面皂。它外觀透明、質地非常溫和，能充分洗淨，不殘留任何皂劑於肌膚。洗臉後約 10 分鐘，肌膚就能恢復自然的 PH 值。Stolaroff 將這塊洗面皂命名為「Neutrogena」（露得清）並引進美國販售。

Neutrogena 公司後來在 1973 年上市。露得清與皮膚科醫生的良好聯結，贏得了大眾的高度推崇及信任，自此風行於全球 85 個國家。1994 年，強生公司將其納入旗下。

問題：從以上的例子，可以看出什麼樣的共性？

資料來源：根據企業宣傳資料整理。

大多數時候，消費者購買的是對未來的期望，而不是實際的產品本身！研究他們的心理比什麼都重要！

手錶的核心功能是計時。5 元錢就可以買一塊計時比較準確、計時功能很豐富的電子手錶。而一塊普通的瑞士品牌手錶價格都在 1000 元以上，兩者相差竟然超過 200 倍。

凡勃倫在《有閒階級論》中提到過「炫耀性消費」，這種消費指向的往往不是物本身，而是物所承載的地位、身分、品位等，即其符號價值。在其實際的符號消費中，消費過程既是向他人顯示自己地位的過程，也是在消費這種「地位象徵」以及由此顯示所帶來的一種自鳴得意的過程。

一部小巧的、通話質量良好的手機價格在 500 元以下，而高端手機的價格高達 8000 多元。更有誇張的廠商做出了用藍寶石做屏幕，用貴重金屬做機殼的手機。其功能平常，價格卻賣到了 21 萬元，竟然還賣出去了 20 多部。

現代商業越來越不像過去那樣直接。過去只要提供對消費者有用的東西就可以賺錢。現在很多行業提供有用的產品已經不能有效占領市場了，企業必須提供那些「有價值」的部分才能使消費者掏腰包，才能維繫更多的忠誠用戶。

三、建立三種障礙，預防消費者更換品牌

「轉換成本」（Switching Cost）最早是由邁克爾·波特在 1980 年提出來的，指的是當消費者從一個產品或服務的提供者轉向另一提供者時所產生的一次性成本。這種成本不僅僅是經濟上的，也是時間、精力和情感上的，它是構成企業競爭壁壘的重要因素。如果客戶從一個企業轉向另一個企業，可能會損失大量的時間、精力、金錢和關係，那麼即使他們對企業的服務不是完全滿意，也會三思而行。

（一）實質性障礙

為消費者提供具體的價值。比如超好的品質或具體的服務。

如機票代售點為爭取大客戶，提供專員對接，打折信息提前告知、特別積分贈禮、送票上門、24 小時熱線服務等。

(二) 經濟障礙

讓消費者意識到更換品牌會造成損失。

如微軟在消費者普遍使用 OFFICE 軟件後，再大力打擊盜版。用戶們已普遍習慣了 OFFICE，貿然更換，會造成使用上的障礙以及無法實現與他人文本的兼容和交換。所以，雖然有便宜的金山軟件可以選擇，但大多數用戶還是購買了更為昂貴的微軟軟件。

(三) 心理上障礙

讓品牌與消費者心中的價值體系和世界觀相聯結。這種聯結使品牌與消費者之間的關係更為緊密和親切。在他準備放棄品牌的時候，會先經歷內心的衝突。這種衝突常常是他放棄更換的理由。

四、為忠誠而雇傭員工、訓練員工、鼓舞士氣

如果一家企業提供的產品或服務能不斷地滿足顧客的期望值但絕不高於顧客的期望值，那麼它也只能使其顧客產生偽忠誠。與提供劣質服務的企業相比，這些企業在市場競爭中會處於比較有利的地位，但不能保證顧客長期對它保持忠誠。

只有企業不斷地向消費者提供高於最高期望值的產品或服務，並讓他們對購物經歷感到超級滿意時，才會使他們產生真正的忠誠。這部分消費者除了更有可能保持忠誠之外，他們還可能成為無須支付報酬的市場「導購」，會免費把企業產品推薦給朋友及其同事們。

其實企業需要做的全部工作非常簡單，就是對組織中處於不同層次的所有雇員進行培訓，並提供激勵措施，以確保雇員提供最高水準的服務。

員工的穩定也是至關重要的。持續一致的服務、與客戶的密切與和諧都有賴於與員工的穩定。比如廣告公司經常有客戶跟著客戶主任（AE）走的現象、化妝品櫃臺專櫃小姐（BA）與顧客的穩定關係、理髮廳裡理髮師傅與客人的緊密關係。

小連結

「讓園內所有的人都能感到幸福」是東京迪斯尼樂園的基本經營目標。

自 1983 年 4 月 15 日開業以來，東京迪斯尼樂園已累計接待遊客 3.0993 億人次，年平均接待遊客近 1,550 萬人次，2002 年度到訪遊客人數更創下了 2,482 萬人次之新高。如今，作為單體主題遊樂園，東京迪斯尼樂園的接待遊客人數已遠遠超過美國本土的迪斯尼樂園，而位居世界第一。

調查顯示，東京迪斯尼樂園的固客率已超過 90%。贏得這一近乎幻想的數字，靠的不僅僅是其帶有濃厚神祕色彩的主題文化環境，即夢幻般的園內設計、家喻戶曉的卡通人物、驚險紛呈的遊樂內容、推陳出新的遊樂設施等硬環境集客效果，充滿親情的、細緻入微的人性化服務最終使遊客得以在東京迪斯尼樂園盡享非日常性體驗所帶來的興奮感受，

並使這種感受成為傳說，在贏得遊客鍾愛的同時，產生良好、廣泛的口碑集客效果。

迪士尼樂園有四個服務標準——安全、禮貌、表演和效率，但我相信，光這四點並不足以說明每個員工所表現出的熱忱與溫暖。

變「有形的服務」為「有心的服務」

一天，一對老夫婦抱著一個特大號毛絨米老鼠（卡通毛絨玩具）走進我們餐廳。雖然平日裡可以見到很多狂熱的迪斯尼迷，但眼見抱著這麼大毛絨米老鼠的老人走進餐廳還是第一次。

我走到他們身邊與他們打招呼：「這是帶給小孩兒的禮物嗎？」

聽到我的詢問，老婦人略顯傷感地答道：「不瞞你說，年初小孫子因為交通事故死了。去年的今天帶小孫子到這裡玩兒過一次，也買過這麼一個特大號的毛絨米老鼠。現在小孫子沒了，可去年到這裡玩兒時，小孫子高興的樣子怎麼也忘不了。所以今天又來了，也買了這麼一個特大號的毛絨米老鼠。抱著它，就好像和小孫子在一起似的。」

聽老婦人這麼一說，我趕忙在兩位老人中間加了一把椅子，把老婦人抱著的毛絨米老鼠放在了椅子上。然後，又在訂完菜以後，想像著如果兩位老人能和小孫子一起用餐該多好，就在毛絨米老鼠的前面也擺放了一份刀叉和一杯水。

兩位老人滿意地用過餐，臨走時再三地對我說：「謝謝，謝謝！今天過得太有意義了，明年的今天一定再來。」

看著他們滿意地離去，一種莫名的成就感油然而生。我為自己有機會在這裡為客人提供服務而感到無比的自豪和滿足。

這是東京迪斯尼樂園一名餐廳服務員的自述，從中我們不難體會到東京迪斯尼樂園所提供的服務絕非形式上的、單憑工作守則可以規範的服務。如果只是為了給客人提供用餐服務，那麼，她所要做的也許只是工作守則中規定的內容。例如：如何對客人微笑、如何倒酒、如何上菜等。但是，只是機械地履行工作守則中的規定，充其量不過是使客人不至掃興而歸，所能得到的也不過是客人可有可無的評價或印象。只有用心地領悟客人的心境，並忠實自然地體現自己內心感受的服務才能真正贏得客人的滿意乃至感動。

同時，應該注意的是這名服務員所提供的服務源自她此時的內心所感。如果簡單地把這一服務加入工作守則之中，要求服務員見到抱著毛絨玩具的客人就為其多準備一把椅子，那麼，這一感人的服務本身也就變成一條有形的硬性規定，非但服務人員的內心感受難以在具體工作中得以體現，有心的感性服務更是無從談起。

這位員工的體貼是發自內心的。

「東京迪斯尼樂園的員工意味著東京迪斯尼樂園本身。如果為遊客提供服務的員工不能在工作中感受到樂趣，那麼她又怎麼可能為遊客提供令人感到快樂的服務呢？只有員工滿懷激情快樂地工作，來到這裡的遊客才會體驗到真正的幸福。」正是基於對員工的這一根本認識，東京迪斯尼樂園在營造「享受工作、快樂工作」的企業工作氛圍上可謂不遺餘力。

得益於多年來各類媒體對東京迪斯尼樂園推崇有加的報導，以及不可勝數的狂熱的迪斯尼迷的存在，事實上在日本已經形成了能夠在迪斯尼工作即表明一種身分的社會氛圍，使其員工的企業忠誠度一直保持在一個很高的水準上。

資料來源：百度文庫，《東京迪斯尼》，http://wenku.baidu.com/view/7a43e43510661ed9ad51f374.html。

五、為培養忠誠而採取的行銷方法

關係行銷、頻率行銷、會員制行銷，這些都是有效培養顧客忠誠的行銷方式。

（一）建立顧客數據庫

在美國已有80%的公司建立了市場行銷數據庫，寶潔公司就已建成了兩千多萬家庭的數據庫資料。

由顧客管理機構全面負責整個數據庫的管理工作，制定長期和年度的客戶關係行銷計劃，落實公司向客戶提供的各項利益，處理可能發生的問題。這樣，企業就可以發現顧客的潛在需求，提高顧客滿意度，從而與顧客建立和維持良好的關係。

小連結

1997年發生了恒生筆記本電腦事件：一名用戶的恒生筆記本電腦因得不到有效的維修，於是他在網上粘貼其與恒生交涉的經歷文章。結果，引起軒然大波，由此事件引起的退貨就高達2451萬元。

沃爾瑪在對顧客原始購買信息進行分析時發現，單張發票中同時購買尿布和啤酒的記錄非常普遍，分析人員相信並非偶然現象。深入分析得知，通常上超市購買尿布的是美國的男人，而他們在完成太太交代的任務後通常會拎回一些啤酒。得出這樣的調查結果後，沃爾瑪嘗試著將啤酒和尿布擺放在一起銷售，結果銷售雙雙成倍增長。

資料來源：根據慧聰網《不能把客戶當上帝》http://info.biz.hc360.com/2011/07/130942171027-3.shtml 刪減整理。

（二）獎勵忠誠顧客

區分不同級差的顧客，深入分析其消費心理及消費特點，將人群進行細分，在提供正常優惠措施的同時，為之量身定制一些特定的行銷策略，使其享受更多的優惠。

（三）用資訊連結消費者

加強企業與顧客之間的相互瞭解，保持與顧客的良好溝通，增進顧客對企業的忠誠。同時，也通過顧客的情報反饋系統，瞭解顧客需求。

比如日本資生堂有一份為全國40萬資生堂使用者服務的雜誌，其印刷精美，內容時尚，非常貼近女性生活。這本雜誌看起來根本就不像一本廣告雜誌，而更像一本時尚生活雜誌。資生堂的雜誌每次在商場超市亮相即被一搶而空。

第五節　從忠誠消費者到品牌提倡者

靈智廣告發現：口碑的成效是電視或平面媒體的 10 倍。

市場研究公司 Jupiter Research 的調查數據顯示：77% 的網民在線採購商品前，會參考網上其他人所寫的產品評價；超過 90% 的大公司相信，用戶推薦和網民意見在影響用戶是否購買的因素中是非常重要的。

由英國的 Mediaedge 實施的調查也發現：當消費者被問及哪些因素令他們在購買產品時更覺放心時，超過 3/4 的人回答「有朋友推薦」。

大量的調查報告均顯示，人們想瞭解某種產品和服務的信息時，更傾向於諮詢家庭、朋友和其他個人專家而不是通過傳統媒體渠道來進行瞭解。實際上，調查顯示，高達 90% 的人視口碑傳播為最好的獲得產品意見的渠道；不僅如此，他們認為口碑行銷的可靠性比廣告或編輯性宣傳內容高出幾倍。

口碑宣傳縮短了建立信賴感的時間，提高了信賴度。而如果這個口碑的來源是品牌的忠實消費者，這對於企業更是最有效的廣告宣傳。

一、贏得口碑的幾種策略

（一）製造一些值得口耳相傳的東西

為口碑行銷製造內容，這樣的內容可能是產品的品質、包裝、價格，也可能是產品的新用途、新的代言人，等等。它必須能以某種異乎尋常的新意引發消費者的關注並獲得廣泛的傳揚。

（二）不斷謀求製造口碑素材的新途徑

比如英國石油（BP）公司曾經通過一次調查發現，原來許多司機之所以樂意光顧他們的加油站，並不是完全受到廣告和促銷活動的影響，而是大家口碑相傳 BP 加油站的休閒便利店和洗手間還不錯。於是 BP 便聘請了專業的諮詢公司對休閒便利店和洗手間進行再設計。不出所料，顧客量果然出現了增長。

（三）把產品轉交到有影響力的人的手上

比如化妝品品牌的網絡推廣手段之一，即是找美容論壇的活躍分子免費發送試用化妝品，請其寫使用心得。利用意見領袖取得正向輿論支持。

（四）將具影響力的核心人物轉變成全職的品牌提倡者

意見領袖是一個小圈子內的權威，他的觀點能為擁躉廣為接受，他的消費行為能為粉絲狂熱模仿，他能主導傳播的核心價值並使口碑行銷的效果不斷延展。如果企業能不斷地增進他與品牌之間的正面互動，將擁有最具有說服力的品牌行銷者。

二、讓滿意的消費者為你推銷

利用見證、建立消費者檔案和適時的獎勵辦法，加強消費者的忠誠度，並建立良好的信譽。

三、與用戶持續努力建立長期的人際關係

以創意的有針對性的行銷內容，讓消費者真正參與交流，實現品牌與消費者的雙向溝通對話，建立消費者與品牌的長期互動關係，使消費者對品牌產生認同，從而提高品牌的口碑和銷量。

四、為更多上門的消費者作好準備

加強服務能力和產品生產能力，穩定質量，為口碑擴大後越來越多的消費者提供優質服務，以進一步穩定品牌聲譽、延續口碑效應。

小連結

Gmail（德國和英國稱其為 Google Mail）是 Google 公司在 2004 年 4 月 1 日發布的一個免費的電子郵件服務。在最初推出時，新用戶需要現有用戶的電子郵件邀請，但 Google 已於 2007 年 2 月 7 日宣布將 Gmail 完全開放給大眾使用，不再需要現有用戶的電子郵件邀請。Gmail 最初推出時有 1GB 的儲存空間，大大提高了免費信箱容量的標準。

目前 Gmail 用戶已可以享有超過 7 GB 的容量，並且以大約每小時 1.12MB 的速度在增加。如果要另外租用更多的空間，可以以每年 20 美元的價格來取得 10GB 的儲存空間。Gmail 最令人稱道的就是其使用接口——不但容易使用而且速度很快，此外其服務很貼心，比如離線郵件服務。

在 Gmail 開放以前，在美國，很多人願意以各種代價交換 Gmail 郵箱（Google 的免費郵箱），包括豪華旅遊、乘快車兜風、偉哥藥丸，甚至總統選舉中的選票等。在中國，擁有 Gmail 成為某種身分的象徵，甚至有人在聊天室裡用「一個擁有 Gmail Invitation 的人」作用戶名來標榜自己。

Google 是一個很酷的公司，儘管它已經是全球市值最高的公司，它仍然很酷。

與其他網站的郵箱不同，Gmail 採用了推薦註冊的方式，並不接受公開的註冊。也就是說，並不是你想擁有 Gmail 就能擁有的。Google 在自己的官方網站上宣布說，有三種途徑可以得到 Gmail 帳戶：從 2004 年 3 月 21 日開始，如果你是 Google 員工或親友，那麼可以使用，人數控制在 1000 人左右；從 4 月 25 日開始，在 Google 旗下的 blogger.com 的活躍使用者會受到邀請，參與測試；最後一種方法是 Gmail 使用者會不定期受到 Google 給予的邀請權，可邀請其他人使用 Gmail。

正是這種獨特的邀請方式，一時間 Gmail 被賦予了更多的象徵意義，比如擁有 Gmail 可以證明：你是一個互聯網活躍分子，對新鮮事物充滿渴求；你的英語有一定的基礎，體現出文化層次；你有一定的渠道（關係），並不是每個人都可以獲得 Gmail。Google 不必費力自己宣傳，就贏得了業內外包括媒體在內的熱烈關注和討論。

「用戶的好奇心對 Google 來講是多麼好的宣傳呀。你得不到一件東西，你的朋友又在跟你說它有多麼多麼好，你一定會很想得到它。」博客（blogger）陳吉力說。這就在網上創造出了一種談論 Gmail、到處尋求被邀請的氛圍。

一時間，在 ebay 上的 Gmail 拍賣條目有上千條之多，價格從 1 美分到 10 個帳號 30 美元不等。引用 Google 員工之間流傳的一條經典語錄：「不一定每個人都使用 Gmail，但每個人都為得到一個 Gmail 帳戶而瘋狂。」

口碑行銷的另外一個特點是能形成一個圈子，並使之迅速擴大。網站的細分趨勢，使有共同興趣愛好、目標的人們能聚在一起，在這個圈子裡得到更有價值的信息。「邀請我的人，還有我邀請的人，幾乎都成了朋友。」陳吉力說。

據 Gmail 官方博客報導，不久前有個 Gmail 工程師做了一些 Gmail 信封的貼紙。很快，Gmail 團隊的人就把這些貼紙貼到了桌子上、筆記本電腦上，甚至連牆上也貼了很多張。然後就有其他人來向他們索取更多的 Gmail 貼紙——一開始還是 Google 的工作人員，後來有一次一位 Gmail 員工乘飛機的時候邊上一位乘客問他在哪裡可以弄到 Gmail 貼紙。這是他意識到，可能還有更多人喜歡這些東西。所以，Gmail 團隊設計了更多貼紙，並且印了一大堆。

現在到了最關鍵的問題的時候了，如何才能獲得這些貼紙？雖然 Gmail 是很快的電子交流模式，但是這次 Gmail 團隊決定還是採用「蝸牛郵件」的老辦法。你只要寄一個寫有自己地址的信封到下面這個地址就可以了（如果你還有什麼想說的也可以附在裡面）：

Send me some Gmail stickers already
P. O. Box 391420
Mountain View, CA 94039 – 1420

當然，你必須確保信封上貼有足額郵資的郵票。寄出的郵件重量小於 1 盎司（28 克）。所以如果你在美國的話，貼上一個標準的 0.42 美元郵票就可以了。如果你不在美國的話，要在信封裡附上一張國際通用郵券（International Reply Coupons）。其風靡程度可見一斑。

資料來源：中國郵箱網，《Gmail 推廣雙管齊下》http://www.chinaemail.com.cn/shidian/scdc/201102/60301_2.html。

第六節　預防忠誠消費者流失

管理學數據顯示：一個公司平均每年有 10%～30% 的顧客在流失。這是一個企業發展過程中必經的階段，但很多企業常常犯這樣一個錯誤：他們不知道自己失去的是哪些會員、什麼時候失去、也不知道為什麼失去。他們完全不為正在流失的會員而感到擔憂，反而依然按照傳統的做法拼命地招攬新會員。菲利普·科特勒有過這樣的描述：太多的公司像攪乳器一樣傷害了老顧客。也就是說，他們只能靠失去他們的老顧客來獲取新顧客。這就如同給滲漏的壺經常加水一樣。

事實上，應該把注意力集中在我們的忠誠消費者身上。因為最難的銷售就是用新產品去說服新客戶。而提高你的消費者忠誠度，將會使你能夠利用更低的成本獲得更多的客戶，並且這些具有忠誠度的消費者可能還是你最得力的口碑傳播者和銷售人員。因此，如何提高消費者忠誠度、有效預防忠誠消費者的流失將是企業參與競爭的利器。

消費者是慢慢流失的。注意消費者流失之前的信號，瞭解消費者不滿意的起源並力求及時調整應對，才能有效預防流失並鞏固忠誠消費者的信心。

一、消費者流失的類型

要研究離開的消費者，知道消費者為什麼流失的確切原因，並且，從出走的消費者身上得到更具體而切合實際的反饋意見。離開的消費者可以幫助我們決定增加哪一項服務最能維繫住消費者，並可以幫助我們決定哪些類型的消費者是你不需要的。研究這些原因可以為企業提供服務提升和改進的依據。

按照退出的原因可將退出者分為以下幾類：

價格退出者，指顧客為了較低價格而轉移購買；

產品退出者，指顧客找到了更好的產品而轉移購買；

服務退出者，指顧客因不滿意企業的服務而轉移購買；

市場退出者，指顧客因離開該地區而退出購買；

技術退出者，指顧客轉向購買技術更先進的替代產品；

政治退出者，指顧客因不滿意企業的社會行為或認為企業未承擔社會責任而退出購買，如抵制不關心公益事業的企業、抵制污染環境的企業等。

企業可繪製消費者流失率分佈圖，顯示不同原因的退出比例。要加強事前對環境的分析和預測，做好消費者流失預警管理，有效防止消費者的流失。

二、將消費者抱怨視為建立忠誠的契機

顧客的抱怨行為是由對產品或服務的不滿意而引起的，所以抱怨行為是不滿意的具體

的行為反應。顧客對服務或產品的抱怨即意味著經營者提供的產品或服務沒達到他的期望，沒滿足他的需求。另外，也表示顧客仍舊對經營者具有期待，希望能改善服務水準。其目的就是挽回經濟上的損失，恢復自我形象。

而消費者的抱怨是建立忠誠的良好契機！

哈佛大學的李維特教授曾說過這樣一段話：「與顧客之間的關係走下坡路的一個信號就是顧客不抱怨了。」學習安撫氣憤的消費者，處理好消費者的抱怨，是我們優質服務的重要部分。

小連結

有了大問題，但沒有提出抱怨的消費者，有再來惠顧意願的占9%；
會提出抱怨，不管結果如何，願意再度惠顧的占19%；
提出抱怨，並獲圓滿解決，有再度惠顧意願的占54%；
提出抱怨，並快速獲得圓滿解決的消費者，願意再度惠顧的占82%。

當顧客投訴或抱怨時，不要忽略任何一個問題，因為每個問題都可能有一些深層次的原因。顧客抱怨不僅可以增進企業與顧客之間的溝通，而且可以診斷企業內部經營與管理所存在的問題，利用顧客的投訴與抱怨來發現企業需要改進的領域。

小連結

一位曾經購買了某著名品牌黑色瑪瑙項鏈的顧客在其公司的網上銷售中心抱怨：「今天在逛街的時候這串我最愛的項鏈居然不可思議的地斷了，黑色的珠珠散落了一地，搞得我十分的狼狽。不知道究竟發生了什麼？怎麼會這樣啊？是質量問題嗎？」

問題：如果是你，會怎麼處理和答復？

該公司的客戶服務人員是這樣處理的：

「感謝MATIS特地在週末留言訪問！抱歉直到週一的今天上班才看到留言，怠慢了您。出現這樣的情形，我們也感到抱歉：一樣感受到MATIS的心情……

出現的原因，一定是繩子的緊固度鬆懈。未來，我們更應該留意使用前的檢查，輕輕扯動，花費時間不多，卻讓我們更放心使用（事實上，在一段時間放置後，再度啟用都要做一點這個小檢測，因為結會發生交互纏繞的鬆動）。

至於這根鬆落的項鏈，歡迎您隨時到我們的專櫃或者寄回網絡服務店，讓我們為您重新緊固。

再次寬慰我們的MATIS，祝願這個週末依然好心情，抹掉些微的意外插曲影響。」

再看看這位顧客的回應：

「感謝親的回復哈，昨天一天的確為此事鬱鬱寡歡了一整天，看到親的回復得到了很大的安慰！所以我還是決定除了寄回來幫我重新串好外，再買一根相同的項鏈，實在太喜

歡這個項鏈了！麻煩寄出來前一定幫我挑根最結實的哈！」

三、防止消費者出走的辦法

據一項研究表明，目前僅有少於 1/4 的企業會測量顧客的滿意程度，因此消費者忠誠度轉移就不是什麼奇怪的現象了，因為很多企業都不知道消費者到底是在哪一個環節產生的不滿，他們為什麼離去。就我們的研究顯示，當顧客決定在什麼地方購物時，他首先考慮的因素其實既不是產品質量也不是產品價格：在 10 個消費者中，只有 2 人會因為受到較低價格的誘惑而放棄目前的產品轉而購買別的同類產品；而有大約 60% 左右的消費者會因為產品提供商對他們漠不關心的態度，而放棄購買這家企業的產品。

很多企業一直以來努力培養的都是僅僅對其所受到的待遇感到滿意的顧客。從表面上看來，消費者好像已經對企業產生了忠誠；但是，由於消費者從來都沒有對企業投入過多的感情，他們在受到其他誘惑時，可能連想都不想一下，就直接轉向其競爭者。另外一項來自國外某專業機構的研究表明，有 2/3 的消費者表示，如果市場上存在著更好的選擇，他們通常會加以考慮。1/10 的消費者把那些對某一特定企業品牌保持忠誠度的人當做「傻子」，認為他們不能得到盡可能好的產品或服務。在 20 名消費者中只有 1 人堅定地表示，沒有什麼能說服他背棄最偏愛的供應商。

我們可以從消費者忠誠度的真正的心理表現來看消費者偽忠誠與真正的忠誠的區別。Cremler 和 Brown（1996）提出，顧客忠誠應該細分為行為忠誠、意識忠誠和情感忠誠。行為忠誠是顧客實際表現出來的重複購買行為；意識忠誠是顧客在未來可能購買的意向；而情感忠誠則是顧客對企業及其產品的態度，其中包括顧客會積極地對其周圍人士宣傳企業的產品。嚴格說來，行為忠誠和意識忠誠都具有很大程度的不確定性，真正能夠為企業帶來價值的是情感忠誠。也就是說，情感忠誠才是真正的顧客忠誠。

所以，在提供優秀產品和服務的基礎上，加強和消費者之間的情感聯繫，是鞏固忠誠唯一有效的辦法。

（一）讓消費者很容易向你反應問題

寶潔、通用電器、惠而浦等很多著名企業，都開設了免費電話熱線。很多企業還增加了網站和電子信箱，以方便雙向溝通。這些信息流為企業帶來了大量好創意，使他們能更快地採取行動，解決問題。比如 3M 公司聲稱公司的產品改進建議有超過 2/3 的是來自客戶的意見。

（二）當消費者需要協助時，應迅速提供

當前很多消費者沒有時間，注意力也不集中，因為需要他們關心的事情太多了。消費者在購買產品和服務時希望節省時間，例如超市添置電子設備通過掃條形碼的方式來記帳並找錢就是使消費者節省時間的辦法。可以通過對比看出來，有這樣的電子設備的超市比那些通過人工計費並且需要排隊的超市受歡迎得多並且消費者對其的忠誠度較高。而消費

者在進行購買決策時，需要更有效率。不能在人們拿出很多的時間和注意力去關注產品時，卻讓他們感到無從選擇。

方便、快捷、有效率，是我們的產品和服務都應該提供給消費者的基礎。

（三）減少消費者前來修理、退貨和保修期內修復的困擾

消費者在諮詢服務時雇員擁有的知識和技能，滿足顧客需要時的謙恭態度，以及與顧客交往時表現出的可靠度都會給消費者帶來非常重要的影響從而決定其是否能夠形成情感上的忠誠度。

（四）在真實可靠的基礎上構建真正的顧客忠誠

消費者由於具有個性化、專注且獨立的個性特徵，只有當他們真正感覺到企業提供的產品或服務具有某種程度的可靠性時，他們對企業的態度才會由僞忠誠轉變為真正的忠誠，並且會積極主動地鼓勵其他人也跟著這麼做。

就像有一句俗話說的「久病成良醫」，有一些人通過別人介紹自己使用了哪些藥品是真實可靠的、有用的，因此對於廣告推薦的同類藥品，不論怎麼誇耀它的功效都無動於衷。真實可靠性更確切地說需要以消費者個體為基礎，針對每個消費者進行生產，並且要充分考慮到個人的需求、願望和興趣。企業進行產品或服務行銷時，如果對消費者不加區別地籠統對待，就會招致反作用力。如果消費者認為廠商對他們不加區別地籠統對待，那麼他們不僅會有可能拒絕接受你提供的產品或服務，也不會在你的企業身上花費更多的時間、注意力或信任度。隨著消費者選擇的日益增多，他們對產品品質的期望值也越來越高。如果你想讓你的產品或服務在競爭激烈並且趨於飽和的市場中脫穎而出，最重要的一點就是增加產品或服務的真實可靠性。

四、消費者挽留

通過電話、網絡、信函、走訪等方式與消費者進行有效的溝通，向消費者提供「個性化、差異化」服務，維繫其滿意度和忠誠度，並對有流失傾向的消費者進行挽留，傳達品牌對其的關心和想念。

總之，對於維繫和鞏固消費者關係來說，提升管理水準是關鍵。從組織結構調整、業務流程的優化，到員工的激勵與培訓、管理規定和績效考核的同步建設等，只有管理營運水準的提升，才會帶來消費者的真正忠誠。

思考題

1. 客戶忠誠的意義是什麼？
2. 如何培養忠誠消費者？
3. 忠誠消費者與服務提升的關係是什麼？
4. 如何防止消費者流失？

參考文獻

［1］張樹庭，呂豔丹. 有效的品牌傳播［M］. 北京：中國傳媒大學出版社，2008.

［2］祁定江. 口碑行銷：用別人的嘴樹自己的品牌［M］. 北京：中國經濟出版社，2008.

［3］馬克休斯. 口碑行銷［M］. 北京：中國人民大學出版社，2006.

［4］http：//www.cbinews.com/inc/showcontent.jsp？articleid＝12608 羅平 2004－12－13，電腦商情報.

［5］打造顧客忠誠度——客戶關係管理策劃案探討，http：//publishblog.blogchina.com/blog/tb.b？diaryID＝6190288，2007－3－28.

［6］肖明超. 如何建立消費者真正的忠誠度［EB/OL］. http：//www.surprising.cn/n70c27p2.aspx. 中國企業戰略傳播網. 2004－11－10.

第四章
渠道與渠道管理

小連結

舒蕾終端模式的困境

「成也蕭何，敗也蕭何。」曾經把舒蕾推向成功的終端模式，也把它帶向了問題的泥潭。

終端模式：異軍突起

1996年，舒蕾上市。通過對市場態勢以及競爭對手的深入分析，舒蕾發現，寶潔等洗髮水巨頭傾情於大量廣告的空中促銷，而疏於地面促銷。於是舒蕾確立了「從地面終端打造核心競爭力」的渠道模式，在渠道終端與寶潔展開爭奪戰。舒蕾放棄了業界奉為經典的總代理制，而實施直供終端的扁平化短寬型渠道模式：投入了大量人力物力，通過在各地設立分公司，實現對主要零售終端的直接供貨，大大壓縮了渠道長度，減少了渠道環節，從而建立起了高效的、不依賴於某個大經銷商而獨立存在的廠商垂直行銷系統。這種跨過經銷商的短寬型渠道模式使舒蕾實現了對終端的直接控制。短短幾年，舒蕾憑著獨特的終端渠道模式迅速崛起，2000年以年銷20億元、15%的市場佔有率坐上了中國洗髮水市場第二把交椅，創造了寶潔、舒蕾、聯合利華「三足鼎立」的局面。舒蕾扛起了中國民族品牌挑戰寶潔等跨國巨頭的大旗，引領了一場「終端為王」的革命。

然而，好景不長，舒蕾的亞軍桂冠還未戴穩，銷售額就迅速下滑。據媒體報導，舒蕾從2002年開始，銷售額已跌到10億元以內。

終端管理危機：幅度太大，難以兼顧

舒蕾的短寬渠道模式，縮短了渠道長度，但擴大了渠道寬度。在寬度擴大的渠道上，每個管理者都將面對更多的管理對象，也將面對更多的管理事務。一個管理者所能管理的幅度是有限的，過寬的渠道必然造成過多的管理對象，自然會形成管不到位、理不到點的局面，管理效率大大降低；表現在銷售上，就是銷售額的銳減。

終端攔截危機：弱者仿效，強者打壓

舒蕾的崛起成為業內奇跡，所有同行都在學習舒蕾，一大群競爭者競相模仿，加入了舒蕾發起的終端攔截大戰。過去由舒蕾獨家占據的終端攔截，突然變成一場終端搶奪戰：

各競爭商家都派出了大量的終端促銷隊伍，聚集在零售賣場，相互爭奪有限的顧客，使得終端攔截效果大大降低。

蘇醒後的寶潔迅速發起了三大戰役：廣告拉銷戰、攔截反擊戰和價格戰，以對付舒蕾的終端攔截。首先，寶潔在中央電視臺投入了巨額廣告，成為2005年中國的廣告界新標王，在廣告上對舒蕾實施空中包圍；其次是加強了終端促銷，尤其是二三級市場的終端促銷，以遏制舒蕾的終端攔截；第三是在價格上甚至推出了9.9元一瓶的潘婷洗髮水，對以價格和渠道制勝的舒蕾以致命打擊。

舒蕾銷量大幅下降之時，正是寶潔銷量大幅上升之日。面對寶潔等跨國公司全面而強大的進攻，舒蕾終端戰術的優勢逐步瓦解。

終端促銷危機：促銷失效，促而不銷

舒蕾終端戰術的核心是促銷。為了占領終端，剛上市的舒蕾發動了猛烈的促銷攻勢。最初，聲勢浩大、豐富多彩的終端促銷活動為舒蕾帶來了驚人的銷售業績。可短暫的輝煌之後，舒蕾面臨的卻是終端促銷戰術逐步失效的無奈和感嘆。

隨著跟隨者的大量進入，終端攔截模式的普遍採用，舒蕾昔日獨享的好日子一去不復返。同質化的促銷手段，大大降低了促銷效果，過去行之有效的市場絕招，現在已經成為市場庸招，招數使盡，銷量卻不看漲。

終端戰術解決了舒蕾的生存問題。然而單靠一種戰術，舒蕾是不可能建立起持續的競爭優勢的。舒蕾成功後過分依賴終端戰術導致了危機重重。要鞏固市場，舒蕾應該在學習寶潔的基礎上，補齊自己的「短板」，樹立整體的行銷意識，提升系統行銷能力，完成從單純行銷向整合系統行銷的轉變，努力將自己的競爭提升到戰略層面。通過戰略體系來構建綜合競爭力，這才是舒蕾的出路。

資料來源：蔡靜，李珊，李蔚.舒蕾終端模式的困境［J］.企業管理，2006（6）.

成也渠道，敗也渠道。舒蕾的成敗提醒我們：市場培育中的渠道建設和渠道管理，是管理者不能掉以輕心的內容。

第一節　渠道的基本概念和職能

一、渠道的基本概念

行銷渠道，也稱為行銷網絡或銷售通路，有時也稱為貿易渠道或分銷渠道。關於行銷渠道的定義，有很多種版本，其中最具有代表性的當首推美國著名行銷學家菲利浦‧科特勒博士的描述：「行銷渠道就是指某種貨物或勞務從生產者（製造商）向消費者（用戶）轉移時取得這種貨物或勞務的所有權的所有組織和/或個人。」

嚴格意義上說，行銷渠道與分銷渠道是兩個不同的概念。行銷渠道包括某種產品或服務的供、產、銷過程中的所有組織和/或個人。比如原材料或零配件供應商、生產商、商人中間商、代理中間商、輔助商以及終端用戶等構成一條行銷渠道。而所謂分銷渠道，通常指促使某種產品和服務能順利地經由市場交換過程，轉移給終端用戶（個體或組織消費者）的一整套相互儲存的組織。其成員包括產品或服務從生產者向消費者轉移過程中，取得這種產品和服務的所有權或者幫助所有權轉移的所有組織和個人。他們包括中間商、代理商、生產者或最終用戶，但不包括供應商和輔助商。因此，我們可以認為，分銷渠道可以被看做狹義的行銷渠道。在本章中，我們主要討論的是狹義的行銷渠道。

二、渠道對於市場培育的重要性

從表面上看，生產商把部分或全部銷售工作委託給渠道中間商，意味著放棄對於如何銷售產品以及究竟銷售給哪些最終用戶等方面的某些控制。然而這正是渠道存在的重要性之所在；因為通常情況下，生產商放棄直接銷售比委託給渠道中間商銷售能夠獲得更多的好處。對於初入市場的市場培育者來說，深刻理解渠道的重要性，充分利用渠道的長處實現公司的市場目標，是市場培育成功的關鍵。渠道能為市場培育者帶來的利益包括：

（1）建立獨立的公司行銷渠道需要巨大的財務支持。就算是實力雄厚的國際企業，通常也不會選擇直接行銷；而初入市場的企業，更難以承擔直接行銷的財力資源。與渠道成員建立合作關係，是打開銷售通路的主要選擇。

（2）很多時候，由於產品的屬性特徵，直接行銷並不可行。比如一些低價產品，直接行銷的成本遠遠大於通過渠道中間商行銷所產生的成本。選擇分銷渠道可以大幅度地節約成本。

（3）建立分銷渠道可以有效地利用外部資源。渠道的優勢在於它們能夠更加有效地推動商品廣泛地進入目標市場。渠道中間商憑藉各自廣泛的社會關係、經驗以及專業知識等，往往比生產商直接做行銷更加出色。而渠道中間商的專業性，對於市場培育成功是一個重要的保障。

（4）利用渠道可以降低交易費用，產生規模效應。渠道中間商通常是某一領域的渠道經營者，他們通常不止經營一種產品。對於整個行業來說，渠道的存在，可以有效地降低交易聯繫次數，從而達到提高交易效率、產生規模效應的目的。

三、渠道所承載的流程

通常，渠道承載了五種流程，即實體流程、所有權流程、付款流程、信息流程及促銷流程。

（1）實體流程——實體原料及成品從製造商轉移到最終顧客的過程。

（2）所有權流程——貨物所有權從一個市場行銷機構到另一個市場行銷機構的轉移

過程。其一般流程為：供應商—製造商—代理商—顧客。

（3）付款流程——貨款在各市場行銷中間機構之間的流動過程。

（4）信息流程——在市場行銷渠道中，各市場行銷中間機構相互傳遞信息的過程。

（5）促銷流程——其企業運用廣告、人員推銷、公共關係、促銷等活動對另一企業施加影響的過程。

四、渠道的職能

通過對渠道所承載流程的分析，可以發現，渠道在市場培育中發揮著這樣幾項功能：

（1）調研：收集制訂計劃和進行交換時必需的信息。

（2）促銷：進行關於所供應貨物的說服性溝通。

（3）接洽：尋找可能的購買者並與其進行溝通。

（4）匹配：使所供應的貨物符合購買者需要，包括製造、裝配、包裝等活動。

（5）實體分配：從事商品的運輸、儲存等。

（6）談判：為了轉移所供貨物的所有權，而就其價格及有關條件達成最後協議。

（7）財務：為補償渠道工作的成本費用而對資金的取得與使用。

（8）風險承擔：承擔與從事渠道工作有關的全部風險。

第二節　渠道的模式結構

一、渠道的模式

各種社會產品不同的供求關係導致了不同類型的銷售環節和通道的組合，這種參與市場行銷活動的產、供、銷各方所形成的頗具複雜性的矛盾決定了銷售渠道模式的多樣化。

（一）消費品銷售渠道模式

消費品的銷售渠道概括起來有以下五種模式：

（1）生產者—消費者。這是最短的銷售渠道，也是最直接、最簡單地銷售方式。它包括前面介紹過的人員在推銷中將產品直接銷售給最終用戶或消費者的部分，以及生產企業自己開辦的試銷門市部、銷售經理部或零售商店等。

（2）生產者—零售商—消費者。這是最常見的一種銷售渠道，在食品、服裝、家具及一些半耐用品的銷售中被廣泛使用。零售商的範圍很廣，包括較大的百貨公司、超級市場、郵購商店，也包括為數眾多的小商亭和攤點。

（3）生產者—批發商—零售商—消費者。如果生產企業需要將其產品大批量出售，或需要在較大的範圍內通過不同類型的零售商出售，它就有可能不直接與零售商聯繫，而是通過批發商把產品迅速轉移到零售商手中，最後由零售商銷售給消費者。

（4）生產者—代理商—零售商—消費者。在某些情況下，許多企業也常常通過代理商、經紀人或其他代理商將產品轉移給零售商，再由零售商向消費者出售。

（5）生產者—代理商—批發商—零售商—消費者。這是最長、最複雜、銷售環節最多的一種銷售渠道。生產企業要通過代理商將產品轉移給批發商，由批發商分配給零售商，再出售給消費者。

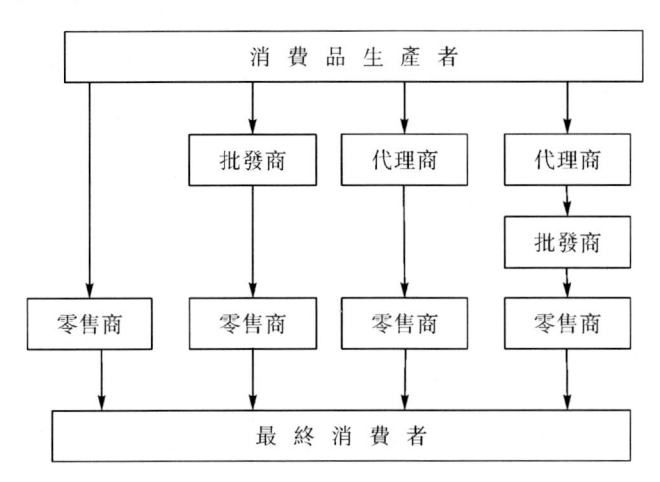

圖4.1　消費品銷售渠道模式

(二) 工業品銷售渠道模式

因為少了零售商的參與，工業品的渠道相對簡單一些。通常生產企業採用直接銷售或委託經銷商、代理商的方式。工業品一般有四種銷售渠道：

（1）生產者—最終用戶。這種銷售渠道是工業品生產企業產品銷售的主要選擇。尤其是生產大型機器設備的企業，大都直接將產品銷售給最終用戶。

（2）生產者—經銷商—最終用戶。通過工業品經銷商將產品出售給最終用戶的生產者，往往是那些生產普通機器設備及附屬設備的企業。

（3）生產者—代理商—最終用戶。如果生產企業要開發情況不夠熟悉的新市場，設置銷售機構的費用太高或缺乏銷售經驗，也許先在當地尋找一個代理商為企業銷售產品更為合適。

（4）生產者—代理商—經銷商—最終用戶。選擇這種銷售渠道與上一種有相同的前提，如果再加上市場不夠均衡，有的地區用戶多，有的地區用戶少，就有必要利用經銷商分散存貨。

```
            工 業 品 生 產 者
           ↓      ↓        ↓
              代理商    代理商
                ↓        ↓
              經銷商    經銷商
           ↓      ↓        ↓
              最 終 用 戶
```

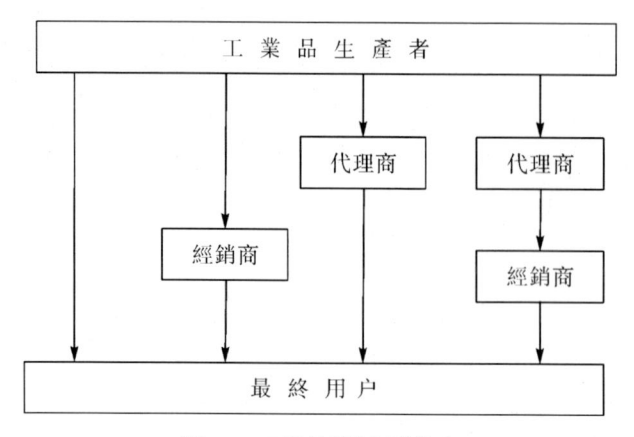

圖 4.2　工業品銷售渠道模式

二、渠道的結構

(一) 長度結構

行銷渠道按其包含的中間商購銷環節即渠道層級的多少，可以分為零級渠道、一級、二級和三級渠道，還可以分為直接渠道和間接渠道、短渠道和長渠道幾種類型。

(1) 零級渠道：又稱直接渠道，意指沒有中間商參與，產品由生產者直接售給消費者（用戶）的渠道類型。直接渠道是產品分銷渠道的主要類型。一般大型設備以及技術複雜、需要提供專門服務的產品，企業都採用直接渠道分銷，如飛機的銷售就是不可能有中間商介紹的。在消費品市場，直接渠道也有擴大的趨勢。像鮮活商品，有著長期傳統的直銷習慣；新技術在流通領域中的廣泛應用，也使郵購、電話及電視銷售和因特網銷售方式逐步展開，促進了消費品直銷方式的發展。

(2) 一級渠道：包括一級中間商。在消費品市場，這個中間商通常是零售商；而在工業品市場，它可以是一個代理商或經銷商。

(3) 二級渠道：包括兩級中間商。消費品二級渠道的典型模式是經由批發和零售兩級轉手分銷。在工業品市場，這兩級中間商多是由代理商及批發經銷商組成。

(4) 三級渠道：包含三級中間商的渠道類型。一些消費面寬的日用品，如肉類食品及包裝方便面，需要大量零售機構分銷，其中許多小型零售商通常不是大型批發商的服務對象。對此，有必要在批發商和零售商之間增加一級專業性經銷商，為小型零售商服務。

根據分銷渠道的層級結構，可以得到直接渠道、間接渠道、短渠道、長渠道的概念。渠道越長，越難協調和控制。

直接渠道是沒有中間商參與，產品由生產者直接銷售給消費者（用戶）的渠道類型。間接渠道是指有一級或多級中間商參與，產品經由一個或多個商業環節銷售給消費者（用戶）的渠道類型。上述零級渠道即為直接渠道，一、二、三級渠道統稱為間接渠道。

為分析和決策方便，有些學者將間接渠道中的一級渠道定義為短渠道，而將二、三級渠道稱為長渠道。顯然，短渠道較適合在小地區範圍銷售產品（服務），長渠道則能適應在較大範圍和更多的細分市場銷售產品（服務）。

（二）寬度結構

根據渠道每一層級使用同類型中間商的多少，可以劃分渠道的寬度結構。若製造商選擇較多的同類中間商（批發商或零售商）經銷其產品，則這種產品的分銷渠道稱為寬渠道；反之，則稱為窄渠道。

分銷渠道的寬窄是相對而言的。受產品性質、市場特徵和企業分銷戰略等因素的影響，分銷渠道的寬度結構大致有下列三種類型：

（1）密集型分銷渠道。密集型分銷渠道是製造商通過盡可能多的批發商、零售商經銷其產品所形成的渠道。密集型渠道通常能擴大市場覆蓋面，或使某產品快速進入新市場，使眾多消費者和用戶隨時隨地買到這些產品。消費品中的便利品（如方便食品、飲料、牙膏、牙刷）和工業品中的作業品（如辦公用品），通常使用密集型渠道。

（2）選擇性分銷渠道。選擇性分銷渠道是製造商按一定條件選擇若干個（一個以上）同類中間商經銷產品形成的渠道。選擇性分銷渠道通常由實力較強的中間商組成，能較有效地維護製造商品牌信譽、建立穩定的市場和競爭優勢。這類渠道多為消費品中的選購品和特殊品、工業品中的零配件等。

（3）獨家分銷渠道。獨家分銷渠道是製造商在某一地區市場僅選擇一家批發商或零售商經銷其產品所形成的渠道。獨家分銷渠道是窄渠道，獨家代理（或經銷）有利於控制市場，由其產品和市場具有的特強化產品形象，增強廠商和中間商的合作及簡化管理程序，差異性（如專門技術、品牌優勢、專業用戶等）的製造商採用。

（三）系統結構

按渠道成員相互聯繫的緊密程度，分銷渠道還可以分為傳統渠道系統和整合渠道系統兩大類型。

（1）傳統渠道系統。傳統渠道系統是指由獨立的生產商、批發商、零售商和消費者組成的分銷渠道。傳統渠道系統成員之間的系統結構是鬆散的。由於這種渠道的每一個成員均是獨立的，它們往往各自為政，各行其是，都為追求其自身利益的最大化而激烈競爭，甚至不惜犧牲整個渠道系統的利益。在傳統渠道系統中，幾乎沒有一個成員能完全控制其他成員。傳統渠道系統正面臨嚴峻挑戰。

（2）整合渠道系統。整合渠道系統是指在傳統渠道系統中，渠道成員通過不同程度的一體化整合形成的分銷渠道。整合渠道系統主要包括：

①垂直渠道系統。這是由生產者、批發商和零售商縱向整合組成的統一系統。該渠道成員或屬於同一家公司，或將專賣特許權授予其合作成員，或有足夠的能力使其他成員合作，因而能控制渠道成員行為，消除某些衝突。

②水準渠道系統。這是由兩家或兩家以上的公司橫向聯合，共同開拓新的行銷機會的分銷渠道系統。這些公司或因資本、生產技術、行銷資源不足，無力單獨開發市場機會，或因懼怕承擔風險，或因與其他公司聯合可實現最佳協同效益，因而組成共生聯合的渠道系統。這種聯合，可以是暫時的，也可以組成一家新公司，使之永久化。

③多渠道行銷系統。這是對同一或不同的細分市場，採用多條渠道的分銷體系。多渠道行銷系統大致有兩種形式：一種是製造商通過兩條以上的競爭性分銷渠道銷售同一商標的產品；另一種是製造商通過多條分銷渠道銷售不同商標的差異性產品。此外，還有一些公司通過同一產品在銷售過程中的服務內容與方式的差異，形成多條渠道以滿足不同顧客的需求。多渠道系統為製造商提供了三方面利益：擴大產品的市場覆蓋面，降低渠道成本和更好地適應顧客要求。但該系統也容易造成渠道之間的衝突，給渠道控制和管理工作帶來更大難度。

第三節　渠道設計與中間商選擇

一、渠道設計應考慮的因素

製造商在渠道選擇上採用何種模式為好？是走長渠道還是短渠道？是用寬渠道還是窄渠道？選擇什麼方式構築緊密型渠道？這些問題必須系統地、綜合地考慮多種因素，才能作出決斷。渠道選擇決策主要考慮以下幾方面因素：

(一) 產品因素

（1）產品單價高低：一般來說，產品單價低，其分銷渠道就較「長、寬、多」；反之，分銷渠道就「短、窄、少」。因為產品的單價低、毛利少，企業就必須大批量生產方能盈利。一些大眾化的日用消費品，通常都經過一個以上的批發商，由批發商售給零售商，最後由零售商售給消費者，而單價高的產品，一般採用短渠道。

（2）時尚性：對時尚性較強的產品（如時裝），消費者的需求容易變遷，要盡量選擇短的分銷渠道，以免錯過市場時機。

（3）體積和重量：體積和重量大的產品（如大型設備），裝卸和搬運困難，儲運費用高，應選擇較短而窄的分銷渠道，最好是採用直銷形式；反之，可以選擇較長而寬的分銷渠道，利用中間商推銷。

（4）易損易腐性：如果產品容易腐蝕變質（如食品），或者容易破損（如玻璃製品），應盡量採用短渠道，保證產品使用價值，減少商品損耗。

（5）技術性：一般來說，技術性能比較高的產品，需要經常的或特殊的技術服務，常常由生產者直接出售給最終用戶，或者由有能力提供較好服務的中間商經營。其分銷渠道通常是「短而窄」的。

(6）產品市場壽命週期：新產品試銷時，許多中間商不願經銷或者不能提供相應的服務，生產企業應選擇「短而窄」的分銷渠道或者代銷策略，以探索市場需求，盡快打開新產品的銷路。當新產品進入成長期和成熟期後，隨著產品銷量的增加、市場範圍的擴大、競爭的加劇，分銷渠道也呈「長、寬、多」的發展趨勢，此時，採用經銷策略也比代銷更為有利。企業衰退期，通常採用縮減分銷渠道的策略以減少損失。

（二）市場因素

（1）潛在顧客數量：潛在顧客的多少，決定市場的大小。潛在顧客數量越多，市場範圍越大，越需要較多中間商轉售，生產企業多採用長而寬和多渠道的分銷策略；反之，就可能直接銷售。

（2）目標市場的分佈狀況：如果某種產品的銷售市場相對集中，只是分佈在某一個或少數幾個地區，生產者可以直接銷售；反之，如果目標市場分佈廣泛，分散在全國乃至國外廣大地區，則產品需經過一系列中間商方能轉售給消費者。

（3）市場需求性質：消費者市場與生產者市場是兩類不同需求性質的市場，其分銷渠道有著明顯的差異。消費者人數眾多，分佈廣泛，購買消費品次數多、批量少，需要較多的中間商參與產品分銷，方能滿足其需求。產業用戶相對較少，分佈集中，且購買生產資料次數少，批量較大，產品分銷多採用直接銷售渠道。

（4）消費者的購買習慣：消費者購買日用品的購買頻率較高，又希望就近購買，其分銷渠道多為「長、寬、多」；而對於選購品和特殊品，消費者願花時間和精力去挑選，宜採用短而窄的分銷渠道。

（5）市場風險：當生產企業面臨市場風險大時，如市場不景氣、銷售不穩定、新開闢的目標市場情況不明等，則可選擇少數幾家中間商運用代銷策略。

（6）零售市場進貨批量：如果某一市場小零售商居多、進貨批量小，生產者就不得不通過批發環節轉賣給眾多小零售商，分銷渠道就較長而寬；如果某一市場上大零售商居多，這些大零售商進貨批量大，生產者就可以不經過批發商，直接把產品賣給零售商，於是分銷渠道就較短。

（7）競爭者的分銷策略：企業選擇分銷渠道，應瞭解競爭對手採用的分銷策略。一般來說，企業應盡量避免和競爭者使用相同的分銷策略，除非其競爭能力超過競爭對手或者沒有其他更合適的渠道可供選擇與開拓。

（三）企業因素

（1）企業的聲譽、資金和控制渠道的能力：企業聲譽高、資金雄厚，對渠道管理能力強，可以根據需要自由靈活地選擇分銷渠道：或長或短，或寬或窄，也可以多種渠道並用，甚至建立自己的分銷系統。而一些經濟實力有限的中小企業則只能依賴中間商銷售產品。

（2）企業的銷售能力：如果企業具有較豐富的市場銷售知識與經驗，有足夠的銷售

力量和儲運與銷售設施，就可自己組織產品銷售，減少或不用中間商；反之，就要通過中間商推銷產品。

（3）可能提供的服務：如果生產企業對其產品大做廣告或願意負擔中間商的廣告費用，能派出維修人員承擔中間商技術培訓的任務，或能提供各項售後服務，中間商自然樂意經銷其產品；反之，就難以取得中間商的合作。

（4）企業的產品組合：一般來說，生產企業希望銷售產品批量大、次數少，而眾多中小型零售企業進貨則希望產品多品種、小批量。如果生產企業產品組合深度與廣度大，則眾多零售商可直接進貨，不必經過批發環節，可以採取短而寬的分銷渠道。否則，只好採取長而寬的分銷渠道。

（5）企業的經濟效益：每一種分銷渠道都有利弊得失，企業選擇時，應進行量本利分析，綜合核算各種分銷渠道的耗費和收益的大小，從而作出有利於提高企業經濟效益的渠道決策。

（四）行銷環境因素

行銷環境涉及的因素極其廣泛。如一個國家的政治、法律、經濟、人口、技術、社會文化等環境因素及其變化，都會不同程度地影響分銷渠道的選擇。譬如說，國家實行計劃控制或專賣的產品，其分銷渠道往往是長而單一的。隨著市場經濟的發展和經濟管理體制的改革，原先實行統購統銷或計劃收購的商品放開經營後，生產企業可以直接銷售或多渠道銷售。經濟形勢直接影響分銷渠道的選擇。如通貨緊縮，市場疲軟，企業通常會盡量縮減不必要的環節，降低流通費用，以便降低售價。國家有關法令的制定，對分銷渠道也會造成影響，如反壟斷法的制定與實施，會限制壟斷性分銷渠道的發展。新的科學技術會引起售貨方式的革新，使某些日用品能夠採用短渠道分銷。另外，自然資源的分佈與變化、交通條件的改善、環境保護的需要，也會引起某種產品的生產與銷售規模的改變，從而引起分銷渠道長度與寬度的改革。諸如此類，不勝枚舉。從事國際行銷的企業，尤其要注意研究各目標國行銷環境的特點，方能制定有針對性的分銷渠道策略。

二、中間商的類型及選擇

（一）中間商的概念和基本作用

中間商是指在生產者與消費者之間，參與商品交易業務，促使買賣行為發生和實現的具有法人資格的組織或個人。中間商是商品生產和流通社會化的必然產物。

中間商在銷售渠道中佔有特別重要的地位。從某種意義上講，銷售渠道策略所研究的內容，就是選擇中間商，從而將產品有效地從生產企業轉移到消費者和用戶手中的問題。

中間商在商品由生產領域到消費領域的轉移過程中，起著橋樑和紐帶的作用。由於中間商的存在，不僅簡化了銷售手續，節約了銷售費用，還擴大了銷售範圍，提高了銷售效率。

(二) 中間商的類型

廣義的中間商不僅包括批發商、零售商、經銷商和代理商，還應包括銀行、保險公司、倉庫和運輸、進出口商等對產品不具備所有權，但幫助了銷售活動的單位和個人。以下著重介紹零售商、批發商、代理商和經銷商。

(1) 零售商：零售是指直接向最終消費者銷售商品和服務的活動。一切向最終消費者直接銷售商品和服務，以用做個人及非同業性用途的行為均屬零售的範疇——不論從事這些活動的是哪些機構，也不論採用任何方式或在任何地方把商品和服務售出。那些銷售業務主要來自零售的商業機構叫零售商。

零售商處在商品流通的最終階段，他們從生產企業或批發商處購進商品，然後把商品銷售給最終消費者。其主要功能是收購、儲存、拆零、分裝、銷售、傳遞信息、提供銷售服務等，在時間、地點、方式等方面使消費者方便購買，以促進銷售。

零售商的類型隨著新的組織形式出現而不斷增加：按所有制劃分，可以分為國有商店、集體商店、合資與合作商店、私營商店和個體商店；按經營規模劃分，可分為大型零售商店、中型零售商店和小型零售商店；按經營商品的範圍，可分為綜合性商店和專業性商店；按行銷方式可分為店鋪銷售商店和無店鋪銷售商店。

(2) 批發商：批發商是將產品大批量購進，又以較小批量再銷售給企業或其他商業組織的中間商。其經營特徵是批量大，與最終消費者不發生直接的購銷關係(批發兼零售除外)。

批發商的主要作用有三項：一是通過集中購買，使生產者及時實現商品的價值，提高資金週轉率，加速再生產過程；二是通過廣泛的批量銷售，為生產者推銷商品，從宏觀上反饋市場銷售信息，同時為零售商提供多樣化的商品，節約進貨時間、人力和費用；三是通過商品的運轉和儲存，延展商品的市場，有利於實現均衡消費，並為生產者分擔信貸資金和商品銷售中的風險。

(3) 代理商：代理商是接受生產者委託從事商品交易業務，對商品有經營權但不具有所有權，按代銷額取得一定比率報酬的中間商。代理商既有從事批發業務者，也有從事零售業務者。其特徵是本身不發生獨立的購銷業務，也不承擔市場風險。

代理商是生產開拓市場、促進銷售的有力助手，可以幫助企業增強競爭力，減少商業風險，保持市場佔有率，同時也為企業搜集和傳遞市場信息。但是，由於通過代理商推銷商品時，推銷量難以把握，而且推銷風險幾乎全部由生產企業承擔，所以代理商不能替代批發商和零售商的作用。

(4) 經銷商：經銷商是指從事商品交易，在商品買賣過程中擁有商品所有權的中間商。經銷商用自己的資金和信譽進行買賣業務，是為賣而買，承擔經營過程的全部風險。

(三) 選擇中間商應考慮的因素

1. 市場覆蓋範圍

市場是選擇分銷渠道的最關鍵的因素。首先，要考慮分銷商的經營範圍所包括的地區

是否和企業產品預期銷售地區一致。其次，分銷商的銷售對象是否是企業所希望的潛在顧客。這是最基本的條件，因為生產企業希望所選的分銷商能打入自己選定的目標市場。

2. 聲譽

在目前市場游戲規則不健全的情況下，中間商的聲譽顯得尤為重要。它不僅直接影響貨款回收，還直接關係到市場的網絡支持。一旦中間商中途有變，企業會欲進無力，欲退不能。重新開發市場往往需要付出更大的成本。

3. 中間商的歷史經驗

許多企業在選擇分銷商時很看重歷史經驗，往往會認真考察其一貫的表現和盈利記錄。若中間商以往的經營狀況不佳，則將其納入行銷渠道的風險就大。而且，經營某種商品的歷史和成功經驗是中間商自身優勢的一個來源。

4. 合作意願

分銷商與企業合作得好，會積極主動地推銷產品，這對雙方都有利。態度決定銷售的業績，因此企業應根據銷售產品的需要，考察分銷商對企業產品銷售的重視程度和合作態度，然後再考慮合作的具體方式。

5. 產品組合情況

在經銷產品的組合關係中，一般認為如果經銷商的產品與自己的產品是競爭產品，應避免選用；而實際情況是，如果產品組合有空當，或自己產品的競爭優勢非常明顯，其選取也未嘗不可。

6. 財務狀況

生產企業傾向於選擇資金雄厚、財務狀況良好的分銷商，這樣可以有還款的保證，還可能在財務上給生產企業一些幫助，從而有助於擴大產品的生產和銷路。

7. 中間商區位優勢

分銷商理想的位置應該是顧客流量大的地點。批發商的選擇則要考慮它所處的位置是否有利於產品的儲運——通常以交通樞紐位置為宜。

8. 中間商的促銷能力

分銷商推銷產品的方式以及促銷手段的運用，直接影響到銷售規模。要考慮分銷商是否具有促銷經驗和願意承擔一定的促銷費用，有沒有必要的物質、技術和人才優勢。

小連結

BE 產品的渠道選擇

BE 的產品特性

YR 是泡沫型婦女護理產品，劑型新穎，使用方便，但與傳統的洗液類護理產品不同，首次使用需要適當指導，因此以櫃臺銷售為好；且產品訴求為解決女性婦科問題，渠道應盡量考慮其專業性，如藥店和醫院。

現有健康相關產品的渠道分析

藥品、食品、保健品和消毒製品統稱為健康相關產品，目前主要的銷售渠道為藥店、商場、超市（含大賣場）和便利店。其中藥店多為櫃臺銷售且營業員有一定的醫學知識。目前藥店仍然是以國有體制為主，資信好，進入成本低，分佈面廣。商場、超市和大賣場近幾年來蓬勃發展，在零售中處於主導地位，其銷量大，但進入成本高、結款困難且多為自選式銷售，無法與消費者進行良好的溝通。便利店因營業面積小而以成熟產品為主。

未來兩年渠道變化趨勢分析

目前各大上市公司和外資對中國醫藥零售業垂涎欲滴，醫藥零售企業也在不斷地變革，加之醫保改革使大量的藥店成為醫保藥房，藥店在健康相關產品方面的零售地位將會不斷提高，其進入門檻也會越來越高，比起日漸成熟的超市大賣場而言發展潛力巨大。

YR 公司的行銷目標

隨著經濟的快速發展、消費者收入的不斷提高，人們的觀念也在不斷地更新，對新產品更易於接受。YR 公司希望產品能夠快速進入市場，成為女性日常生活的必需品，像感冒藥一樣隨處可購買，從而改變中國女性傳統的清水清洗和洗液清洗的習慣。最終，像衛生巾取代衛生紙一樣成為女性婦科護理市場的主導產品。這個過程需要很大的廣告投入進行引導和時間累積，而 YR 在成立初期，大量的廣告費和經營費意味著高度的風險。相關人員的口碑傳播可能比較慢，但卻是一種更安全和低投入的方式。努力使相關人員如營業員推薦和介紹本產品是優先考慮的方式。

YR 公司渠道選擇

根據以上分析，YR 公司提出了如下的渠道建設思路：分步完善渠道結構，優先發展傳統國有醫藥渠道，在有限的廣告中指定僅在藥店銷售，保證經銷商的合理利潤。在產品成熟後再發展常規渠道，向超市、便利店等擴張。

資料來源：作者根據相關產品資料整理。

第三節　渠道管理的概念與內容

渠道承擔了實現市場供給分散化，執行所有權轉移、實物轉移、貨款轉移、信息溝通、促銷以及顧客服務的流程等功能。然而，有關功能不可能自發地產生，只有加強管理，才能使功能正常發揮作用。而在市場培育過程中，對渠道進行有效的管理，是渠道建設成功的關鍵。

一、渠道管理的概念

總體來說，渠道管理是指製造商為實現公司分銷的目標而對現有渠道進行管理，以確保渠道成員間、公司和渠道成員間相互協調和通力合作的一切活動。

二、渠道管理的主要任務

（一）評估

製造廠商選擇中間商前要對中間商進行評估。評估的內容主要是中間商經營時間的長短及其成長狀況，這關係到中間商的商譽和市場中的形象地位，中間商的經營管理水準、經營開拓能力，中間商決策者的行銷觀念和人格形象，中間商的信用狀況，中間商的區域優勢等。當中間商是代理商時，生產企業必須評估其經銷的其他產品大類的數量與性質，以及該代理商推銷人員的素質與質量。當製造廠打算授予某一零售商獨家分銷時，生產企業還要評估零售商店的位置和未來發展潛力以及經常光顧零售商店的顧客類型。

（二）客情關係的建立

客情關係就是指製造商與中間商在誠信使用、溝通交流的過程中形成的人際之間的情感關係。可口可樂公司將與客戶的客情關係定為員工考核指標之一。人情是交往的紐帶，是維繫分銷渠道的成員緊密合作的潤滑劑。特別是在中國，自古以來，成敗就是和人情關係密不可分的。客情關係在某種程度上決定了分銷渠道運作的效率和效益，也在很大程度上影響到雙方對分銷渠道的控制能力。

（三）建立相互培訓機制

相互培訓機制是加強渠道成員間的聯繫、提高分銷效率的重要舉措，也是跨國公司構築分銷渠道時慣用的策略。一方面，製造商培訓中間商的終端銷售人員，使一線人員懂得商品知識、使用方法和相關的技術，提高他們顧問式銷售的能力，更好地引導消費、擴大銷售；另一方面，中間商也可以給製造商的行銷人員、技術人員提供培訓，傳遞市場知識，競爭者信息和消費需求特點，使製造商的產品、促銷、售後服務得到改進，提高製造商適應市場的能力。

（四）對中間商成員的考核

製造廠商選擇渠道成員之後，還必須定期考核渠道成員的績效。如果某一渠道成員的績效過分低於既定標準，則要找出主要原因並考慮可能的補救方法。對於懈怠、懶惰或不合作的渠道成員，製造廠商應要求其在一定時期內有所改進，否則就要取消其資格。

測量中間商的績效有兩種方法：

第一種測量方法是將每一個中間商的銷售額與上期的績效進行比較，並以整個群體在某一地區市場的升降百分比作為評價標準。對於低於該群體的平均水準以下的中間商，則進行考核，找出其主要原因。

第二種測量方法是將各中間商的績效與某一地區市場銷售潛量分析所設立的配額相比較。在一年的銷售期過後，根據中間商實際銷售額與其潛在銷售額的比率進行對比分析，將各中間商按先後名次進行排列。對於那些銷售額極低的中間商，要進行考核，分析其績效不佳的原因，必要時要予以取消。

（五）對中間商渠道成員的激勵

為了更好地與中間商合作，製造廠商必須採取各種措施對中間商進行激勵，以此來調動其經營企業產品的積極性。激勵中間商的方式主要有：

（1）提供促銷費用：特別在新產品剛剛上市之初，製造商為了激勵中間商多進貨，多銷售，在促銷上應大力扶植中間商，包括提供廣告費用、公關禮品、行銷推廣費用。

（2）價格扣率的運用：在制定價格時，充分考慮中間商的利益，滿足中間商所提出的要求，並根據市場競爭的需要，將產品價格制定在一個合理的浮動範圍，主動讓利於中間商。

（3）年終返利：對中間商完成銷售指標後的超額部分按照一定的比例返還利益。

（4）獎勵：對於銷售業績好、真誠合作的中間商成員給予獎勵。獎勵可以是現金，也可是實物，還可以是價格扣率的加大。

（5）陳列津貼：商品在展示和陳列期間，給予中間商經濟補償，可以用貨鋪底，也可給予適當的現金津貼，其目的是降低中間商經銷產品的風險。

（六）竄貨管理

竄貨是指分銷成員為了牟取非正常利潤或者獲取製造商的返利，超越經銷權限向非轄區或者下級分銷渠道低價傾銷貨物。竄貨會擾亂正常的分銷渠道關係，引發分銷渠道成員之間的衝突和市場區域內的價格混亂，破壞了分銷網絡政策，分銷成員會因為竄貨而利益受損，被竄貨的銷售區域會出現銷售業績下降。

竄貨現象的發生主要是由內因和外因共同導致的。內因主要表現在企業在分銷渠道設計上的缺陷，銷售任務的壓力會導致銷售人員竄貨，不規範的銷售管理會導致區域之間竄貨；而外因主要表現在分銷成員的利益驅使、分銷任務的壓力、分銷系統的紊亂以及終端缺乏控制等方面。

竄貨預防和處理的主要方法有：

（1）事先制定分銷網絡經營政策，明確分銷成員的銷售區域和銷售權限，明確價格政策。明確界定每個銷售區域的商品外包裝的條碼，便於檢查。

（2）事先制定竄貨處理政策，因竄貨對其他分銷成員和製造商造成的損失由竄貨方全權負責，按比例扣除竄貨方的年終返利，減少給其的促銷費用，降低客戶等級和經銷權限。

（3）製造商成立銷售管理小組，派專人負責管理，建立暢通的信息反饋渠道，經常抽查，聽取中間商的意見反饋，發現有竄貨現象後根據政策規定進行處理，並在考核指標時考慮對被竄貨地區的損失，合理增加返利。

三、渠道管理中存在的問題及解決途徑

（一）渠道不統一引發廠商之間的矛盾

企業應該解決由於市場狹小造成的企業和中間商之間所發生的衝突，統一企業的渠道

政策，使服務標準規範，比如有些廠家為了迅速打開市場，在產品開拓初期就選擇兩家或兩家以上總代理，由於兩家總代理之間常會進行惡性的價格競爭，因此往往會出現雖然品牌知名度很高，但市場拓展狀況卻非常不理想的局面。當然，廠商關係需要管理，如防止竄貨應該加強巡查，防止倒貨應該加強培訓，建立獎懲措施，通過人性化管理和制度化管理的有效結合，從而培育最適合企業發展的廠商關係。

（二）渠道冗長造成管理難度加大

應該縮短貨物到達消費者的時間，減少環節降低產品的損耗，有效掌握終端市場的供求關係，減少企業利潤被分流的可能性。在這方面海爾的海外行銷渠道可供借鑑：海爾直接利用國外經銷商現有的銷售和服務網絡，縮短了渠道鏈條，減少了渠道環節，極大地降低了渠道建設成本。現在海爾在幾十個國家建立了龐大的經銷網絡，擁有近萬個行銷點，海爾的各種產品可以隨時在任何國家暢通地流動。

（三）渠道覆蓋面過廣

廠家必須有足夠的資源和能力去關注每個區域的運作，盡量提高渠道管理水準，積極應對競爭對手對薄弱環節的重點進攻。比如海爾與經銷商、代理商合作的方式主要有店中店和專賣店，這是海爾行銷渠道中頗具特色的兩種形式。海爾將國內城市按規模分為五個等級，即一級是省會城市、二級是一般城市、三級是縣級市及地區、四級和五級是鄉鎮和農村。在一、二級市場上以店中店、海爾產品專櫃為主，原則上不設專賣店，在三級市場和部分二級市場建立專賣店，四、五級網絡是二、三級銷售渠道的延伸，主要面對農村市場。同時，海爾鼓勵各個零售商主動開拓網點。

（四）企業對中間商的選擇缺乏標準

在選擇中間商的時候，不能過分強調經銷商的實力，而忽視了很多容易發生的問題。比如實力大的經銷商同時也會經營競爭品牌，並以此作為討價還價的籌碼，實力強的經銷商不會花很大精力去銷售一個小品牌，廠家可能會失去對產品銷售的控制權，等等。廠商關係應該與企業發展戰略匹配，不同的廠家應該對應不同的經銷商。對於知名度不高、實力不強的公司，應該在市場開拓初期進行經銷商選擇和培育，既建立利益關聯，又有情感關聯和文化認同；對於擁有知名品牌的大企業，應有一整套幫助經銷商提高的做法，使經銷商可以在市場競爭中脫穎而出，令經銷商產生忠誠。另外，其產品經營的低風險性以及較高的利潤，都促使二者形成合作夥伴關係。總之，選擇渠道成員應該有一定的標準，如經營規模、管理水準、經營理念、對新生事物的接受程度、合作精神、對顧客的服務水準、其下游客戶的數量以及發展潛力，等等。

（五）企業不能很好地掌控並管理終端

有些企業自己經營了一部分終端市場，搶了二級批發商和經銷商的生意，會使其銷量減少，逐漸對本企業的產品失去經營信心，加大對競爭品的經銷量，造成傳統渠道堵塞。如果市場操作不當，整個渠道會因為動力不足而癱瘓。在「渠道為王」的今天，企業越

來越感受到渠道裡的壓力。如何利用渠道裡的資源優勢，如何管理經銷商，就成了決勝終端的「尚方寶劍」了。

（六）忽略渠道的後續管理

很多企業誤認為渠道建成後可以一勞永逸，不注意與渠道成員的感情溝通與交流，不能及時發現和處理其問題。因為從整體情況而言，影響渠道發展的因素眾多，如產品、競爭結構、行業發展、經銷商能力、消費者行為等。渠道建成後，仍要根據市場的發展狀況不斷加以調整，否則就會出現大問題。

（七）盲目自建網絡

很多企業特別是一些中小企業不顧實際情況，一定要自建銷售網絡。但是，由於專業化程度不高，渠道效率低下；由於網絡太大反應緩慢、管理成本較高，人員開支、行政費用、廣告費用、推廣費用、倉儲配送費用巨大，這給企業帶來了很大的經濟負擔。特別是在一級城市，廠家自建渠道時更要慎重。廠家自建渠道必須具備的一定的條件：高度的品牌號召力、影響力和相當的企業實力；穩定的消費群體、市場銷量和企業利潤，如格力已經成為行業領導品牌，具有了相當的品牌認可度和穩定的消費群體；企業經過了相當的前期市場累積已經具備了相對成熟的管理模式，等等；另外，自建渠道必須講究規模經濟，只有達到一定的規模，廠家才能實現整個配送和營運的成本最低化。

（八）新產品上市的渠道選擇混亂

任何一個新產品的成功入市，都必須最大限度地發揮渠道的力量，特別是與經銷商的緊密合作。如何選擇一家理想的經銷商呢？筆者認為經銷商應該與廠家有相同的經營目標和行銷理念，從實力上講經銷商要有較強的配送能力、良好的信譽、較強的服務意識、終端管理能力；特別是在同一個經營類別當中，經銷商要經銷獨家品牌，市場上沒有與其產品及價位相衝突的同類品牌；同時經銷商要有較強的資金實力、固定的分銷網絡，等等。總之，在現代行銷環境下，經銷商經過多年的市場歷練，已經開始轉型了、開始成熟了，對渠道的話語權意識也逐步地得以加強。所以，企業在推廣新品上市的過程中，應該重新評價和選擇經銷商：一是對現有的經銷商，大力強化其網絡拓展能力和市場操作能力，新產品交其代理後，廠家應對其全力扶持並培訓；二是對沒有改造價值的經銷商，堅決予以更換；三是對於實力較強的二級分銷商，則可委託其代理新產品。

小連結

雅芳的渠道衝突

雅芳獲得中國唯一的直銷試點資格時，眾多媒體就已經把焦點聚集於雅芳「直銷法」等內容上。幾天後雅芳內部經銷商「逼宮」事件，更是再一次把雅芳推到了輿論的風口浪尖上。

當年的4月11日上午，幾十名雅芳內部經銷商聚集於廣州天河時代廣場的雅芳總部。

他們因為「公司開展直銷損害到專賣店銷售利益」，從而要向雅芳高層為直銷「開閘」後專賣店的生存討個「說法」。目前，雅芳擁有6000多家專賣店以及1700多個商店專櫃，但是它們大部分是由經銷商投資。雅芳通過34%～40%的利潤空間來說服經銷商們進行前期的投資，但是自從雅芳方面透露將開展直銷以來，經銷商們生意明顯下降，甚至在廣州、上海等一些地方的旺舖生意也是一落千丈，從而導致了經銷商集體「逼宮」、到雅芳總部「討說法」的局面。

渠道衝突，已經成為雅芳在直銷轉型過程中難以迴避的一道檻，是雅芳適應新的直銷游戲規則所必須經歷的痛苦過程。雅芳能夠成為首家也是唯一經商務部和國家工商總局批准的直銷試點企業，可以說是多年來努力的結果。雅芳作為一家最早進入中國直銷市場的外資公司，在經歷了1998年政府頒布《關於全面禁止傳銷經營活動的通知》後，雅芳決定徹底削足適履來適應中國特有的國情，在中國採用批零店舖的經營模式。

目前其在中國的銷售網絡已有6000多家授權產品專賣店、1700多個美容專櫃。這些店舖在2004年為雅芳貢獻了70%左右的銷售額。業界普遍承認，雅芳公司是中國政府批准的10家「外商投資傳銷企業必須轉為店舖經營」的轉型企業中，做得最成功與最徹底的企業。

轉型背後的代價就是「6000專賣店+1700專櫃」所形成的巨額店舖固定資產投資和大量經銷商存貨。由於對原有渠道成員的利益構成現實和預期的威脅，雅芳的直銷試點資格也就成為渠道衝突的導火線。

資料來源：許偉波．渠道衝突，雅芳的轉型之痛［EB/OL］．中國行銷傳播網．2005-04-19.

思考題

1. 在「舒蕾終端模式的困境」案例中，舒蕾應該如何重新設計渠道？
2. 在「BE產品的渠道選擇」案例中，渠道選擇考慮了哪些因素？
3. 在「雅芳的渠道衝突」案例中，衝突的原因是什麼？雅芳應如何解決渠道衝突？

參考文獻

［1］張傳忠．分銷渠道管理［M］．廣州：廣東高等教育出版社，2004.
［2］吳健安．市場行銷學［M］．3版．北京：高等教育出版社，2007.
［3］MBA智庫百科．渠道管理［EB/OL］．http：//wiki.mbalib.com/wiki.

第五章
渠道拓展與渠道創新

小連結

得不償失的渠道拓展

　　A 企業生產自主品牌個人電腦，當其一級市場產品保有量達到一定規模後，企業開始向區域市場發展。從 2003 年起，A 企業開始大力拓展三、四級市場，並制訂了在全國每個三、四級城市都發展一至兩家渠道商的拓展計劃。此計劃在當時順應了三、四級市場需求快速增長的潮流。一年後，A 企業的個人電腦銷量迅速增長，各區域市場的份額也得到了大幅度提升，品牌知名度和市場影響力均顯著提高。

　　受利好刺激，A 企業又開始新一輪渠道拓展，將三、四級市場的渠道商數量從初期的一兩家增加到四五家，希望借此進一步提高在區域市場的銷量和市場份額。

　　遺憾的是，新計劃推行一年內，儘管渠道商數量增加，A 企業的銷售增長卻極不理想，不僅沒有實現預期目標，還使品牌美譽度嚴重受損。

　　究其原因，是因為 A 企業的後繼拓展計劃嚴重脫離了區域市場的實際：在交通條件和物流體系十分發達的今天，大部分區域市場的潛在消費者難以避開中心城市既有渠道的隱性輻射，所以區域市場渠道商可以掌控的消費總量是有限的。同時，由於消費者天然的品牌偏好，在自由競爭環境下可以承載不同企業的渠道商同場競爭。而 A 企業盲目擴容的拓展計劃，逼迫狹小的三、四級市場內的渠道夥伴面臨同室操戈的尷尬，衝貨、竄貨、價格戰等情況陸續出現，必然導致渠道商士氣低落，怨氣高漲。

　　資料來源：案例：渠道拓展得不償失. http://www.soft6.com/tech/7/72320.html.

　　可見，渠道拓展是企業開拓區域市場的有效手段，如何平衡協調渠道商與廠商之間的利益，又是渠道拓展方案設計者必須優先考慮的問題。

第一節　渠道拓展的基本概念和基本內容

　　渠道拓展，顧名思義即指渠道的開拓與擴展，其目的是首先挖掘企業產品銷售通路，保障產品能經由銷售通路順暢到達目標消費者的採買範圍，並通過有效的渠道管理推動消

費者購買、消費企業產品。其次，渠道拓展還需要擴大企業產品銷售通路，提高企業產品的覆蓋率和動銷率，幫助企業增加市場佔有份額。

因此，完整的渠道拓展涵蓋了以下基本內容：
· 渠道規劃設計；
· 渠道甄選與建設；
· 渠道調整與整合；
· 渠道擴展與創新；
· 全程的渠道管理與維護。

為增強大家對於渠道重要性和渠道拓展工作艱鉅性的直觀認識，本章首先回顧了行銷學界行銷核心理論的發展脈絡。

菲利普·科特勒（Philip Kotler）曾經指出企業行銷的使命是「以客戶需求和慾望為中心，理解客戶價值，創造客戶價值，並從為客戶創造的價值中獲得利潤回報」。

企業能否順利履行其行銷使命，並依靠傑出表現獲得長足的發展，既要有能夠滿足市場需要的產品和吸引消費者關注的手段，又要有順暢地將產品向最終用戶轉移的通路即市場渠道。隨著「地球村」概念的日漸實現，加之科技進步和先進工藝設備的普及、融資方式的多樣化，企業僅靠技術壁壘樹立自身產品競爭優勢的難度越來越大。因此，在「買方市場」成為主流的時代背景下，「只有通過渠道和傳播才能真正創造差異化的競爭優勢」（唐·舒爾茨）。

唐·舒爾茨是整合行銷傳播理論的開創者，他總結的 4R 理論是近半個世紀內行銷核心理論的又一個高峰。事實上，行銷核心理論從提倡產品導向的 4P 理論向提倡消費者行為導向的 4C 理論，再向提倡關係聯動應對競爭導向的 4R 理論的螺旋上升（如表 5.1 所示），不僅說明現代商業社會競爭環境日趨複雜化，也深刻揭示出在殘酷競爭中，渠道關係對於企業生存的意義越來越重大。

表 5.1　　　　市場行銷三大理論 4P—4C—4R 對照表

理論	創立年代	創立者	基本要素			
4P	1960 年	麥卡錫	產品（Product）	價格（Price）	渠道（Place）	促銷（Promotion）
4C	1990 年	勞特朋	消費者（Consumer）	成本（Cost）	便利（Convenience）	溝通（Communication）
4R	1990 年	舒爾茨	關聯（Relevance）	反應（Reaction）	關係（Relationship）	回報（Reward）

4P 是市場行銷過程中企業可以人為控制的因素，也是企業進行市場行銷的基本手段。對它們的具體運用，即構成企業的市場行銷戰略框架。

4C 理論強調企業應把追求顧客滿意放在第一位，同時要努力降低顧客的購買成本，並充分照顧顧客購買過程的便利性，從而實現以消費者為中心進行有效溝通的行銷回路。4C 理論的創立適應了現代商業社會中消費者話語權和決定權趨強的客觀現實。

現實社會中，企業管理者往往依據4P 理論和4C 理論進行內部的行銷策略設計，但由於視角局限，常常是一廂情願地「閉門造車」。但在殘酷激烈的市場競爭中，企業並非僅憑藉一己之力就能搏殺市場，它需要得到更多關聯關係的支持和幫助。這既涉及傳播領域的合作夥伴，更牽連到渠道領域的合作客戶。而 4R 理論順應了這種趨勢的發展，以競爭為導向，根據市場不斷變化的態勢，著眼於企業與關聯客戶的互動，更深入地影響最終消費者，從而實現多贏。

從行銷理論 4P—4C—4R 的發展脈絡中可以明顯看到，渠道建設和拓展已經成為企業生存發展策略的重中之重。

第二節　渠道規劃設計

通過以前的學習，我們知道：在市場經濟環境中，渠道承載了企業產品的物流、現金流，同時還需要承載與產品反饋及與市場動向有關的信息流。隨著市場競爭日趨激烈，企業主要關注渠道建設和渠道拓展的兩個核心問題：一個是「鋪貨」，即解決企業在哪裡銷售產品、消費者到哪裡購買產品的場所問題；另一個是「動銷」，即解決企業如何能夠賣出產品並多賣出產品的方式方法問題。

只有銷售才能產生正向現金流，保障企業健康成長。因此，眾多企業都遵奉「渠道為王，終端制勝」的金科玉律，在創業之初就高度重視渠道拓展工作。

一、渠道規劃設計的定義和目的

企業為實現產品的分銷目標，需要根據產品定位和銷售預期，對各種備選渠道結構進行評估和選擇，從而確定出最適合本企業產品的渠道結構或者對現有行銷渠道作出適當的改進。這一過程即稱為渠道規劃設計。

廣義的行銷渠道設計既包括企業創立或新產品上市前全面全新的渠道設計，也包括企業產品上市後為改善銷售狀況而對既有渠道進行的調整與改變。

企業創立之初，因行銷資源有限，需要按照一定的指導原則，根據企業經驗和行業習慣等，預先對產品的市場渠道進行規劃設計，並按照該設計規劃來進行指導渠道構建的具體工作，以保證產品上市後能快速適應競爭環境，從而能充分發揮出有限資源的最大功效，幫助企業從殘酷競爭中生存和發展。

企業產品上市後，隨著企業發展和市場環境變化，原有的渠道資源可能無法適應企業發展的需要，甚至成為制約企業發展的障礙。這個時候企業也需要進行渠道的調整規劃，

幫助企業順利發展。

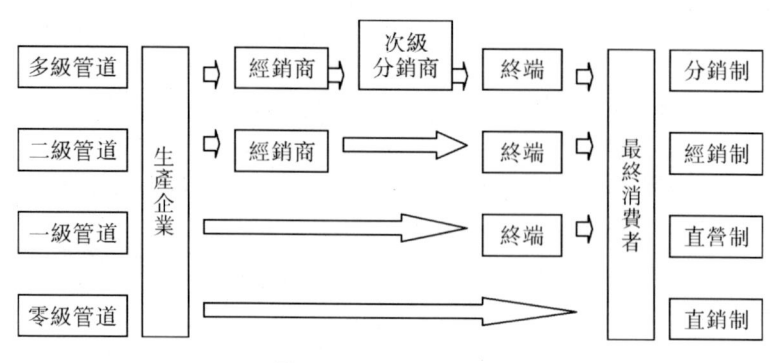

圖 5.1　多層次渠道網絡

二、渠道規劃設計的一般原則

（1）顧客導向原則：渠道終端能否直接指向目標消費者，而且渠道所控制的終端應是目標消費者採買同類產品的主要選擇之一。

（2）有效覆蓋原則：渠道終端的數量和佈局可有效覆蓋目標市場的全部或大部區域，即按概率統計方法可有效覆蓋目標消費者的主要採買地點。

（3）綜合優勢原則：渠道夥伴在資金、團隊素質、行銷經驗、通路建設等方面應比同類競品的渠道合作者具備綜合比較優勢，能保障企業在渠道方面凸現競爭優勢。

（4）穩定可靠原則：一旦選定了渠道夥伴，意味著至少在一個銷售季節裡，企業在區域市場上的勝負得失與其捆在了一起，所以要求渠道夥伴的商業信譽要高，職業穩定性要好。

（5）利益最大化原則：目標市場中可供選擇的渠道夥伴往往不止一家，但是各家都有自己的小算盤，開出的合作價碼也各不相同，企業要根據自己在目標市場的行銷定位和目標任務，選擇能實現利益最大化的夥伴。

（6）溝通協調機制原則：企業通過渠道資源滲透目標市場，其間會面臨很多問題，如果雙方不能建立起以大局為重的協調溝通機制，將舉步維艱。

三、渠道規劃設計的流程

（1）應根據擬上市產品的定位、功能和目標消費者的消費行為，結合同類競爭產品渠道現狀來分析目標市場的渠道環境。

（2）根據企業產品發展戰略初步設定目標市場的渠道目標——主要包括鋪貨覆蓋的廣度、終端到達的深度、啟動銷售的力度、推動銷售的速度、投入產出的回報效率等。

（3）為了保障企業順利達成渠道目標，企業需要事先規劃渠道結構和渠道層級建設

的發展路徑。尤其是寄望通過多層級渠道網絡實現目標市場全方位覆蓋的企業，更要對渠道分級的可操作性和有效性作充分的論證。

（4）根據企業在目標市場的銷售目標任務，按照擬選擇渠道夥伴的級別、類別和數量，將任務分解到其頭上，並利用銷售數據組合矩陣模型，來分析其操作的可能性和冗餘度。

（5）以上四步可以幫助企業描畫出理想的渠道夥伴模型，以及企業與其合作夥伴合作後行銷業績可望達到的樂觀狀態。但因這些工作都由企業內部團隊起草，難免有濃厚的主觀意願色彩，市場是否接受還是未知數。而正常的渠道政策制定應充分考慮「廠商需求＋市場客觀需求＋渠道利益」的結合。所以，企業還要派人去目標市場，通過調研和走訪渠道商來驗證、修正以上方案，並根據實際情況制定出最終的渠道建設方案（如圖5.2所示）。

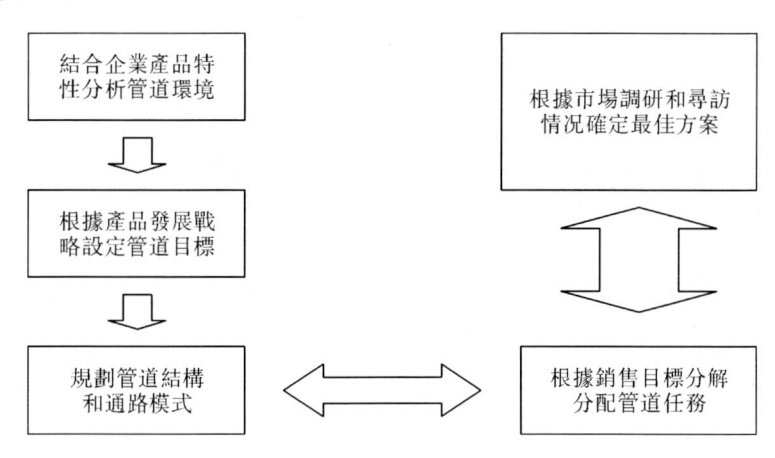

圖5.2　企業渠道規劃設計一般流程圖

四、企業評估其渠道及渠道夥伴價值的主要參考要素

（1）渠道商掌控的客戶資源數量和質量。渠道商掌控的優質客戶資源數量越多，則其平臺價值優勢越明顯，可以大大降低合作企業切入目標市場的時間風險和經營風險。

（2）渠道商的經營風格和行業口碑。這其實主要是進行對渠道商實際管理者或老板的背景調查。渠道商企業文化通常是典型的老板文化。正如人的性格各有優劣，渠道商因為其當家人的性格也顯示出不同的行為特徵（或稱經營風格）：有的保守穩健、擅長守成，有的開朗活躍、精於進攻。同時，老板的家庭背景或職業經歷又對其在當地市場的人脈網絡有深刻影響，而其本人在商業信譽方面的口碑則是信用的參照指標。因此，在進行渠道夥伴選擇時，要根據企業的戰略目的和戰術目的，適時選擇合適的風格來匹配，以提高雙方對共同目標的認同感，減少摩擦。

（3）渠道商的綜合實力（包括資金實力、市場掌控能力等）。由於行銷渠道流通環節存在貨物和貨款暫時分離的情況，渠道夥伴的資金實力決定了他們能夠墊款放貨的能量大小。對於急於擴展市場空間的企業，在發動終端促銷攻勢前，要格外重視經銷商短期資金或良性融資資源是否充足。

（4）渠道商業務團隊的行銷操作能力。在現代商業社會中，渠道夥伴已不再單純是貨物流通的二傳手。在終端市場上，他們應扮演更為直接的動銷責任人的角色。而渠道商團隊執行力和創造力又是產品動銷的重要推動力量。因此，渠道夥伴的業務團隊是否瞭解經銷產品的市場特性，是否具備區域市場推廣經驗和人脈資源，就顯得非常重要。還需要注意的是，經銷商或終端店面團隊人員的素質也參差不齊，對方是否把優質人員用於配備在企業產品的行銷上，也是值得高度重視的。

（5）渠道商對中小訂單的把控能力。渠道夥伴的日常銷售包含了多種訂單組合，其大客戶的訂單往往是老關係，屬於既有資源。而恰恰是非傳統客戶貢獻的中小新增訂單，更真實地折射出市場對企業產品本身或企業推廣行為的反應和興趣。因此，渠道夥伴對中小訂單的把控能力強，將有力配合企業提高市場推廣投入的準確性和有效性。

（6）渠道商下行渠道的發展空間。渠道夥伴的資源優勢通常有兩大類：一類是在區域市場的核心銷售區域或次級市場擁有直營店鋪或合作店鋪直接分銷產品，這個情況較為普遍。另一類則是經銷商在區域市場當地有寬廣的人脈，在所從事的行業領域有一定話語權和影響力，其產品可以向區域市場的次一級或二級市場垂直滲透，也可能向周邊同等級的區域市場橫向輻射。

小連結

企業渠道建設的常見問題

1. 缺乏長遠經營戰略，沒有科學的設計規劃流程，而是抱著摸著石頭過河的心態，用「亂劈柴」的方式到處試路子。這種短視的做法必然造成企業和經銷商只能維持短期利益的合作，無法消除各自私心私利的內在對立，既不能同甘苦，更無法共富貴。

2. 規劃佈局不合理，點、面結合不到位。尤其是依靠廣告推廣戰術的企業，在渠道規劃中常常陷入過分追求鋪貨覆蓋的困境。這樣雖然鋪面很廣，但卻缺乏足夠的支撐基點。其後果就是「撒花椒面」，雖然銷售片區內都有鋪貨，但各零售點銷售動銷慢，匯總數據一直保持低位，點、面難於形成合力。

片面追求鋪貨覆蓋的另一惡果是經銷商網絡必然比較寬，銷售不暢容易在市場內造成不好的口碑，當企業重新梳理渠道時，經銷商的談判力會放大。

3. 選擇的渠道合作夥伴配合協調能力差，尤其是鋪貨、補貨回應速度慢。由於企業推廣產品的行銷攻勢大多有很強的時效性，如果渠道夥伴不能在企業啟動攻勢前做好集中鋪貨和強力推貨的配合，就無法抓住消費者高度關注的黃金節點適時促銷，難於營造上市效應。

4. 企業自身定位的缺陷，尤其是在既有資源不匹配的情況下，一廂情願地拓展銷售半徑，造成渠道支持力度虎頭蛇尾，難以為繼。比如，有些企業在本省剛剛取得一些成績，基礎尚未夯實，就自我膨脹，去開拓周邊省份市場。由於戰線過長，這樣人力財力消耗過大，對渠道的服務和促銷應變也難以適時保障，往往無功而返。

5. 市場競爭激烈，企業和經銷商都急功近利，缺乏耐心深度挖掘產品核心競爭力，或依靠更科學更先進的行銷技術提升產品賣點和附加價值，過於草率地陷入廣告戰、促銷戰漩渦。此種情況在快速消費品企業中極為常見，企業調動經銷商積極性和新開發經銷商的成本越來越大，維持渠道的成本也逐漸增高，甚至演化成「不做促銷是等死，做促銷是找死」的惡性循環。

6. 企業的渠道政策管理水準有缺陷，尤其是部分企業的渠道政策設計不夠科學，且連貫性差，加之內部人力資源管理水準也不到位，容易造成區域市場人員與區域不良經銷商內外勾結占企業便宜的事件頻頻發生。這不僅擾亂了當地市場秩序，還可能在整個市場網絡中造成惡劣影響。

第三節　渠道甄選與建設

一、思路定位

思路定位就是企業根據自身的發展定位和現有渠道資源存在的問題，先進行內部的自查自省，在此基礎上對需要進行拓展的渠道建立理想模型，再根據儲備資料或通過尋訪方式定向洽談。如果在目標市場上尚無完全符合標準的渠道資源，要麼進行模型調整，要麼就與最接近條件的渠道資源進行溝通，確定其是否有意願和能力去適應企業的要求。

在思路定位階段，企業主管要首先依據銷售數據和市場記錄對現有渠道資源進行科學的分析，掌握下列問題的準確答案：

（1）現有渠道體系是否能夠勝任企業行銷任務的要求？若能勝任，它最核心的差異化優勢是什麼？在未來的幾年內，現有渠道體系能否繼續在轄區市場範圍維持或提升其差異化優勢？

（2）我們是準備在保障現有渠道體系基本功能的前提下，通過挖掘其不能有效覆蓋的通路來進行渠道拓展，還是完全放棄現有渠道體系採取另闢蹊徑的方式進行渠道拓展？如果是採用前者，我們能帶給現有渠道體系的主要保障承諾有哪些？能帶給新合作夥伴的利益回報又是哪些？這種利益分享是否引起現有渠道夥伴的反感？如果全面放棄現有渠道夥伴，他們會在未來對我們進行惡意反擊麼？這種反擊我們是否有足夠的化解能力？

其實，對上述問題的問答過程，就是強化企業對現有渠道和擬拓展渠道的 SWOT 分析過程，有助於企業更全面地評估渠道戰略的科學性和準確性，並增強了危機預案處理的意識。

二、明確思路

主要探討選擇的渠道標準、渠道架構和渠道政策，即解決以下問題：
- 什麼樣的渠道是你所要發展的對象？
- 要建立怎樣的一個渠道體系和分銷網絡？
- 如何為全國市場和區域市場制定相應的渠道發展目標和策略？

三、建立渠道漏鬥

從可供選擇的潛在合作夥伴基礎資料中，按照企業經營目標和政策權限篩選準合作夥伴，再進一步確定最理想的渠道合作夥伴（如圖5.3所示）。要按照從面到點、從點到面的原則進行篩選。從面到點就是先要鋪面層層篩選，確定幾家合作夥伴。而在未來的操作實施中，則要以確定的幾家合作夥伴為中心，擴大影響，現身說法，從點到面，最後吸引更多的合作夥伴加入進來。

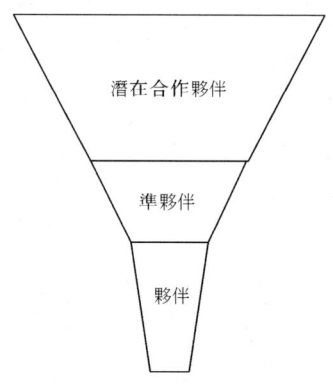

圖5.3　渠道漏鬥操作示意圖

四、渠道管理人力資源的規劃

渠道工作的難點是如何協調利益追求存在分歧和差異的夥伴為同一目標而工作。這其中的工作必然是艱苦而細緻的，對管理人員和經辦人員的綜合素質、應變能力及堅韌性都提出了嚴格的要求。

企業開拓渠道尤其是在異地市場、陌生市場開拓渠道時，應特別注意地域文化差異性的影響力，更要選擇能夠適應多種文化衝突的員工赴任。同時，對員工授權範圍的規劃也要提前進行，以提高初次合作的可控性。

五、渠道甄選要注意談判和溝通技巧

渠道商與企業產品品牌沒有血緣上的聯繫，他們更多關注產品是否能夠銷得動，對於

短期利益的追逐慾望十分強烈。而企業在市場上又確實依賴渠道商實現銷售，所以就需要格外注意談判溝通的節奏和技巧。

從本質上講，與渠道商難打交道的地方是他們把短期利益看得重，又有控制企業渠道管理人員從而爭取到資源傾斜的動機，所以在渠道甄選時就要規劃好談判節奏；既要有美好遠景讓他心動願意與之合作，又要讓他明白雙方應該堅持的原則底線，同時要注意適度維護渠道管理者的調配權限，增強其對渠道商的控制能力。

六、實實在在為渠道商創造價值

雖然企業不宜輕易作出承諾，但一旦為渠道商作出了承諾，就一定要做到。只要企業實實在在為渠道商創造著價值，渠道商一般不會輕易忽視或放棄其合作的義務。

小連結

內向競爭型渠道商和外向競爭型渠道商

內向競爭型渠道商的特點：通過對供貨企業施加壓力，獲取比企業其他渠道商更優惠的初始條件，從而保障自己在區域市場的競爭優勢。內向競爭型渠道商通常是在區域市場有一定資歷的坐商，且擁有一定的下行渠道資源。他們開拓新市場的衝動不強烈，幻想依靠自己的既有網絡享受調撥價差的收益。

在市場競爭不充分的特定區域（通常是比較邊緣化的地區，如「老少邊窮」地區），內向競爭型渠道商的比例較高，企業進入這些市場渠道選擇餘地不大，難免要與內向競爭型渠道商打交道。但必須注意的是，內向競爭型渠道商有向企業轉移經營風險的傾向，往往成為擾亂市場秩序和供應價格體系的發動者。企業在梳理、拓展渠道夥伴時，要優先排除內向競爭型渠道商。

外向競爭型渠道商的特點：不斷開拓自己的競爭優勢，在滿足已有客戶需求的基礎上，通過市場細分、市場滲透等不同方式與其他品牌渠道商競爭，通過切分其他企業的市場份額來發展自己。

外向競爭型渠道商多是行商，他們主動接觸市場，發掘市場，與企業更容易形成穩定的利益聯盟，是優質渠道資源，企業應該重點培養。外向競爭型渠道商的從業資歷、人脈資源和綜合實力要弱於老牌坐商，企業在與其合作時要從長計議。同時，由於市場競爭環境比較殘酷，外向競爭型渠道商容易產生「賭市」衝動，企業要隨時加強對其業務指導和交流；最好在統一思想的前提下通過風險共擔、利益共享的合作機制去抓住微妙商機。另外，外向競爭型渠道商做大做強後，也可能居功自傲，開始向企業爭權要利，所以企業既要扶持外向競爭型渠道商發展，又要警惕遏制其「尾大難掉」的蛻變。

第四節　渠道拓展的可能性

小連結

「瓶子裝滿了嗎？」

教授在課堂上拿出一個大空瓶子，然後把高爾夫球一個個放進瓶子，直到填滿瓶口。然後，他問學生：「瓶子裝滿了嗎？」，全班同學一致認為瓶子已滿。

教授又拿出一把小石粒，慢慢放進瓶子裡，石粒滲滿了高爾夫球之間的空隙，直到瓶口。他又問學生：「瓶子裝滿了嗎？」，同學們沒有異議。

教授卻提起一個紙袋，朝瓶中倒去。袋中裝的是細沙，它們居然充滿了小石粒之間的空隙。教授再次問：「裝滿了嗎？」學生們想了想，一致認為這次瓶子滿了。

接下來，教授從講臺下拿出兩罐啤酒，慢慢倒進瓶中，沒有人想到，沙粒之間肉眼已經無法看到的空隙中，居然又裝進了兩罐啤酒！

資料來源：某商學院時間管理課程實錄，http://bbs.fdc.com.cn/showtopic-3918972.aspx。

這個故事本來是用來形容生活空間包容度的典型例證，但是它對我們理解渠道寬度、廣度和深度同樣很有啟發：

（1）不同性質的渠道其特徵各有差異，但只要具備適當的規模，都可以積聚而成可觀的銷售規模。上述故事中，瓶子好比企業的目標市場份額，高爾夫球好比重要的渠道選擇，比如核心大客戶、一級經銷商、重要客戶（KA）賣場等；他們的數量不多，但占據了銷售份額中很有分量的比例。而小石粒好比次重要的渠道選擇，比如中型客戶、二、三級分銷商、區域連鎖銷售終端的各個門店等；他們的基礎銷量不太大，但只要渠道規模合適，仍然可以積聚起總量可觀的銷售規模，讓人不可輕視。而沙子和啤酒則更像遊離於常規渠道之外的社區單體店和終端消費個體；他們單次甚至全年的個體消費都微不足道，但如果尋找到或創建出能夠覆蓋此類人群的新渠道，同樣可以靠龐大的個體數量營造出令人吃驚的新增銷售規模。

（2）渠道拓展有豐富的想像空間，但在規模上有主次之分，企業在進行選擇操作時還要有先後之分。正如故事中所表達的，幾個高爾夫球就可以占據瓶子的大部分空間。企業在進行渠道建設中也會首先選擇高等級的市場渠道滿足企業生存的需求，進而開發次高等級的渠道資源幫助企業發展，然後再會考慮利用技術手段創造新渠道資源促進企業的發展。

（3）渠道拓展中要高度重視渠道對企業贏得更多市場份額的實際價值。該故事主要通過空間關係來引人聯想，而現實生活中，對市場份額的實際貢獻卻主要是通過價值數量或價值密度來反應的。因此，這個故事給我們另一個啟發，就是在評估市場渠道價值時不能被其表面的規模如鋪貨率、覆蓋率所迷惑，而要實實在在觀察它的動銷效率和回款實力。

第五節　渠道拓展的常見形態

按渠道拓展操作主導力量的不同，我們把渠道拓展分為外聯拓展模式和內強拓展模式兩個大類。外聯拓展模式主要指企業在外部力量的支持下，借助合法手段，通過資本運作、人力獵頭等技術手段，獲取以前無法企及的市場渠道，以適應企業發展策略的需要。內強拓展模式則主要依靠企業自身的資源，通過對管理結構、思維創新、政策調整等方式進行渠道拓展。

一、外聯拓展模式的常見類型

（一）企業戰略性收購模式

該模式指企業通過併購方式，購買現有渠道資源的合法所有權，再按照企業意願將新購渠道作為本企業的產品銷售通路。簡單說，即用資本換取市場份額。

常言道「殺敵三千，自傷八百」。戰略性收購模式用比較文明的方式預先去規避惡性競爭造成兩敗俱傷的後果，可以較好地保證產業鏈條的安全性和行業的穩定性，不僅受到企業家、資本商人的高度認同，也越來越被消費者所接受。但它往往以犧牲被收購企業的品牌資源和品牌形象為代價，對被收購企業的忠誠客戶而言，難免產生一定的心理傷害，可能會影響到被收購的渠道價值和有效性。因此，就不難理解為什麼近年來中國商務部連續拒絕了可口可樂對匯源、達能對娃哈哈的收購意向。

不過，從有效整合商業資源可以避免社會資源浪費的思維角度出發，我們又要提倡和鼓勵企業家通過併購方式來提高企業的發展速度，尤其是提高產業升級和市場擴張的速度。

西方國家由於商業文明歷史長，法律法規健全，保障機制完善，其企業家對於良性收購的接受程度高，很多企業通過併購獲得了雙贏。對此，我們要以「去其糟粕，留其精華」的態度去學習和借鑑。

小連結

雅戈爾收購新馬集團開拓美國市場

隨著生產實力壯大，中國服裝企業從 2000 年起，就試圖以自有品牌進軍國際市場。由於文化差異顯著，國內外的商業習慣、市場偏好和人才體系有很大區別。所以若單純沿用國內拓展市場的戰略思維，以自建渠道的方式滲透國外市場，將面臨時間週期長、人才隊伍匱乏、操作流程繁瑣、經營風險大等多種困難。

為此，雅戈爾採取了戰略收購的策略，借助金融危機後泡沫資產縮水的良機，在 2008 年內收購了美國服裝業巨頭 Kellwood 旗下的男裝公司──新馬集團。收購後，雅戈

爾將其美國分公司與新馬集團在美國的銷售公司合併為新馬美國公司，並邀請Kellwood前任董事長鮑勃·斯金納出任該公司CEO，開始啓動全新的物流中心和客戶信息服務系統。

新馬集團擁有遍布美國各地的完善銷售網絡和較大的市場份額。比如，該公司擁有Nautica、Perry Eilles、CK、Polo等時尚男裝品牌的銷售特許權，而其經銷渠道既能有效覆蓋Macy Nordstorm、JCpenney、Dillerd's等大型百貨公司，又能順暢滲透Century21、T. J. MAX等平價店；僅襯衫一類，就可年銷售2000多萬件，占據了美國市場三分之一的銷售份額。

借助成功的收購和順利的兼併磨合，雅戈爾不再為尋找市場迷茫。2009年，雅戈爾收縮了以前大量參加國外展會發展經銷代理的拓展模式，集中力量專門為雅戈爾美國新馬公司生產各類服裝。據《東南商報》報導，來自新馬的襯衫訂單已占到雅戈爾產能的70%，平均每月達55萬件，而其他服裝的出口也保持了穩定的增長。

依靠漂亮的海外收購，雅戈爾集團快速獲得了穩定安全的海外銷售渠道和市場份額。即便在金融危機的衝擊下，其出口仍保持了增長，有力地提升了雅戈爾集團的綜合競爭實力。

（二）獵取渠道關鍵人力資源策略

該策略指企業通過獵頭代理或自主定向招募方式，將掌控著擬滲透渠道資源的關鍵人或關鍵團隊招募到自己的企業中，再委派他們去管理開拓渠道，又稱「挖人」。

「挖人」策略在快速消費品、工程建設及服務性行業等領域特別流行。在這些行業領域中，人際關係對關鍵性客戶資源的影響很大，往往超過企業產品品牌的影響。因此，高薪挖人可以迅速獲得其人脈資源，從而拓寬市場渠道，提高銷售效率。

但「挖人」策略也有其軟肋，即如果挖到理想的經理人或團隊後，如果企業與其在企業文化和行銷理念上不能盡快取得一致，會動搖經理人或團隊的忠誠度及積極性。同時，「挖人」策略還常常面臨受反不正當競爭的法律法規約束的風險。

（三）跨界合作策略

該策略通過與同行業常規渠道資源關聯關係不大或被現有常規渠道模式忽略的其他行業渠道資源合作，利用他們對目標消費者的影響能力和銷售潛力，通過資源共享滲透到對方渠道中，實現對目標消費者的有效覆蓋和有效銷售。

目前，隨著信息技術的普及，跨界合作的實現便利性大大提高，很多聰明的企業家和行銷管理者都越來越樂於嘗試這種新的方式。

小連結

成都電影院線與成都移動的渠道合作

電影院線的常規渠道模式是通過直營店的票務窗口銷售，其優勢是可以確保現金及時回籠，並且能夠有效地保護價格體系的完整性和可控性。

但是，隨著城市居住環境和交通環境的變化，電影院線僅僅依靠區位優勢通過吸引店鋪周邊居民進場觀影，已經很難保證上座率。而電影產品又有很強的時效性（即檔期），在檔期中，不宜由直營店直接出面實施頻繁的價格折扣促銷。

為保證上座率和總票房，電影院線需要拓展更有效的渠道資源。一開始，院線普遍採用與銀行、保險公司、票務代理機構渠道合作模式，但因這些渠道對自身客戶資源的掌控力度並不強，且在實際操作性上要依賴票證的實物傳遞實現真正的銷售，所以進展速度和規模效益不甚理想，且容易產生價格混亂。

而從 2008 年起，成都電影院線與成都移動進行的深度渠道合作，則充分發揮了雙方的渠道資源優勢，開創了跨界渠道合作典範。

院線認同移動平臺，不僅看好移動龐大的用戶基數和便捷的信息傳遞渠道，更看好它對虛擬支付的技術實現手段。對移動而言，隨著手機二維碼技術的高度成熟，已經讓其具有滲透小額支付消費市場並成為關聯產品銷售渠道的綜合實力。之所以選擇院線平臺，則是看好文化產品對於用戶的特殊吸引力和產品消費的高度靈活性。同時，電影產品價格保護體系的完善、實際觀影成本偏高的現實和客戶資源可深度挖掘的可能性強也增加了雙方進行資源互換的慾望。

從 2009 年起，成都移動首先以集團採購方式，獲得大量低價的影票資源，再通過自有的客戶下行渠道進行推廣。一開始，成都移動以積分兌換方式吸引全球通用戶參與。

2009 年 5 月，成都移動推出了 100 積分換一張影票的活動。當時普通電影票單場單價一般在 35 元以上，而手機積分兌換話費通常按照 300 分兌換 10 元設計。如此巨大的價格落差給使用者帶來了巨大的利益誘惑，一時引起轟動，手機用戶的參與熱情全面高漲。

當參與用戶積極性逐步提高時，成都移動通過適時提高兌換標準，有效規避了經營風險，並通過與院線系統的數據交換分析摸清了成都市民對不同投放階段的電影產品的價格偏好，有利於雙方通過掌控價格甜區來增加對消費者的全面滲透。

目前，在成都大多數院線系統都安設了手機二維碼終端設備。隨著合作深度的提高，部分院線甚至將手機二維碼終端設備設定為用戶自助設備，大大提高了高峰時段的交易效率。

對消費者而言，成都院線與成都移動的渠道合作，不僅提高了消費者消費電影的便利性，也大大節約了消費者的觀看成本，增強了消費者對這種渠道的認同感和忠誠度，而這也必將提升其重複消費的頻率和穩定性，自然給成都院線與成都移動帶來更多的價值回報。

二、內強拓展模式的常見類型

（一）優化渠道模式

「兵無常勢，水無常形」。企業的不同發展階段、企業產品線的構成形態、產能綜合

能力變化等因素，都將給企業提出優化渠道模式的現實要求。因此，企業要根據自身產品的核心競爭優勢，選擇最能充分發揮出核心競爭優勢的渠道模式作為企業產品主渠道，保證企業實現利潤最大化。

小連結

中國最大流行飾品生產商新光集團的渠道拓展經驗

採買成本低而流行款式齊全是流行飾品與珠寶飾品的主要區別。新光集團定位於中端市場，強調「快速供應、大眾價格、時尚新潮」的競爭優勢。1995年創業之初，新光掌門人周曉光先在廣州選定總代理商，隨後兩年，又陸續在全國區域中心城市設立了總代理。

但是，總代理制度無法改變代理商和新光利益分歧時常存在的客觀現實，而流行飾品的產品生命週期非常短，有的應景潮流品甚至只有1個月而已。

本來，新光擁有業內最為強大的設計團隊，每天可以推出上百個新款式；但代理商挑肥揀瘦的選貨推貨方式，顯然無法發揮出新光集團產品組合齊全的優勢，也就無法將這種優勢轉化為規模銷售的勝勢。

1998年，周曉光及時取消總代理制度，改設直營店銷售。至2008年年底，新光集團在全國設立20多個分公司，600多家專賣店（含專櫃和掛面牆）。渠道模式的改變不僅沒有減弱新光的銷售能力，反因直接面對消費者，保障了新光全面掌控渠道變量，並捍衛了企業定價的主動權，也通過更迅捷的客戶反饋機制促進了企業產品設計開發的回應效率。

而在開拓國際市場時，新光集團將國內的渠道模式優點和國外市場的傳統渠道優勢相結合，一方面在目標市場設立分公司，在當地另行組建經銷商網絡，通過進場銷售等模式節約人力物力，同時保障貨物和貨款安全。另一方面，公司大量委派設計人員下沉到目標市場追蹤當地的流行文化元素，配合經銷商單獨設計研發新品。公司還投入大量資金建設全新的ERP系統，進一步提高生產線回應訂單的速度，充分發揮出「個性化、小批量」的快速生產優勢。此種渠道配置模式幫助新光深入到國外消費市場。以2008年為例，儘管飽受經濟危機影響，新光在美國和歐洲的銷售大幅度回落，但仍能維持項目運轉並保有利潤。而那些單純依靠貿易商轉接生產訂單的同類企業，由於銷售渠道單一，當中間貿易商因市場萎縮而紛紛撤銷訂單時，其巨大的產能找不到銷路來化解，最終損失慘重。

資料來源：根據媒體相關報導整理。

（二）追求渠道層級網絡的完善性和互補性模式

企業在目標市場的利益追求具有階段性差異，初期以解決生存問題為主，對企業而言要優先考慮能否快速啟動銷量。為此，企業在確保產品品牌形象的前提下會優先滿足渠道夥伴對渠道利潤分配的憧憬，以此換取對目標市場的占領優勢。而當企業在目標市場上已經樹立起品牌形象後，更多的是要考慮如何擴大銷售規模；當原有渠道不能提供足夠的穩

定銷量時，企業必須通過渠道補充或下沉的方式來完善網絡質量。

三、企業完善渠道網絡管理的常用方法

（1）擴展分銷層級。加強在區域市場中低層級的細分市場，再構建自己可以直接控制或協調的分銷網絡，通過提高配送和行銷支援服務質量，加大企業在細分市場的份額，從而保障區域市場總體銷售規模的增長。這就是行銷人員常說的「精耕區域市場」、「渠道下沉」等方式。

（2）導入補充渠道。當原有渠道資源所覆蓋的消費人群不能滿足企業銷售增長的目標要求時，要根據消費行為習慣的特點，開發另外的渠道資源作為補充。例如，A 企業原先是依託調撥渠道為主的批發商渠道，那麼就可開發以終端直行銷售的零售商渠道作為補充。又或者：某保健品企業原先主要是依託藥店供應渠道進入藥店終端，通過店員面向消費者推銷，則可以開發商業超市供應渠道上櫃銷售，通過派駐自己的銷售員通過終端攔截方式向消費者推銷。

（3）渠道整合。由於渠道牽扯的資源比較複雜，而企業銷售工作不能有一分鐘的停滯，所以在現實工作中，企業渠道建設隨時都面臨著調整的可能性，但為了避免亂上添亂造成「因小失大」的惡果，企業通常不會輕易放棄每一種渠道資源，總是在能夠接受的成本範圍內去整合協調各類渠道資源，以幫助企業順利實現銷售目標。

小連結

資生堂中國市場渠道策略變遷回顧

1991 年，資生堂正式涉足中國市場，並選擇了以「一線市場的百貨商場專櫃為主」的渠道模式，提出「高品質、高服務、高形象」的三高行銷策略，並因此取得成功。截至 2002 年，資生堂已在中國設立 20 個辦事處，並在 80 個大中城市的商場設立了 270 個專櫃，其銷售額占到資生堂中國市場營業額的 90% 以上。

但是，隨著更多跨國企業的不斷進入，中國一線城市國際品牌的數量劇增，競爭日趨激烈。此時，專櫃渠道模式顯出其短板：人群覆蓋有限，無法分享中國城鎮化建設提速帶來的消費人口優勢；專櫃產品價格彈性小，輕易冒進會導致品牌價值弱化、定位模糊；自有終端數量不足，難以遏制水貨泛濫，已嚴重威脅資生堂品牌美譽度。

為扭轉頹勢，資生堂從 2003 年起動了全新的「四面出擊」渠道策略：

一、繼續堅持城市中高端市場的佔有與維護，保障高檔百貨商店專櫃的競爭力。

二、在一線城市逐步進入知名度高的個人護理保健與美容保養品連鎖經營店（如屈臣氏、千色店、萬寧等）上櫃銷售。

三、堅持向二、三級市場下沉，以簽約專賣店的形式覆蓋大眾市場。截至 2006 年年底，其簽約專賣店已達到 1700 家，並規劃在 2009 年超過 5000 家，爭取每 10 萬城鎮人口

可擁有一個簽約店。

四、通過藥品等供銷渠道，進駐藥妝店，開闢新的銷售市場。

這些策略中，資生堂最寄予厚望的方向是向二、三級市場下沉，大力發展簽約專賣店，充分挖掘非主流市場的大眾價值。在具體的操作中，資生堂利用「一級代理」模式，每個省只選擇一家最合適的代理商，再由公司與代理商合作選定簽約專賣店。

與寶潔「大流通」的方式不同，資生堂專賣店產品不進入批發市場流通，由合作專賣店在其授權範圍下由合作店的店員負責銷售。這種模式既免去高額租金的困擾，又節省了大量的人力成本。

2004年，資生堂設立資生堂（投資）中國有限公司，專攻簽約專賣店渠道。從此，數百名資生堂（中國）的銷售團隊輾轉全國搜尋資源，有步驟地擴大簽約專賣店規模，並初步實現了公司「在發達區域，深入到鄉鎮一級，欠發達區域，至少開至縣城」的基本要求。

為保障資生堂能夠有效控制住規模龐大、分佈廣泛的終端網絡，充分保障對眾多連鎖店的服務質量和配送安全，資生堂還出巨資委託海信網絡科技公司進行了科學的信息系統建設。

2005年，資生堂中國市場銷售額達到11億元。2006年，其銷售又保持了30%以上的增長速度，充分顯示出其渠道策略的科學性和前瞻性。

資料來源：易秀峰. 解讀資生堂中國市場渠道策略［J］. 醫學美學美容（財智），2007（4）.

第六節　中小企業進行渠道拓展需要注意的幾點問題

渠道建設是企業銷售工作的核心。通常情況下，渠道策略的設計和管理都是委託有豐富經驗的員工擔當，其職權職務在企業中也比較重要。一般來說，大學畢業生要在大型企業中上升到同等資歷和資格勝任該項工作，週期比較長，且企業本身會安排相應的培訓來幫助其提高。而中小企業由於管理成本壓力，則在提拔週期上比較靈活。因此，我們站在中小企業的立場上，對其在渠道拓展中需要注意的幾點問題再進行講解，以幫助大家更好地掌握一些辦法和思路。

一、野心不要過大，從建立區域性品牌，穩固區域市場佔有起步

集中優勢兵力各個殲滅敵人是重要的軍事原則之一。而現實中，很多中小企業在渠道建設中常常夜郎自大，不是集中優勢完成根據地建設，而是盲目地四處出擊。結果因資源分散，四處不得好，難免出現被剿滅的悲劇結局。

如果中小企業有自知之明，先集中資源建立區域性品牌優勢，就會逐步樹立起真正的核心競爭力。而事實上，正如我們前面所說，再大再強的品牌也不可能占領所有市場，中小企業在區域市場永遠都有夾縫中求生存的機會。

建立區域性品牌，不僅有利於節約資源，還有利於利用資源。尤其是與地方政府關係

密切的當地企業，如果能發展到一定規模，往往可以獲得種種優惠和支持。

二、包裝要好，應高度重視企業形象和企業文化的建設

中小企業在創業和拓展之初，要考慮到渠道建設是與人，尤其是陌生人打交道的藝術，要尊重社會習慣尤其是「第一印象」規律，高度重視對企業形象的系統包裝，讓人不排斥企業、不輕視企業，才能有資格接觸到比較優質的渠道資源。

同時，從業務人員自身，也要高度重視自身的外觀形象、言談舉止的修煉提高，讓別人感受到企業文化的底蘊和素質，從內心中接受企業形象。

三、要讓渠道合作者先賺或多賺一點，構建出合理的利益分配機制

在商言商，商人自當以利為先。企業要尊重商業習慣和商業規則，更要充分考慮中國人「無利不起早」的功利傳統。因此，在選擇渠道合作夥伴時，一定要真誠地拿出對方通過自身努力可以獲得的利益。在市場初期，還應該優先保證對方分享利潤，以增強其信心和忠誠。同時，在分配過程中要堅持應有的原則底線，實現「以利護之、以情動之、以法服之」的情感交流，保障雙方能以「求同存異」的客觀態度積極合作。

四、適當增加渠道上的投入，盡快在渠道中樹立起標杆

儘管有預先設定的利益保障，但產品如果不能真實銷售出去，渠道夥伴是無法實現利潤變現的。所以，當渠道夥伴進貨後，企業有義務多站在夥伴立場上為其出謀劃策推動終端銷售。在必要的情況下，甚至應該超越合作協議約定的義務範圍，多投入一些人力、物力資源。

其實，在區域市場上，企業和分銷渠道的核心利益是共同的。前期企業主動作出的犧牲和支持，分銷渠道是能夠直觀感之的。比如，很多工程採購項目中，客戶最擔心採購的質量風險，那麼在區域市場中能建成或中標明星工程或高規格樣板工程就成為證明企業實力的最佳方法。

因此，若企業在某地的經銷商有機會介入當地標誌性項目的供應工作，又因面臨資金缺口壓力而顯躊躇的時候，企業可以在合理評估後幫經銷商接盤應戰，不惜一切代價拿下，甚至不要計較在這個項目上賺或者賠。企業要這樣考慮，如果能拿下，企業名利雙收；如果不能拿下，企業經濟利益或有損失，但企業形象在渠道商群落裡會放大提升，有利於維持渠道的忠誠。

五、盡可能安排提供專業的培訓體系，提升企業渠道服務水準

渠道商主要負責對產品的傳遞。如果不經過完整的培訓，他們往往對產品的技術原理和相關指標一知半解，再糊裡糊塗地將半吊子知識向最終消費者傳遞，極容易造成混亂。

因此，即便中小企業在銷售團隊的規模上無法和大企業相比，但任何時候也不能放鬆

培訓體系的建設。優秀的培訓機制本身就是對企業渠道的強有力支持，且投資少、回報高，對中小企業來說絕對是樁合算的買賣。

六、適當增強授權意識，充分發揮渠道合作夥伴在區域市場的主觀能動性

對中小企業來講，由於資源有限及文化差異，僅靠自身力量獨立開發和維護其企業勢力範圍之外的區域市場，執行效率或有欠缺。這時，不妨借助渠道合作夥伴的力量，通過適度授權推動他們去幫助企業開發和耕耘市場。

現實生活中，很多中小企業願意找在區域市場有實力的經銷商做渠道夥伴，不僅是因為這些經銷商的渠道、資金和物流能力能夠幫助企業快速把貨物鋪進當地市場，更重要的是這些經銷商熟悉當地市場的消費習慣和市場動態，駕馭得當可以幫助企業快速動銷。

另外，區域經銷商樂意經銷中小企業的產品，一是由於小企業、小品牌的利潤空間較大的吸引，二是因為中小企業的決策機制比較靈活，有利於經銷商與企業高層更直接地交流溝通。

因此，中小企業在運作區域市場渠道時要具備適度授權的意識，在適當的時候可以邀請渠道夥伴參與區域市場的廣告設計、廣告投放、促銷政策、贈品選擇等市場環節的設計和執行。這樣不僅有利於增強彼此的同盟關係，更有利於充分發揮出渠道夥伴的主觀能動性，提高把握市場機會的能力和效率，更好地保證大家實現雙贏。

七、持續完善銷售流程管理，提高渠道合作成功率

渠道銷售比企業直銷的操作時間長，有更多的管理節點和管理陷阱。為保證企業不失去對整個銷售過程的監視和控制，企業需要有制定完善而又便於操作的流程管理體系。

「銷售流程管理」是通過對銷售全過程各個階段的推進過程提供及時管理，嚴格控制每個階段關鍵節點的節奏和效率，以達到客觀評估銷售機會，並在此基礎上及時調整市場策略，以幫助推動日常銷售工作健康發展。完善的流程管理可以及早發現銷售活動中出現的困難和異常現象，可以大幅度減低銷售成本，提高銷售成功率。

通過它，總部可以看到區域市場的即時狀況，區域銷售經理也可以知道渠道商的變化，有助於各方及時消除顧慮，克服困難，從而提高銷售成功率，降低銷售成本。

第七節　渠道創新保障企業基業長青

一、渠道創新的定義和價值

（一）渠道創新的定義

渠道創新有兩層含義：從狹義講它主要指採用新思維、新技術手段幫助企業拓寬渠道選擇對象、提高渠道建設質量，增強企業產品對更廣大目標消費者的覆蓋，與前面所講的

渠道拓展有很多重疊的地方。而廣義的渠道創新則指企業基於對消費者消費行為特徵變化的高度關注和敏感，從其變化特徵中發現、發明新的渠道模式，以增強企業產品、品牌快速適應並滿足新出現的消費行為動向和消費需求。

（二）渠道創新的價值

市場經濟日益發達，企業的市場行銷環境變化速度越來越快，競爭壓力也越來越大。在高度競爭的市場中，各家企業產品、價格乃至廣告同質化日趨加劇。更多企業認識到，企業單憑產品的自身優勢贏得競爭越來越困難，因此更加注意通過重視分銷渠道管理和渠道創新來保障企業的差異化競爭優勢。

對企業而言，新興的分銷渠道應為顧客提供購買的便利、為廠商節省分銷成本。根據麥肯錫諮詢公司的分析，有效的渠道創新甚至可以協助企業節省10%～15%的成本，幫助企業創造出成本優勢。新通路會給廠商帶來意想不到的價值，諸如為顧客提供購買的便利、為廠商節省分銷成本。

當然，新興渠道也會帶來全新的顧客期望值，將對企業的回應機制提出更高的挑戰，但這種與消費者更近距離的接觸，有利於企業更好地根據消費者真實需求進行市場調控，保證企業利潤最大化。

二、渠道創新的主要障礙

（1）直接面向細分市場，最終消費者的信息收集和評估機制不健全，難以準確把握新通路的發展規律。

受多種環境如居住、工作、市政配套、公共交通等波動的影響，消費者消費行為習慣也始終發生著變化。這種變化總體是一個潛移默化的漸變過程，但在特定條件下，它也會量變並積聚成一種獨特的、有生命力的消費力量。當這種力量剛剛產生時，若有新的通路去覆蓋它，就容易獲得更大的收益。

但是，要及時發現並把握這種趨勢，需要企業對細分市場具有高度的敏感度，這需要企業與目標消費者有穩定而密切的聯繫。由於企業過分依賴經銷渠道提供的二手信息，而渠道上報的信息又大多經過過濾，渠道商更樂意傳遞有利於自己利益的信息；如此一來，企業難以在質變瞬間發現並發掘出新通路價值。

（2）企業常常具有沿用固有渠道系統的慣性，缺乏挖掘新通路的積極性。

渠道創新的最大障礙往往在企業內部。中國企業普遍使用外部渠道，他們構建渠道的出發點是基於同渠道商的利益合作穩定及有效率，而不太注意與消費者合理接觸的深度與廣度。由於渠道建設工作千頭萬緒、系統龐大，牽扯管理者太多精力和利益糾葛，所以一旦確定，管理者是很難下決心去對它作大的改動或調整，往往傾向於對其中的部分要素進行微調。其後果就是，企業在發現新通路時需要仰仗分銷商對新興渠道的敏感性和接受性。

(3) 常規商業渠道模式之外的新通路，其穩定性比較差。

個體消費者行為習慣的變化需要聚合到一定規模時，才能滿足企業建立分銷新通路的利益追求。隨著城鎮化速度加快，綜合物流技術水準提高，常規商業渠道模式雖然在把握新消費行為的速度上有所欠缺，但它在滿足企業利益追求上往往比較穩定，當新通路出現時，常規商業渠道模式收編新通路的可能性往往大於其被新通路淘汰的可能性。

因此，企業尋找新通路時，往往更多關注的是能否將銷售與宣傳相結合，即利用新通路與最終消費者關係密切的優勢，擴大對消費者的品牌滲透，而非過多關注能從新通路分解的銷售壓力。

三、渠道創新的方向

渠道的目標就是要滿足消費者對產品服務的多種需求。當服務需求發生變化，企業渠道也就需要進行變革。市場環境的日新月異和市場的不斷細化，會使原有的渠道不能適應市場的變化和廠家對市場佔有率及市場覆蓋率的要求。同時，消費者的購買動機更趨理性，也更自我。尤其是在高房價高生活節奏的大都市中，人們對品牌的認知更加準確。特別是成熟性消費產品，消費者已經擁有了選擇多種品牌的權利，而企業能否提供更方便的採買通道、更快捷的服務、更高性價比的產品，成為消費者選擇商品甚至品牌的重要依據。

因此，企業進行渠道創新要遵循因勢利導的基本原則，冷靜地分析現狀，深入地考察目標市場變化，加強與最終用戶的接觸，從中發現並捕捉機遇。同時，企業要正確地認識自身渠道的優劣勢，根據消費行為特徵變化與產品自身特點的關聯程度，對已有渠道進行合理科學的結構調整，在穩定的基礎上再嘗試和探索新渠道。因此，對於大多數企業來說，徹底研究現有的及潛在的渠道，盡可能地跳出單一渠道的束縛，採用合理的多渠道策略，是有效地提高市場佔有率和銷售業績的手段。

四、渠道創新的一般方法

（1）保持與目標消費者高密度、高頻度的接觸，及時發現目標消費者消費行為變化的特徵和動向（尤其是對消費決策起關鍵影響的行為特徵）。

（2）根據以上變化深入瞭解現有銷售渠道對其的影響和控制力度。當答案不理想時，就意味著有新的通路存在或即將出現。

（3）當企業認可新通路的渠道價值時，即可參照渠道設計的基本原則對新渠道進行定位設計，並尋找合適的渠道夥伴。當新渠道中還沒有合適的渠道夥伴時，要採取逆向反推法，根據最理想的渠道模型反向尋找具有潛質的合作者，並通過引導和指導使其靠近該理想模型。

（4）根據新渠道的消費互動特點，設計最適宜的行銷宣傳方式和行銷配套政策，以

擴大對目標消費者的吸引力和關注度。

（5）當新渠道產生了實際銷售後，要站在維持整個渠道網絡的穩定、保證渠道網絡整體發展的高度，根據新渠道的實際貢獻價值，及時進行疏通協調，避免因利益分配偏差造成各層級渠道夥伴的糾紛和相互攻擊。

小連結
軟飲料企業創新耕耘網吧渠道

市場競爭的殘酷逼迫著企業拼命尋找和開拓全新的渠道資源。某軟飲料企業M公司，在參照統一綠茶通過創新洋酒混搭的方式成功滲透夜店渠道後，也開始尋找適合自己的藍海。

很快，M公司的銷售人員一致反應對「網吧」渠道的高度關注：在M公司覆蓋的二、三級市場中，網吧密集的目標消費人群已經開始主動從網吧經營者手上直接採買軟飲料，部分單店的日銷規模已經接近二類終端店，並呈現出特殊的品牌推廣價值。同時，軟飲料銷售逐漸成為網吧的增值業務，經營者也開始有意識地尋找貨源渠道，以增加自己的收益。

由此，M公司開展了專題調研，探討將分散的網吧系統納入渠道建設的可能性。單體網吧雖然是封閉的終端點，但隨著該行業規模化和連鎖化趨勢加強，網吧內部的統一採供機制已經不再只關注IT關聯產品，還覆蓋到了飲料、香菸及方便食品。同時，網吧特殊的群落文化還能有效幫助企業進行產品品牌形象的快速推廣。網吧渠道，在軟飲料企業渠道戰略中已經具備足夠的分量了。

通過調查，M企業發現很多競爭對手也早對網吧渠道虎視眈眈，但能有效開發和利用的卻不多。原來，網吧渠道興起不久，尚處於快速擴展和劇烈變化中，各個企業對網吧渠道價值的解讀也各有差異。於是，有的企業主要把網吧作為宣傳推廣平臺，更傾向於將新品、非主流產品投放其中；有的企業則過度重視了網吧推廣力量的作用，甚至採取激進的讓利政策拉攏網吧，結果引起周邊其他終端夥伴的反彈。

在分析他人經驗的利弊後，M企業提出了系統開拓網吧渠道的新策略和方法，指導下屬單位準確、快速、全面地開拓了網吧渠道。其主要步驟如下：

（1）建立詳盡全面的網吧資料

M企業為保證渠道開拓成功效率，要求下屬單位按照網吧基本信息、競品資源投入、銷售狀況、客戶問題和需求、網吧周邊環境等內容詳細建立市場區域內的客戶資料，並及時匯總至區域市場總部進行數據分析，如表5.2所示。

表 5.2　　　　　　　　　　　　　　　　網吧資料收集表

網吧名稱					地址				電話			聯繫人		機子數	
銷售產品結構	水系列				茶系列				果汁系列			碳酸系列	功能系列	其他	
	娃哈哈	樂百事	農夫山泉	康師傅	康師傅	統一	茶研工坊	冰爽茶	鮮橙多	果粒橙	匯源	康師傅	酷兒	可口	百事	脈動	紅牛
330/350/380																
450/500/550/600																
1.25/1.25																
供應商名稱					結款方式				月均銷量			進貨頻次		庫存	
	市場設備							非量化信息收集							
	展櫃	臺櫃	陳列架	太陽傘	店招	牆面廣告	機臺廣告	POP	其他							
可口																
百事																
康師傅																
統一																
其他/自有																

　　詳盡的匯總分析幫助 M 企業及時認清了形勢，並增強了策略設計的科學性和有效性：

　　① 通過網吧規模分析（開設電腦數量）對網吧進行規模分級，鎖定了主打目標，並可合理配比人、財、物的投入。

　　② 收集銷售產品結構的信息，讓企業充分瞭解競爭品牌在網吧渠道的滲透狀況和消費者日常消費習慣的主要特點，有利於企業選擇出最具綜合競爭優勢的產品切入網吧渠道。

　　③ 網吧的採供結款方式和進銷存信息，是廠家甄選合作經銷商的重要依據資料。無論是引導現有渠道下沉覆蓋目標網吧，還是將網吧現有供應商發展為自己的經銷商，都將幫助企業節約大量時間。

　　④ 從冷飲設備、廣告宣傳品等企業資源的投放數量、質量可以間接反應出被調查網吧在競品中的重要性和控制程度，有利於快速發現最具特定價值的進入渠道。

　　除此之外，M 企業大量收集了競爭產品在網吧促銷活動的資料和政策情況，為今後借鑑和開展針對性促銷作好準備。

（2）根據網吧的要貨特點確定經銷商和配送流程

網吧渠道要貨具有貨量少頻次高，進貨時間不規律，配送地點複雜（尤其是連鎖網吧），結款週期長、難度大等共性，同時，網吧要貨的類別既有飲料也有休閒食品，他們迫切需要集中統一配送的服務。

根據以上要素及資料信息，M企業通過適度讓利，擇優選擇地域覆蓋能力強、統一配送優勢大、善於客戶維護的區域經銷商，並邀請經銷商與目標網吧經營者參加聯誼會，成功地構建起了完整的銷售通路。

（3）渠道疏通後產品快速進場並及時開展促銷活動。

關係建立後，M企業及時地提出多種獎勵政策，並在經銷商的配合下說服大多數網吧快速鋪貨，又派出促銷團隊進入網吧協助推動銷售。產品快速動銷，打消了網吧經營者的顧慮，增強了其合作信心，也確保了企業產品對該新型渠道的有力把控。

資料來源：中國行銷傳播，「經營心得：看飲料業如何在網吧拓展渠道」，http://article.pchome.net/content-187295.html。

第八節　網絡時代的渠道拓展和渠道創新

2010年3月5日，騰訊公司宣布QQ同時在線用戶數量突破1億。這是中國和世界互聯網的歷史時刻，它標誌著網絡生活已經突破階層、地域和文化差異的約束，不再是某些人或某類人的專享，而已成為了大多數人常態的行為模式之一。受其影響，傳統的渠道模式將面臨更嚴峻的考驗，而能夠快速適應網絡技術條件和網絡消費行為特徵的新渠道模式則將不斷湧現。

一、網絡技術對渠道拓展和渠道創新的促進作用

通觀網絡技術的發展歷史，其核心目的是實現多點之間快速便捷的信息共享。作為更便捷、更高效的信息交流平臺，網絡可以滿足企業渠道建設對信息流暢通無阻的高要求，自然可以更好地促進渠道拓展和渠道創新。

（一）網絡擴大了企業採集信息的空間

在互聯網時代之前，企業在進行商業決策之前的信息採集工作主要通過實地探訪、歷史資料收集整理、委託外包公司調研等方式進行，時間成本和經濟成本都比較高，更多依靠企業本身的人際網絡來實現，受員工素質和經驗水準的影響大，存在採樣有限、視野局限等先天缺點，不利於科學決策。

互聯網的出現大大改觀了此前的局限——由於網絡上可以免費、迅捷地查閱大量公開的第三方信息，不僅拓寬了企業收集、整理信息的路徑，更增強了信息採集的準確性與真實性。

（二）網絡提高了企業與渠道夥伴、目標消費者的交流質量

網絡已經大大改變了人際交流的習慣，尤其是網絡即時通信工具的普及與應用，為企業更好地與渠道夥伴、目標消費者進行適時交流提供了便利。企業靈活運用網絡技術，既可以創辦高質量的企業網站及時更新產品信息，也可以通過靈活豐富的網絡廣告活動增進與目標消費者的交流溝通。同時，現代網絡技術提高了相關行業信息互享的質量，比如，目前很多物流企業提供最新的物流配送動態信息，可以幫助企業與渠道夥伴和消費用戶及時掌握貨物動向，這就能有效規避很多推諉扯皮的麻煩，有助於增強各方的合作意識。

網絡即時通信工具的普及更以極為經濟的方式提高了企業與渠道夥伴保持更廣泛深入合作的效率。目前，很多企業的銷售人員都與轄區經銷商通過 QQ 保持工作聯繫，網絡通信能快速傳遞大量文本及多媒體信息，大大提高了雙方溝通交流的質量。同時，網絡通信的平等性（如留言記錄、在線顯示等）有助於雙方採取更友好積極的交流模式，不僅推動企業和渠道夥伴共同提高服務質量，還可增強彼此的信任度和信賴感。

二、網絡技術對渠道拓展和渠道創新適應消費行為變化的幫助

網絡中存在著與現實世界一樣的真實消費需求，網絡既是信息交流平臺，也是財物交流平臺。網絡具備成為銷售通路的價值可能，可以幫助企業拓展和創新渠道以適應消費行為的變化。

網絡獨特的大量信息共存模式，營造出融真實與虛擬於一體的新型社會複合體。在網絡世界裡，儘管個體參與者的日均在線時間和在線行為特徵參差不齊，但龐大的網民基數卻能保證現實生活中各種代表性行為特徵都在網絡世界裡得到直觀的反應。需求決定著企業存在的價值，網絡世界由此就具備了自己的商業價值。同時，由於網絡世界跨越時空局限的特點，又使網絡世界的商業價值變得比現實世界更加可貴。

隱藏在電腦屏幕和比特信息之後的消費需求會在網絡中彰顯，而現實世界中的各行業企業為適應其消費需求，都紛紛把自己的服務擴展到了網絡世界中。隨著關聯企業逐漸加入，很多企業發現，網絡世界的商業環境已經越來越接近現實世界了。在信用制度的監督下，抽象的信息流可以變成訂單和帳單，通過線下的貨物配送和線上的訂購支付，實現產品從企業到目標消費者的順暢轉移。

最初選擇網絡渠道的行業，大多數是銷售滿足消費者在線消費的特殊產品，如殺毒軟件、網絡游戲、在線音樂等；隨後，又逐漸擴展到對產品後繼服務要求較低的食物產品，如書籍、服裝、票券等。目前，隨著網絡愈加普及，網絡技術更加先進，選擇網絡作為銷售渠道的行業越來越寬泛，加入的企業也越來越多。

最近幾年，大中城市家庭的網絡普及率進一步提高，現代物流快遞行業日漸發達，大大促進了 B2C、C2C 商業模式的升級進步。目前，出現了以下值得企業高度重視的趨勢：

一是大量區域經銷商開始注重網絡業務的開發，將部分經營力量放置到網絡上，擴大

了對區域市場潛在消費者的控制能力，提升了自身的渠道價值。

二是隨著網絡社區化潮流的發展，一些區域門戶網站或專業性網站通過自身的信息傳播能力和專業指導能力可以覆蓋很多分散的消費者，並通過網絡的快速召集能力將這些分散的消費聚合在一起，通過團購消費模式形成獨特的渠道分銷能力和價值。

小連結

凡客誠品（VANCL）的網絡渠道生存模式

創立於2007年的凡客誠品（VANCL）是近年來風頭甚健的國產男裝品牌，它定位於為中國新興中產階級提供具備國際一線品質保障、價格合理、提倡簡單得體生活方式的全新著裝體驗。與傳統服裝品牌依託「經銷商＋店鋪」的渠道模式不同，凡客誠品從創業之初即以網絡為銷售渠道，通過「線上交易＋線下交貨」的方式拓展市場，並巧妙運用多種策略，聯合物流企業和合作網站與之協作。尤其是與合作網站的CPS（Cost Per Sales）合作模式，不僅以較小的成本獲得了廣告推廣平臺，還推動了合作網站發揮連結的技術優勢，將其轉化為有效的銷售通路。

該公司CEO陳年和股東雷軍都是中國互聯網產業的風雲人物（前者曾創辦卓越網，後者曾為金山集團總裁），他們對網絡時代社會主流消費習慣的變化有著敏銳的判斷：70後、80後的新生代伴隨著互聯網成長，越來越習慣於使用互聯網工作，其生活也越來越依賴網絡。同時，隨著各種關聯技術如物流、線上支付、即時通信等的同步發展，網絡已經具備從宣傳平臺向承載產品銷售通路轉變的所有條件。由此，陳年決定以B2C（即從生產者直接通向消費者）模式拓展網絡渠道，並嘗試從中獲得穩定的收益。

選擇網絡渠道，可以免掉常規服裝銷售渠道拓展中所面臨的店面成本、水電物業成本、物流倉儲費和大量稅收。凡客誠品可以集中資源聘請國際水準的設計師提升產品時尚基因，也能以更嚴格的品質管理保障產品品質並依靠合理的採買機制降低製造成本，從而確立並保證品牌定位的「質優價惠」差異性競爭優勢。同時，選擇網絡渠道，意味著凡客誠品可以實現「一點對多面」的市場覆蓋，即該公司可以同時面對常規地理概念上不同區域的消費者。

凡客誠品充分利用其營運團隊熟悉互聯網技術的經驗優勢，通過多種手段全力挖掘渠道價值。首先，企業創建了網絡商城，在商城中展示產品並在線銷售。同時，為了擴大宣傳影響和銷售規模，凡客誠品自建了網絡廣告聯盟，在多家合作網站上投放CPS廣告（即按銷售提成折抵廣告費用）。合作網站投放的廣告都有與通達商城的快速連結，可以很便利地將感興趣的消費者直接牽引到產品面前。由於網絡技術的先進性，消費者通過何種途徑進入網絡商城的數據記錄清晰，只要利益分配合理，門戶網站、專業網站、社區網站甚至個人博客都樂意成為凡客誠品的宣傳平臺和銷售通路。

凡客誠品成立不到一年，其廣告就頻繁現身於新浪、騰訊、網易、搜狐等主流網站、

網絡常用工具資訊條上。這些賣點明確、製作精美的網絡廣告，抓住了消費者的眼球。同時，凡客誠品精良的品質和完備的物流配送又快速積攢起消費口碑，實現了銷售與品牌的同步飆升。到2008年年底，公司每天接到訂單高達6000多單，日銷量超過1.5萬件，全年銷售額接近5億元。

凡客誠品的成功，為有志於借助網絡進行渠道建設的企業提供了非常有價值的經驗。

資料來源：伯仲傳媒，凡客誠品背後的網絡行銷分析；OK網、電商論壇，鵬飛，以凡客誠品為例的B2C商城CPS模式研究，2010-09-25。

思考題

1. 在「得不償失的渠道拓展」案例中，廠商與渠道商之間的矛盾衝突的核心是什麼？

2. 在「得不償失的渠道拓展」案例中，如果你是A企業的銷售總監，在第一次渠道拓展計劃成功後，會採用什麼樣的跟進計劃管理渠道或調整渠道，以保障企業在三、四級市場的銷售穩步增長？

3. 在「得不償失的渠道拓展」案例中，當第二次渠道拓展計劃明顯失敗後，如果A企業邀請你來收拾殘局，你準備採取哪些措施來糾正渠道政策的偏差，挽回企業的美譽度？

4. 在「雅戈爾集團收購新馬集團」案例中，雅戈爾集團為什麼要邀請鮑勃·斯金納出任該公司CEO？

5. 在「雅戈爾集團收購新馬集團」案例中，雅戈爾集團收購並創建新公司後，其出口產品品牌應優先考慮自有品牌還是新馬集團早期代理成功的產品品牌？

6. 太陽能熱水器具有環保無污染的天然優勢，符合低碳經濟和清潔發展機制的時代潮流。隨著技術進步和國家補貼手段的加強，預計未來十年內在中國城鄉的普及率都會同步提升。請根據本章節所學習內容，試分析太陽能熱水器在城市和鄉村市場存在哪些消費行為差異。並請分析太陽能熱水器未來在城市和鄉村市場該如何選擇市場渠道將更有利於企業快速發展。

參考文獻

[1] 渠道拓展得不償失 [EB/OL]. http://www.soft6.com/tech/7/72320.html.

[2] 某商學院時間管理課程實錄. http://bbs.fdc.com.cn/showtopic-3918972.aspx.

[3] 易秀峰. 解讀資生堂中國市場渠道策略 [J]. 醫學美學美容（財智），2007（4）.

[4] 中國行銷傳播網. 經營心得：看飲料業如何在網吧拓展渠道 [EB/OL]. http://article.pchome.net/content-187295.html.

第六章
促銷及推廣策略

小連結

成都電話特號拍出天價

　　2003 年 8 月 18 日，由四川電信成都分公司主辦、四川博雅拍賣行主拍的成都小靈通特號拍賣會在成都電信新華營業廳舉行。本次拍賣會將把 100 個小靈通特號（可轉為固話）進行公開拍賣，拍賣的所得款項全部捐獻給成都市的再就業援助工程和社會搶險救援獎勵基金。

　　上午 9：30，240 多家企業和若干個人競拍者將拍賣現場擠得滿滿當當，其中不乏中外知名企業：聯想、朗訊、安捷倫科技、川航、武漢普天等。9：30，拍賣會準時開始。上午拍賣的號碼共 79 個。為了紀念 8 月 18 日這個特殊的拍賣日期，第一個拍賣號碼特別調整為 88881818，起拍價 6000 元。價格在眾買家競相舉牌下迅速抬高，經過十多回合的競拍，最後它被 6 號買家以 4.4 萬元的價格奪得。79 個號碼很快都順利拍賣出去了，拍賣價格都在 1 萬～3 萬元之間。有些公司一連拍得幾個電話號碼，而個人競拍者也不甘示弱，會場氣氛熱烈。

　　下午 1：30，拍賣會接著進行。會場外火辣的太陽炙烤著大地，會場內人們的激情更是高漲。拍賣師冷女士宣布下午將對包括 88888888 在內的 21 個特別號碼拍賣時，會場裡一時間人聲鼎沸。下午第一個拍賣號碼是 89999999，在拍賣師宣布 8000 元起拍後，價格飛一般上漲。經過一番「厮殺」，該號碼被 12 號買家瑞合實業以 40 萬元的價格拿下。整個下午，現場氣氛一浪熱過一浪。接下來的 19 個號碼很快就「各歸其主」了。

　　下午 2：25，最激動人心的時刻到了！拍賣師宣布：號碼 88888888 即將開拍。這時，整個會場氣氛達到了沸點，大家都註視著主席臺上的拍賣師。「88,888 元！」拍賣師剛響亮地喊出起拍價，立馬就有競拍者喊出了「50 萬元」的價格。「88 萬」、「100 萬」、「120 萬」、「138 萬」……價格一路飆升！15 號四川航空和 195 號元亨集團展開了激烈角逐。150 萬元、158 萬元……雙方都不甘示弱，不少激動的參會者直接站在了椅子上。當四川航空喊出 168 萬元時，185 號永亨實業突然殺出，價格競爭進入了白熱化，三企業的競拍代表個個爭得面紅耳赤。當價格漲到 230 萬元時，四川航空好像沒動靜了，這時在場的人

紛紛高喊「川航，雄起！川航，雄起！……」。「233萬！」川航給出了更高的價格！「233萬第一次，233萬第二次……233萬第三次！」2：40，拍賣師一錘定音，「233萬！」現場響起了雷鳴般的掌聲。「8個8」拍賣歷時15分鐘，平均每分鐘價格上漲12.2萬元！此次拍賣會的100個電話特號一舉拍出了700多萬元。

對於這次拍賣的價格，成都電信總經理趙強告訴記者，「此前預計也就四五百萬元，但沒想到會超過700萬元。『8個8』我們開始的預計也就100萬以上，但沒料到最後會拍到233萬元。」趙強對這次拍賣非常滿意。

作為這次特別拍賣號碼的拍賣師，博雅拍賣公司總經理冷黛表示，如此大場面的拍賣在成都本身就比較少見，如此火爆的局面更是大大出乎意料。這樣的場面就從全國來說，也是比較罕見的。「8個8」的賣價也大大出乎預料。

問題：為什麼特號「8個8」能夠以超過起拍價近三十倍的價格成交？

資料來源：中國通信網，http://www.c114.net/news/104/a89847.html。

現代企業的市場行銷活動，不但要求企業能夠生產出適銷對路的產品，制定出有競爭力的價格，建立高效的分銷渠道，而且要善於通過促銷和推廣活動與目標顧客溝通信息、塑造形象，擴大產品的銷售。

第一節　促銷概述

企業置身於一個複雜的市場信息溝通系統之中，人們一般不會購買從來沒有聽說過的產品。企業要將信息傳遞給中間商、消費者和公眾，中間商也要與其顧客及各種社會公眾保持信息溝通，同時，各組織、群體又要對來自其他群體的信息給予處理和反饋——整個系統中各個個體之間頻繁而活躍地進行著信息交流。為了科學合理地開展促銷活動，我們有必要瞭解信息溝通的模式。

一、信息溝通過程

信息溝通過程主要由九個要素構成（如圖6.1），其中兩個要素表示溝通的主要參與者——發送者和接受者，兩個要素表示溝通的主要工具——信息和媒體，四個要素表示溝通的主要職能——編碼、解碼、反應和反饋，最後一個要素表示系統中存在的噪音。圖6.1以九陽豆漿機為例說明這些要素的含義。

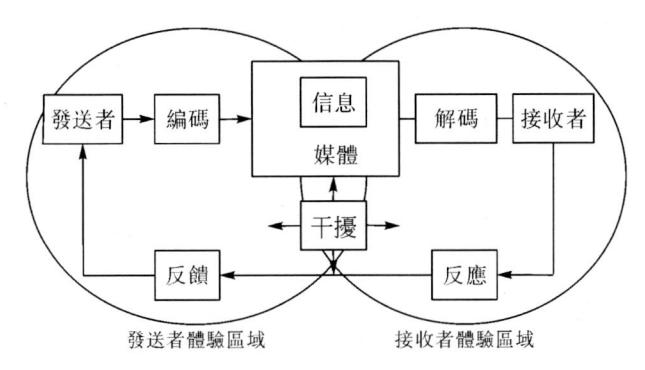

圖 6.1　信息溝通過程

（1）發送者：將信息傳達給另一方的主體——九陽公司。

（2）編碼：將想法以形象的內容表達出來的過程——九陽公司的廣告策劃機構將文字和圖案組合到廣告中去，以傳達預想的信息。

（3）信息：即發送者傳達的一系列形象內容——九陽豆漿機廣告。

（4）媒體：將信息從發送者傳到接收者所經過的渠道或途徑——九陽公司選擇的電視廣告。

（5）解碼：信息接收者對發送者所傳信號進行解釋的過程——消費者觀看九陽豆漿機廣告，然後解釋其中的圖像和語言意義。

（6）接收者：接收信息的一方實體——觀看九陽豆漿機廣告的消費者。

（7）反應：接收者在受該信息影響後採取的有關行動——各種可能的反應，如目標顧客看到廣告以後，決定購買九陽豆漿機。

（8）反饋：接受者在回應中返回給信息發送者的一部分信息——消費者觀看廣告或購買產品後，積極向九陽公司提出對廣告或產品的意見和要求；或是九陽公司通過市場調研，收集到的顧客反應。

（9）噪音：在信息溝通過程中發生的意外干擾和失真，導致接收者收到的信息與發送者發出的信息不同，使消費者受到干擾，在看電視時誤解或錯過了九陽豆漿機公司的廣告或關鍵點。

企業要生產適銷對路的產品，就必須瞭解消費者的需求、習慣和偏好，同時還要輔以良好的信息溝通。

二、促銷的含義

促銷（Promotion）是促進產品銷售的簡稱。從市場行銷的角度看，促銷是企業通過人員和非人員的方式，溝通企業與消費者之間的信息，引發、刺激消費者的消費慾望和興趣，使其產生購買行為的活動。從這個概念不難看出，促銷具有以下幾層含義：

第六章　促銷及推廣策略　113

（一）促銷工作的核心是溝通信息

企業與消費者之間達成交易的基本條件是信息溝通。若企業未將自己生產或經營的產品和勞務等有關信息傳遞給消費者，消費者對此則一無所知，自然談不上購買。只有將企業提供的產品或勞務等信息傳遞給消費者，引起消費者注意，才有可能產生購買慾望。

（二）促銷的目的是引發、刺激消費者產生購買行為

在消費者可支配收入既定的條件下，消費者是否產生購買行為主要取決於消費者的購買慾望。消費者購買慾望又與外界的刺激、誘導密不可分。促銷正是針對這一特點，通過各種傳播方式把產品或勞務等有關信息傳遞給消費者，以激發其購買慾望，使其產生購買行為。

（三）促銷的方式有人員促銷和非人員促銷兩類

人員促銷，也稱人員推銷，是企業運用推銷人員向消費者推銷商品或勞務的一種促銷活動。它主要適合於消費者數量少、分佈集中的情況。非人員促銷，又稱間接促銷或非人員推銷，是企業通過一定的媒體傳遞產品或勞務等有關信息，以促使消費者產生購買慾望、發生購買行為的一系列促銷活動，包括廣告、公關和營業推廣等。它適合於消費者數量多、分佈廣的情況。一般情況下，企業在促銷活動中將人員促銷和非人員銷結合運用。

三、促銷的作用

促銷在企業行銷活動中是不可缺少的環節，也是市場行銷組合的要素之一，因為促銷具有以下作用：

（一）傳遞信息，提供情報

商品交換是市場行銷活動的核心，信息傳遞是產品順利銷售的保證。信息傳遞有單向和雙向之分。單向信息傳遞是指賣方發出信息，買方接收，它是間接促銷的主要功能。雙向信息傳遞是買賣雙方互通信息，雙方都是信息的發出者和接受者，直接促銷有此功效。在促銷過程中，一方面，賣方（企業或中間商）向買方（中間商或消費者）介紹有關企業現狀、產品特點、價格及服務和內容等信息，以此來誘導消費者對產品或勞務產生需求慾望並採取購買行為；另一方面，買方向賣方反饋對產品價格、質量和服務內容、方式是否滿意等有關信息，促使生產者、經營者取長補短，更好地滿足消費者的需求。

（二）突出特點，誘導需求

在市場上同類商品很多，並且有些商品差別細微，消費者往往不易分辨。企業通過促銷活動，宣傳、說明本企業產品有別於其他同類競爭產品之處，便於消費者瞭解本企業產品在哪些方面優於同類產品，使消費者認識到購買、消費本企業產品所帶來的利益較大，從而樂於認購本企業產品。生產者作為賣方向買方提供有關信息，特別是能夠突出產品特點的信息，能激發消費者的需求慾望，變潛在需求為現實需求。

(三) 指導消費，擴大銷售

在促銷活動中，行銷者循循善誘地介紹產品知識，一定程度上對消費者起到了教育指導作用，從而有利於激發消費者的購買慾望，變潛在需求為現實需求，實現擴大銷售之功效。

(四) 形成偏愛，穩定銷售

在激烈的市場競爭中，企業產品的市場地位通常並不穩定，致使有些企業的產品銷售波動較大。企業運用適當的促銷方式，開展促銷活動，可使較多的消費者對本企業的產品產生偏愛，進而鞏固已占領的市場，達到穩定銷售的目的。

四、促銷組合及其影響因素

(一) 促銷組合

促銷組合是指企業對人員推銷、廣告宣傳、公共關係和營業推廣等各種促銷方式進行選擇、搭配及其運用，使其成為一個有機的整體，發揮整體功能。各種促銷方式的優缺點見表6.1。

表6.1　　　　　　　　　　各種促銷方式的優缺點

促銷方式	優點	缺點
人員推銷	直接溝通信息，及時反饋，可當面促成交易	占用人員多，費用高，接觸面窄
廣告宣傳	傳播面廣，形象生動，節省人力	只能針對一般消費者，難以立即促成交易
公共關係	影響面廣，信任程度高，可提高企業知名度	花費力量較大，效果難以控制
營業推廣	吸引力大，激發購買慾望，可促成消費者當即採取購買行動	接觸面窄，有局限性，有時會降低商品的心理價值

(二) 影響因素

如今，促銷組合的戰略意義越來越受到企業的重視，企業關注的焦點是如何優化促銷組合的問題。要實現促銷組合的優化必須考慮以下因素的影響：

1. 促銷目標

促銷目標在不同階段的重點不同，如目標為樹立企業形象、提高產品知名度，則促銷重點應放在廣告，同時輔之以公關宣傳；如目標是讓顧客充分瞭解某種產品的性能和使用方法，則印刷廣告、人員推銷或現場展示是好辦法；如促銷目標為在近期內迅速增加銷售，則營業推廣最易立竿見影，並輔以人員推銷和適量的廣告。從整體看，廣告和公關宣傳在顧客購買決策過程的前期階段成本效益最優，因其最大優點為廣而告之；而人員推銷和營業推廣在後期階段更具成效。

2. 市場類型與產品特點

產業市場和消費者市場在顧客數量、購買量和分佈範圍上相差甚遠，各種促銷方式的

效果也不同。一般來說，在產業市場上更多採用人員推銷，而在消費者市場上大量採用廣告。因為產業市場具有技術性強、價格高、批量大、風險大等特性，適宜以人員推銷為主，配合公共關係和營業推廣的組合；反之，消費者市場顧客數量多而分散，通過廣告促銷為主，輔以公共關係和營業推廣的組合。

從產品特點看，技術複雜、單價昂貴的商品適用人員推銷，如生產設備、計算機、高檔化妝品。因為需要懂技術的推銷人員作專門的介紹、演示操作、售後技術保障；另外，價格昂貴才能承擔相對昂貴的人員推銷成本。反之，結構簡單、標準化程度較高、價格低廉的產品適合廣告促銷，如絕大多數消費品。

3.「推」與「拉」的策略

企業促銷活動的策略有「推」與「拉」之分。

「推」策略，即生產企業主要運用人員推銷和營業推廣方式把產品積極推銷給批發商，批發商再積極推銷給零售商，零售商再向顧客推銷。此策略的目的是使中間商產生「利益分享意識」，促使他們向那些打算購買但沒有明確品牌偏好的消費者推薦本企業產品。

「拉」策略，即生產企業首先要依靠廣告、公共關係等促銷方式，引起潛在顧客對該產品的注意，刺激他們產生購買的慾望和行動。當消費者紛紛向中間商指名購買這一商品時，中間商自然會找到生產廠家積極進貨。

4. 產品生命週期所處階段

對處於生命週期不同階段的產品，促銷目標通常有所不同，投入的促銷預算和促銷組合也不同。其促銷組合選擇概括如表 6.2 所示。

表 6.2　　　　　　　　　　產品生命週期不同階段的促銷組合

產品生命週期階段	促銷目的	成本效應和促銷組合
導入期	促使消費者認識、瞭解企業產品	以廣告和公共關係為主，輔以人員推銷和營業推廣
成長期	提高產品知名度	雖以廣告和公共關係為主，但應考慮用人員推銷來部分替代廣告以降低成本
成熟期	保住已有的市場佔有率，增加信譽度	應以營業推廣為主，充分利用降價、贈送等促銷工具，並輔以廣告、公共關係和人員推銷
衰退期	維持消費者對產品的偏愛，保證利潤	人員推銷、公共關係和廣告的效應都降低了，以營業推廣為主

第二節　人員推銷策略

一、人員推銷的概念及特點

人員推銷是企業運用銷售人員直接向顧客推銷商品和勞務的一種促銷活動。在人員推銷活動中，推銷人員、推銷對象和推銷品是三個基本要素。其中前兩者是推銷活動的主體，後者是推銷活動的客體。通過推銷人員與推銷對象之間的接觸、洽談，將推銷品推給推銷對象，從而達成交易，實現既銷售商品，又滿足顧客需求的目的。

人員推銷與非人員推銷相比，既有優點又有缺點，其優點表現在以下四個方面：

（一）信息傳遞的雙向性

人員推銷作為一種信息傳遞形式，具有雙向性。在人員推銷過程中，一方面，推銷人員通過向顧客宣傳介紹推銷品的有關信息，如產品的質量、功能、使用、安裝、維修、技術服務、價格以及同類產品競爭者的有關情況等，以此來達到招徠顧客、促進產品銷售之目的。另一方面，推銷人員通過與顧客接觸，能及時瞭解顧客對本企業產品的評價，通過觀察和有意識地調查研究，能掌握推銷品的市場生命週期及市場佔有率等情況。這樣不斷地收集信息、反饋信息，為企業制定合理的行銷決策提供依據。

（二）推銷目的的雙重性

一重性是指激發需求與市場調研相結合，二重性是指促進推銷商品與提供服務相結合。就後者而言，一方面，推銷人員施展各種推銷技巧，其目的是推銷商品；另一方面，推銷人員與顧客直接接觸，向顧客提供各種服務，是為了幫助顧客解決問題，滿足顧客的需求。雙重目的相互聯繫、相輔相成。推銷人員只有做好顧客的參謀，更好地實現滿足顧客需求這一目的，才有利於誘發顧客的購買慾望，促成購買，使推銷效果達到最大化。

（三）推銷過程的靈活性

由於推銷人員與顧客直接聯繫，當面洽談，可以通過交談與觀察近距離瞭解顧客，進而根據不同顧客的特點和反應，有針對性地調整自己的方式方法，以適應顧客，誘導顧客購買。而且還可以及時發現、答復和解決顧客提出的問題，消除顧客的疑慮和不滿意。

（四）合作的長期性

推銷人員與顧客直接見面，長期接觸，可以促使買賣雙方建立友誼，密切企業與顧客之間的關係，易於使顧客對企業產品產生偏愛。如此，在長期保持友誼的基礎上開展推銷活動，有助於建立長期的買賣協作關係，穩定地銷售產品。

人員推銷的缺點主要表現在兩個方面：一是費用支出大。每個推銷人員直接接觸的顧客有限，銷售面窄，特別是在市場範圍較大的情況下，人員推銷的開支較多，這就增大了產品銷售成本，一定程度地減弱了產品的競爭力。二是對推銷人員的要求高。人員推銷的

效果直接決定於推銷人員素質的高低。而且，隨著科學技術的發展，新產品層出不窮，對推銷人員的素質要求越來越高。要求推銷人員必須熟悉新產品的特點、功能、使用、保養和維修等知識與技術。要培養和選擇出理想的勝任其職的推銷人員比較困難。

二、推銷人員的素質

人員推銷是一個綜合而複雜的過程。它既是信息溝通過程，也是商品交換過程，又是技術服務過程。推銷人員的素質，決定了人員推銷活動的成敗。推銷人員一般應具備如下素質：

（一）態度熱忱，勇於進取

推銷人員是企業的代表，有為企業推銷產品的職責；同時他們又是顧客的顧問，有為顧客的購買活動當好參謀的義務。企業促銷和顧客購買都離不開推銷人員。因此，推銷人員要具有高度的責任心和使命感，熱愛本職工作，不辭辛苦，積極進取，耐心服務，同顧客建立友誼，這樣才能使推銷工作獲得成功。

（二）求知欲強，知識廣博

廣博的知識是推銷人員做好推銷工作的前提條件。較高素質的推銷員必須有較強的上進心和求知欲，樂於學習。一般說來，推銷員應具備的知識有以下幾個方面：①企業知識。要熟悉企業的歷史及現狀，包括本企業的規模及在同行中的地位、企業的經營特點、經營方針、服務項目、定價方法、交貨方式、付款條件和保管方法等，還要瞭解企業的發展方向。②產品知識。要熟悉產品的性能、用途、價格、使用知識、保養方法以及競爭者的產品情況等。③市場知識。要瞭解目標市場的供求狀況及競爭者的有關情況，熟悉目標市場的環境，包括有關政策、法規等。④心理學知識。要瞭解並掌握消費心理規律，研究顧客心理變化和要求，以便採取相應的方法和技巧。

（三）文明禮貌，善於表達

推銷人員推銷產品的同時也是在推銷自己，這就要求推銷人員要注意推銷禮儀，儀表端莊，舉止適度，談吐文雅，口齒伶俐。在說明主題的前提下，語言要詼諧、幽默，給顧客留下良好的印象，為推銷獲得成功創造條件。

（四）善於應變，技巧嫺熟

市場環境因素多樣且複雜，市場狀況很不穩定。為實現促銷目標，推銷人員必須對各種變化反應靈敏，並有嫺熟的推銷技巧，能對千變萬化的市場環境採用恰當的推銷技巧。推銷人員要能準確地瞭解顧客的有關情況，能為顧客著想，盡可能地解答顧客的疑難問題，並能恰當地選定推銷對象；要善於說服顧客（對不同的顧客採取不同的技巧）；要善於選擇適當的洽談時機，掌握良好的成交機會，並把握易被他人忽視或不易發現的推銷機會。

小連結

被日本人稱為「推銷之神」的原一平，身高僅 1.45 米，可他連續 15 年推銷額居全國第一。他 69 歲時應邀演講，當有人問他成功的秘訣時，他脫掉襪子請人摸他的腳底板：一層厚厚的腳繭。有人問他，在幾十年推銷生涯中是否受過污辱，他回答「我曾十幾次被人從樓梯上踹下來，五十多次手被門夾痛，可我從未受過污辱」。他一天要訪問幾十位客戶，每月用掉 1000 張名片，從未間斷。

資料來源：文義明. 世界上最偉大的推銷大師實戰秘訣［M］. 北京：中國經濟出版社，2011.

三、推銷人員的甄選與培訓

由於推銷人員素質高低直接關係到企業促銷活動的成敗，因此推銷人員的甄選與培訓十分重要。

（一）推銷人員的甄選

甄選推銷人員，不僅要對未從事推銷工作的人員進行甄選，將其中品德端正、作風正派、工作責任心強、勝任推銷工作的人員引入推銷人員的行列，還要對在崗的推銷人員進行甄選，淘汰那些不適合推銷工作的推銷人員。

推銷人員的來源有二：一是來自企業內部。就是把本企業內德才兼備、熱愛並適合推銷工作的人選拔到推銷部門工作。二是從企業外部招聘。企業從大專院校的應屆畢業生、其他企業或單位等群體中物色合格人選。無論哪種來源，都應經過嚴格的考核，擇優錄用。

甄選推銷人員有多種方法，為準確地選出優秀的推銷人才，應根據推銷人員素質的要求，採用申報、筆試和面試相結合的方法。由報名者自己填寫申請，借此掌握報名者的性別、年齡、受教育程度及工作經歷等基本情況；通過筆試和面試，可瞭解報名者的儀表風度、工作態度、知識廣度和深度、語言表達能力、理解能力、分析能力、應變能力等。

（二）推銷人員的培訓

對入選的推銷人員，還需經過培訓才能上崗，使他們學習和掌握有關知識與技能。同時，還要對在崗推銷人員每隔一段時間進行培訓，使其瞭解企業的新產品、新的經營計劃和新的行銷策略，進一步提高素質。培訓內容包括企業知識、產品知識、市場知識、心理學知識和政策法規知識等。

培訓推銷人員的方法很多，常被採用的方法有三種：一是講授培訓。這是一種課堂教學培訓方法，一般是通過舉辦短期培訓班或進修等形式，由專家、教授和有豐富推銷經驗的優秀推銷員來講授基礎理論和專業知識，介紹推銷方法和技巧。二是模擬培訓。它是指受訓人員親自參與的有一定真實感的培訓方法。其具體做法是，由受訓人員扮演推銷人員，向由專家教授或有經驗的優秀推銷員扮演的顧客進行推銷，或由受訓人員分析推銷實

例等。三是實踐培訓。實際上，這是一種崗位練兵。當選的推銷人員直接上崗，與有經驗的推銷人員建立師徒關係，通過傳、幫、帶，使受訓人員逐漸熟悉業務，成為合格的推銷人員。

四、人員推銷的形式、對象及策略

（一）人員推銷的基本形式

一般而言，人員推銷有以下三種基本形式：

1. 上門推銷

上門推銷是最常見的人員推銷形式。它是由推銷人員攜帶產品的樣品、說明書和訂單等走訪顧客，推銷產品。這種推銷形式，可以針對顧客的需要提供有效的服務，方便顧客，故為顧客所廣泛認可和接受。此種形式是一種積極主動的、名副其實的「正宗」推銷形式。

2. 櫃臺推銷

櫃臺推銷又稱門市推銷，是指企業在適當地點設置固定的門市，由營業員接待進入門市的顧客，推銷產品。櫃臺推銷與上門推銷正好相反，它是等客上門式的推銷方式。由於門市裡的產品種類齊全，能滿足顧客多方面的購買要求，為顧客提供較多的購買便利，並且可以保證商品安全無損，因此顧客比較樂於接受這種方式。櫃臺推銷適用於選購品、奢侈品和易損品。

3. 會議推銷

它指的是利用各種會議向與會人員宣傳和介紹產品，開展推銷活動。例如，在訂貨會、交易會、展覽會、物資交流會等會議上推銷產品均屬會議推銷。這種推銷形式接觸面廣，客戶集中，可以同時向多個對象推銷產品，且成交額較大，推銷效果較好。

（二）人員推銷的推銷對象

推銷對象是人員推銷活動中接受推銷的主體，是推銷人員說服的對象。推銷對象有消費者、產業用戶和中間商三類。

1. 向消費者推銷

推銷人員向消費者推銷產品，必須對消費者有所瞭解。為此，要掌握消費者的年齡、性別、民族、職業、宗教信仰等基本情況，進而瞭解消費者的購買慾望、購買能力、購買特點和習慣等，並且要注意消費者的心理反應，對不同的消費者要採用不同的推銷技巧。

2. 向產業用戶推銷

將產品推向產業用戶的必備條件是熟悉產業用戶的有關情況，包括生產規模、人員構成、經營管理水準、產品設計與製作過程以及資金情況等。在此前提下，推銷人員還要善於準確而恰當地說明自己產品的優點，並能對產業用戶使用該產品後所得到的效益作簡要分析，以滿足其需要；同時，推銷人員還應幫助產業用戶解決疑難問題，以取得信任

3. 向中間商推銷

與生產用戶一樣，中間商也對所購商品具有豐富的專門知識，其購買行為也屬於專家型購買，這就需要推銷人員具備相當的業務知識和較高的推銷技巧。在向中間商推銷產品時，首先要瞭解中間商的類型、業務特點、經營規模、經濟實力及其在整個分銷渠道中的地位；其次，應向中間商提供相關信息，給予幫助，建立友誼，擴大銷售。

(三) 人員推銷的基本策略

在人員推銷活動中，一般採用以下三種基本策略：

1. 試探性策略

試探性策略也稱為「刺激—反應」策略。這種策略是在不瞭解顧客的情況下，推銷人員運用刺激性手段引發顧客產生購買行為的策略。推銷人員事先設計好能引起顧客興趣、能刺激顧客購買慾望的推銷語言，通過滲透性交談進行刺激，在交談中觀察顧客的反應，然後根據其反應採取進一步的對策，誘發購買動機，引導產生購買行為。

2. 針對性策略

這是指推銷人員在基本瞭解顧客某些情況的前提下，有針對性地對顧客進行宣傳、介紹，以引起顧客的興趣和好感，從而達到成交的目的。因推銷人員常常在事前已根據顧客的有關情況設計好推銷語言，這與醫生對患者診斷後開處方類似，故針對性策略又稱為「配方—成交」策略。

3. 誘導性策略

這是指推銷人員運用能激起顧客某種需求的說服方法，引導顧客產生購買行為。這種策略是一種創造性推銷策略，它對推銷人員要求較高，要求推銷人員能因勢利導，誘發、喚起顧客的需求，並能不失時機地宣傳介紹和推薦所推銷的產品，以滿足顧客對產品的需求。因此，誘導性策略也可稱為「誘發—滿足」策略。

五、推銷人員的考核與評價

為了加強對推銷人員的管理，企業必須對推銷人員的工作業績進行科學而合理的考核與評價。推銷人員的業績考評結果，既可以作為分配報酬的依據，又可以作為企業人事決策的重要參考指標。

(一) 考評資料的收集

全面、準確地收集考評所需資料是做好考評工作的前提條件。考評資料主要從推銷人員銷售工作報告、企業銷售記錄、顧客及社會公眾的評價以及企業內部員工的意見這四個來源途徑獲得。

1. 推銷人員銷售工作報告

銷售工作報告一般包括銷售活動計劃和銷售績效報告兩部分。銷售活動計劃作為指導推銷人員推銷活動的日程安排，可展示推銷人員的區域年度推銷計劃和日常工作計劃的科

學性、合理性。銷售績效報告反應了推銷人員的工作實績，據此可以瞭解銷售情況、費用開支情況、業務流失情況、新業務拓展情況等許多推銷績效。

2．企業銷售記錄

企業的銷售記錄包括顧客交易記錄、區域銷售記錄、銷售費用支出的時間和數額等信息，是考評推銷業績的寶貴的基礎性資料。通過對這些資料進行加工、計算和分析，可以得出適宜的評價指標。

3．顧客及社會公眾的評價

推銷人員面向顧客和社會公眾提供各種服務，這就決定了顧客和社會公眾是考評推銷人員服務質量最好的見證人。因此，評估推銷人員理應聽取顧客及社會公眾的意見。通過對顧客投訴和定期客戶調查結果的分析，可以透視出不同的推銷人員在完成推銷工作時，其言行對企業整體形象的影響。

4．企業內部員工的意見

企業內部員工的意見主要是指銷售經理或其他非銷售部門有關人員的意見，此外，銷售人員之間的意見也作為考評時的參考。依據這些資料，可以瞭解有關推銷人員的合作態度和領導才干等方面的信息。

（二）考評標準的建立

考評銷售人員的績效，科學而合理的標準是不可缺少的。績效考評標準的確定，既要遵循基本標準的一致性，又要堅持推銷人員所在區域市場拓展潛力等方面的差異性，不能一概而論。當然，績效考核的總體標準應與銷售增長、利潤增加和企業發展目標相一致。

制定公平而富有激勵作用的績效考評標準，客觀上需要企業管理人員根據過去的經驗，結合推銷人員的個人行為來綜合制定，並且需要在實踐中不斷加以修正與完善。常用的推銷人員績效考核指標主要有：銷售量、毛利、訪問率（每天的訪問次數）、訪問成功率、平均訂單數目、銷售費用及費用率。

第三節　廣告策略

從市場行銷的角度來說，廣告指的是生產經營者付出一定的費用，通過特定的媒體傳播產品或勞務的信息，以促進銷售為主要目的的活動。廣告具有覆蓋面廣、可選形式多、承載的信息量大、受眾接受能力強、可以對受眾進行反覆刺激、可實現多種促銷目的等優點，因而是一種非常重要的促銷工具。但是，廣告的費用一般比較高，操作過程也比較複雜。為了有效地運用廣告這一促銷工具，就需要瞭解廣告的分類、廣告的策劃過程以及廣告效果評估等方面的知識。

一、廣告的分類

廣告可分為以下幾種基本類型：

（一）按照廣告覆蓋的範圍分類

1. 全國性廣告

全國性廣告是指選用全國性傳播媒體如全國性報紙、雜誌、電臺、電視臺進行的廣告宣傳，其範圍覆蓋與影響都比較大。

2. 區域性廣告

區域性廣告是指選用區域性傳播媒體如地方報紙、雜誌、電臺、電視臺開展的廣告宣傳，這種廣告的傳播範圍僅限於一定的區域內。

（二）按照廣告使用的媒體分類

1. 視聽廣告

視聽廣告包括廣播廣告、電視廣告、互聯網廣告等。

2. 印刷廣告

印刷廣告包括報紙廣告、雜誌廣告和其他印刷品廣告等。

3. 戶外廣告

戶外廣告包括路牌廣告、招貼廣告、交通工具及設施上的廣告以及布置在文體活動場所的廣告等。

4. 銷售現場廣告

銷售現場廣告包括企業在銷售現場設置的櫥窗廣告、招牌廣告、牆面廣告、櫃臺廣告、貨架廣告等。

（三）按照廣告的目的分類

1. 產品廣告

產品廣告以教育性和知識性的文字、聲音、圖像等向消費者介紹產品，使消費者瞭解商品的性能、用途、價格等情況，使他們對產品產生初步需求。這種廣告不進行直接的購買勸導，主要是通過客觀報導式的介紹引起消費者對某種產品的注意，使其產生消費需求與購買慾望。

2. 品牌廣告

品牌廣告在宣傳中突出本企業產品的特色，強調本產品在同類產品中所具有的優勢，指出本企業產品能給消費者帶來的特殊利益，加深消費者對產品品牌的瞭解，以便樹立良好的品牌形象，對市場消費起到品牌引導的作用。

3. 企業廣告

企業廣告一般不直接介紹商品，而是通過宣傳企業的宗旨與成就，介紹企業的發展歷史，或以企業名義進行公益宣傳，以便提高企業的聲譽，在消費者心目中樹立良好的企業形象。

4. 提示廣告

提示廣告主要用來重複購買、強化習慣性消費，一般適用於那些消費者已經有購買習

慣或使用習慣的日常生活用品。

（四）按照廣告的對象分類

1. 消費者廣告

消費者廣告即面向廣大消費者的廣告，在各類廣告中所占比例較大。

2. 產業用品廣告和商業批發廣告

產業用品廣告和商業批發廣告即針對生產企業、商業批發企業或零售企業的廣告。

3. 專業廣告

專業廣告即針對教師、醫生、律師、建築師或會計師專業工作人員的廣告。

二、廣告策劃

廣告策劃是為了用較低的廣告費用取得較好的促銷效果。廣告策劃工作，包括分析廣告機會、確定廣告目標、形成廣告內容、選擇廣告媒體以及確定廣告預算等內容。

（一）分析廣告機會

進行廣告促銷，首先要解決針對哪些消費者做廣告以及在什麼樣的時機做廣告等問題。為此就必須搜集並分析有關方面的情況，如消費者情況、競爭者實力、市場需求變化、環境發展動態等，然後根據企業的行銷目標和產品特點，找出廣告的最佳切入時機，做好廣告的受眾定位，為開展有效的廣告促銷活動奠定基礎。

（二）確定廣告目標

確定廣告目標就是根據促銷的總體目標，依據現實需要，明確廣告宣傳要解決的具體問題，以指導廣告促銷活動的進行。廣告促銷的具體目標，可以包括使消費者瞭解企業的新產品、促進購買、增加銷售或提高產品與企業的美譽度以便形成品牌偏好等。

（三）形成廣告內容

廣告的具體內容應根據廣告目標、媒體的信息可容量來加以確定。一般來說應包括以下三個方面：

1. 產品信息

這主要包括產品名稱、技術指標、銷售地點、銷售價格、銷售方式以及國家規定必須說明的情況等。

2. 企業信息

這主要包括企業名稱、發展歷史、企業聲譽、生產經營能力以及聯繫方式等。

3. 服務信息

這主要包括產品保證、技術諮詢、結算方式、零配件供應、維修網點分佈以及其他服務信息。

（四）選擇廣告媒體

廣告信息需要通過一定的媒體才能有效地傳播出去，然而不同的媒體在廣告內容承載

力、覆蓋面、送達率、展露頻率、權威性以及費用等方面各有差異，因此正確地選擇媒體是廣告策劃過程中一項非常重要的工作。

1. 廣告媒體的特性

企業的廣告策劃人員在選擇廣告媒體時必須瞭解各種媒體的特性。廣告可以選擇的傳播體及其特性的有關情況如下：

（1）印刷媒體。印刷媒體指的是報紙、雜誌等印刷出版物，這類媒介是廣告最普遍的承載工具。報紙的優點是：信息傳遞及時、讀者廣泛穩定、可信度比較高；刊登日期和版面的可選度較高、便於對廣告內容進行較詳細的說明；便於保存、製作簡便、費用較低。報紙的局限性是：時效短、傳閱率低；印刷簡單因而不夠形象和生動，感染力較差。雜誌的優點是：讀者對象比較確定、易於送達特定的群體；時效長、傳閱率高、便於保存；印刷比較精美、有較強的感染力。雜誌的不足是：廣告信息傳遞前置時間長、信息傳遞的時效性差、有些發行量是無效的。

（2）視聽媒體。視聽媒體主要有廣播、電視、互聯網等。廣播的優點是：覆蓋面廣、傳遞迅速、展露頻率高；可選擇適當的地區和對象、成本低。廣播的缺點是：稍縱即逝、保留性差、不宜查詢；受頻道限制缺少選擇性、直觀性與形象性較差、吸引力與感染力較弱。電視的優點是：覆蓋面廣、傳播速度快、送達率高；生動直觀、易於接受、感染力強。電視的不足是：展露信息瞬間即逝、保留性不強；對觀眾的選擇性差，絕對成本高。

（3）戶外媒體。戶外媒體包括招牌、廣告牌、交通工具、霓虹燈等。戶外媒體的優點是：比較靈活、展露重複性強、成本低、競爭少。戶外媒體的缺點是：不能選擇對象、傳播面窄，信息容量小、動態化受到限制。

（4）郵寄媒體。郵寄媒體的優點是：廣告對象明確而且具有靈活性、便於提供全面信息；隱蔽性強，競爭對手不易察覺。郵寄媒體的局限性是：時效性較差、成本比較高、容易出現濫寄的現象。

2. 廣告媒體的選擇

企業媒體策劃人員在選擇媒體時需要綜合考慮以下因素：

（1）產品特性。不同的產品在形式、性能、用途、使用者等方面各不相同，不同的媒體在說明能力、展示能力、可信度等方面也不一樣，因此應根據產品特性選擇廣告媒體。例如，服裝、化妝品、食品等產品最好採用電視、印刷圖片等有色彩表現力的媒體，以便生動地展示其色彩和形象，提高廣告宣傳的感染力；新產品、科技含量高的產品，則可以利用報刊、郵寄廣告等媒體，以便詳細說明產品特點。

（2）媒體的傳播範圍。一般來說，媒體的傳播範圍應當與企業的目標市場範圍大體一致，以便使廣告信息能夠有效地覆蓋傳播對象。例如，產品是銷往全國的，就應該在全國性媒體上做廣告；產品是銷往某一地區的，便可以選用地方性媒體做廣告。

（3）廣告目標與內容。廣告的目標和內容也影響著對媒體的選擇。例如，以營業推

廣、促進購買為目標的廣告，其內容則注重於銷售宣傳，要求選擇大眾化、傳播速度快、瞬時印象深的媒體，以利用電視、廣播等媒體為宜；以提高產品認知度為目標的廣告、在內容中含有大量的技術資料的廣告，則利用報紙、雜誌等媒體為宜。

（4）媒體成本。不同的廣告媒體收費情況是不一樣的，企業應力求以最少的廣告支出，獲得最大的宣傳效果。因此，企業在選擇廣告媒體時應根據自身的經濟承受能力，對廣告成本與廣告效果進行測算，然後再進行決策。

（五）制定廣告預算

為了實現成本與效果的最佳結合，以較低的廣告成本達到預定的廣告目標，企業就必須進行合理的廣告預算。一般來講，企業確定廣告預算的方法主要有以下四種。

1. 銷售百分比法

銷售百分比法，就是企業按照銷售額（一定時期的銷售額）或單位產品售價的一定百分比來計算和決定廣告開支。

這種方法的優點是：簡單方便、易於計算；有利於保持競爭的相對穩定，因為只要各競爭企業都默契地同意讓其廣告預算隨著銷售額的某一百分比而變動，就可以避免廣告戰。這種方法的缺點是：可能導致廣告預算隨每年銷售額的波動而增減，從而與廣告長期方案相抵觸；從總體看固定比率的選擇具有主觀隨意性，從局部看不是根據不同的產品或不同的地區確定不同的廣告預算，而是所有的廣告按同一比率分配預算，造成了不合理的平均主義。

2. 量力而行法

量力而行法，就是企業根據財務狀況的可能性來決定廣告開支，即企業在優先分配給其他市場行銷活動經費之後的餘額再供廣告之用。這種方法的主要優點是簡便易行。這種方法的問題在於，企業根據其財力情況來決定廣告開支多少雖然沒有錯，但廣告是企業的一種重要促銷手段，因此企業做廣告預算時不僅要考慮企業能花多少錢做廣告，而且要考慮需要花多少錢做廣告才能完成銷售指標。所以，這種方法存在著一定的缺陷。

3. 目標任務法

目標任務法，就是根據廣告目標來確定廣告開支。目標任務法的應用程序是：①明確廣告目標。②確定為達到廣告目標而必須執行的工作任務。③估算執行各項工作任務所需的各種費用。④匯總各項工作經費，做出廣告預算。

這種方法的優點是能夠把預算和需要密切地結合起來，尤其對新上市產品，可以根據市場變化靈活地決定廣告預算。這種方法的缺點是沒有從成本的觀點出發來考慮某一廣告目標是否值得追求這一問題。為了克服上述不足，企業在使用這一方法確定廣告預算時，應該進行邊際成本與邊際收益分析。

4. 競爭對比法

競爭對比法，就是企業參照競爭者的廣告開支來決定自己的廣告預算。競爭對比廣告

預算有兩種計算方式。

（1）市場佔有率對比法

廣告預算＝競爭者廣告費／（競爭者市場佔有率×本企業預期市場佔有率）

（2）增減百分比法

廣告預算＝競爭者上年度廣告費×（1＋競爭者廣告費增長率）

在廣告競爭激烈、企業間勢均力敵的情況下，為了保持本企業的市場地位，採用這種方法還是比較有效的。但是這種方法也有明顯不足：①難以獲悉競爭者廣告預算的可靠信息，因而可能導致預算依據不合理；②各企業的廣告信譽、資源、機會與目標和競爭者並不完全相同，因而以競爭者的廣告費為基礎確定本企業的廣告預算不一定科學。

三、廣告效果測定

廣告的有效計劃與控制主要基於廣告效果的測定。廣告效果測定包括兩個方面內容：①廣告的促銷效果，即廣告宣傳對企業產品銷售狀況產生的影響，其測定一般在廣告播出之後進行。②廣告的傳播效果，也就是既定的廣告活動對購買者知識、感情與信念的影響程度，其測定在廣告播出之前或播出之後都可進行。

（一）測定廣告促銷效果的方法

一般而言，廣告的促銷效果要比溝通效果難以測定。測定廣告促銷效果的方法主要有以下幾種：

1. 歷史資料分析法

這是一種綜合運用連續性原則、類推性原則與相關性原則。應用迴歸分析法求得企業過去的銷售額與過去的廣告支出兩者之間的關係，進而測定未來的廣告支出可能帶來的銷售額的一種測量方法。

2. 實驗數據分析法

這一方法是通過對銷售額增加幅度與廣告費增加幅度進行實驗對比來測定廣告效果。其應用過程如下：首先選擇幾個不同的產品銷售地區；其次在其中某些地區進行比平均廣告水準強50%的廣告活動，在另一些地區進行比平均水準弱50%的廣告活動；最後通過分析三個不同廣告水準地區的銷售記錄，便可以測定廣告活動的強度對企業銷售的影響程度，同時還可以得出銷售對廣告的反應函數。

3. 銷售業績分析法

這一方法通過分析廣告播出後產品銷售量的變化來測定廣告效果。該方法的計算公式為：

銷售量彈性系數＝（銷售量增長率／廣告費用增長率）×100%

（二）測定廣告傳播效果的方法

測定傳播效果的目的在於分析廣告活動是否達到了預期的信息溝通效果。測定廣告傳

播效果的方法很多，有的用於廣告播出之前，有的用於廣告播出之後。

1. 直接評價法

直接評價法，就是企業或廣告代理人邀請部分消費者或專家，通過填寫問卷對廣告直接進行評價的方法。問卷應包括對廣告的注意強度、閱畢強度、認知強度、情緒強度和行為強度等內容，問卷評分標準的等級可以根據具體情況設定。企業可以參考評價結果改進或淘汰那些效果不好的廣告。

2. 組合測試法

組合測試法，就是企業先給受試者一組試驗用的廣告，不限定閱讀時間，閱讀後要求受試者回憶所看到的廣告，盡其最大能力對每一個細節予以描述。其所得結果可用以判別一個廣告的突出性、期望信息被瞭解的程度。

3. 實驗室測試

實驗室測試，就是通過測定受試者閱讀廣告時的生理反應來評估一個廣告的傳播效果，譬如心跳、血壓、瞳孔、出汗、大腦皮層反應等。該測試目前已經被西方國家的廣告公司用於商業活動。不過這種生理測試一般只能測量廣告引人注意的能力，而無法測出廣告可信度等方面的影響。

4. 認知測試法

這是一種通過瞭解公眾對廣告的認知程度來測試廣告傳播效果的方法。這種方法的程序是，用一定標準選取經常接觸某種廣告媒介的公眾，讓他們敘述媒介上的廣告內容，再根據對廣告內容的認知程度將這些公眾劃分為略觀性讀者、聯想性讀者和深讀性讀者三類，然後計算每類讀者的百分比，最後判斷廣告的傳播效果。

5. 回憶測試法

回憶測試法，就是企業找一些經常接觸某一廣告媒體的受眾，請他們回憶在該媒體上刊播廣告的企業及其產品。回憶方式是請被測試者盡可能回想並復述所有能記得的東西，企業以此作為判斷廣告引人注意和令人記住的效果。

小連結

商業廣告何時能起促銷作用

登廣告者現在面臨的問題仍然是：判斷廣告是否有效的最佳途徑是什麼？一次透澈的評估將會表明，現行的商業廣告中有些是完全無效，有些略為有效，有些則非常有效。

<u>是否有規則可循？</u>

不少公司把電視臺關於廣告的某些「規定」視為既成事實加以接受。其中一些規定有問題，比如，大部分公司認為下列諸點是無可爭辯的：為了增加市場份額，在電視有聲廣告中所占份額必須大於現有的市場份額；要想產生重大影響，至少需要亮相三次；電視廣告多比少好；電視廣告效用持續時間長；等等。

不必從表面價值來接受這些規定。用以評價廣告效應有效的辦法的確存在，並且需要在每一種特定的形勢下對這些和其他的「確定事實」進行仔細的檢驗。我們檢驗了會對廣告產生作用的四種不同因素：市場上的一般商標和種類狀況；廣告要宣傳的商業戰略和目標；新聞媒介的使用；與廣告文字說明有關的一些措施。

對我們來說，其根本問題是弄清楚為什麼有些廣告能起到促銷作用，而有些廣告則起不到這樣的作用。另外，我們還對銷售額的變化和市場份額百分比進行了研究，特別研究了那些使用電視廣告一年以上的商標。

調查結果如下：

——不大有名氣的小商標比已經建立起良好信譽的大商標更容易通過增加廣告播放次數的辦法起到促銷的作用。

——新聞媒介連續定期重播好幾個星期然後停止播放的廣告相對來說不大可能促銷。而改變這種定期播放計劃，大大增加播放次數可能較有效果。

——廣告的集中看來比分散更有利，對新產品來說這更具緊迫性。

——在廣告信息意在改變人們的態度和在廣告文字說明最近發生了變化的情況下，廣告的作用比較大。另外，重要的是要使買主腦海裡的信息保持新穎。我們的研究成果表明，不斷變革帶來的效益很可能大於風險。為證明電視廣告的有效性，廣告的文字說明必須經常改變，保持現狀是相當危險的，因為這樣會使顧客感到乏味。這一點對於名氣較大的信譽較好的商標來說至關重要。

規模不斷擴大的種類或者購買機會較多的種類的商標通過增加電視廣告播放次數起到促銷作用的可能性更大。

就一些已經享有良好信譽的產品而言，我們沒有發現電視商業勸買性廣告等標準的措施與廣告的文字說明與市場銷售之間有很大關聯。

我們的數據資料表明，增加在電視黃金時間插播廣告的次數對新產品來說是非常重要的。

<u>檢驗再檢驗</u>

一項重要的告誡是，我們最初的研究報告表明，銷售變化的不足一般與電視廣告播放次數的變化有關。但是，如果行銷管理人員注意到這一點的話，他們能夠處理好這方面的問題。

一位謹慎的經理應當選擇一些主要的市場來進行試驗，看看減少或者取消電視廣告後市場銷售情況如何。如果在 6~12 個月後，試驗市場的銷售勢頭不減，那麼，經理就會對在整個廣告市場減少廣告播放次數感到有信心。

檢驗也有助於加強銷售能力，數量檢驗結果可以用來爭取猶豫不決的零售商。

就銷售而言，廣告效應是多方面的。成功的關鍵是不斷地進行檢驗。

資料來源：倫納德·洛迪什. 在什麼時候能起到促銷作用 [N]. 金融時報，2001-09-14.

第四節　公共關係策略

一、公共關係的職能

公共關係（Public Relations）簡稱公關，是指一個社會組織評估社會公眾態度，確認與公眾利益相符合的個人或組織的政策與程序，擬訂並執行各種行動方案，達到與公眾建立良好的關係，樹立良好公司形象，處理不利的謠言、傳聞和事件等目的。公共關係用來推廣產品、人物、地點、觀念、活動、組織甚至國家。如行業協會利用公共關係重新激起人們對衰退產品的興趣。公共關係的行動主體是組織，其作用對象是公眾，其作用手段主要是運用信息傳播來達到目的。公共關係當中的組織包括各類企業、政府機關、事業單位、社會團體等。其面對的公眾主要有股東、員工、媒體、政府、社會團體、社區民眾等，企業需要與各類公眾建立良好的關係。公共關係的職能主要表現在以下幾個方面：

（一）**樹立企業良好形象**

在市場經濟條件下，企業形象逐漸成為企業競爭戰略的核心內容。公共關係對於樹立企業特定形象有著獨特的、不能取代的作用。因為廣告和人員推廣，主要是為企業銷售產品服務，其形式主要是自我宣傳，因此，在樹立形象方面所發揮的作用是有限的。而公共關係的作用是為整個企業服務的，不僅僅只是為某個方面的職能服務；其採取的形式是多樣化的，有企業的自我宣傳，也有公眾的口碑傳頌，還有新聞媒介進行的宣傳報導，所以其發揮的作用是廣泛的。

（二）**創造和諧的企業外部環境**

現代社會中企業是一個經濟、技術、文化、心理的複合體。企業的生存和發展離不開和諧的外部環境，維護、協調和發展多邊關係成了每個企業都面臨的課題。通過公關活動，發揮溝通和協調功能，可以幫助企業處理好與銷售網絡中各經銷商、股東、顧客、政府、媒體、社區等的關係，使他們理解和支持本企業的工作，以保持企業在發展過程中的和諧與穩定。

（三）**化解企業面臨的危機**

企業生存在千變萬化的環境之中，隨時可能會面臨危機。這些危機的出現影響企業和產品的形象，像三鹿的毒奶粉事件甚至能摧毀企業。通過公共關係，對有可能影響企業與公眾關係的行為及時提醒和制止，對出現的危機產生原因進行分析，採取辦法化解，使企業度過困難時期。

（四）**增強企業內部凝聚力**

公共關係承擔著協調領導與員工的關係、各部門之間的關係及員工之間的關係，創造良好的內部環境的職責。通過公關活動，進行有效的雙向溝通，使企業上下都同心同德為

企業經營目標的實現而努力，消除可能產生的誤解和隔膜，增強企業員工的自豪感和認同感，使企業成為一個統一的整體。這樣的企業才會在激烈的市場競爭中充滿活力，即使面臨暫時的困境，也會由於強大的凝聚力和高漲的士氣而重整旗鼓，擺脫困境。

(五) 塑造名牌，增加企業銷售

消費者之所以崇尚名牌，其原因既在於它的內在價值，也在於產品的外在延伸。公共關係宣傳把企業的好產品名牌化，整合傳播完整的品牌形象，全方位地提高產品的知名度、美譽度。例如，麥當勞中國第一家分店在深圳開業時，公司就宣布把當天的所有收入全部捐給兒童福利基金。這一舉措深受公眾好評，麥當勞叔叔開朗熱情、樂於助人的形象很快被公眾接受，使深圳麥當勞的營業額一直居於世界各分公司的前列。

(六) 收集信息

公共關係需收集的信息主要有兩大類，即產品形象信息與企業形象信息。產品形象信息包括公眾對產品價格、質量、性能、用途等方面的反應，對於該產品優缺點的評價以及如何改進等方面的建議。企業形象信息包括：①公眾對本企業組織機構的評價；②公眾對企業管理水準的評價；③公眾對企業人員素質的評價；④公眾對企業服務質量的評價。通過公共關係，企業可以及時獲得可靠的社會信息、市場信息、質量反饋信息，為經營決策提供第一手資料，有助於及時開發新產品，提供新服務，不僅可以滿足市場的現有需求，而且可以把握市場的未來發展趨勢，驅動企業不斷增強競爭能力。

二、公共關係的原則

(一) 全優性原則

全優性原則強調企業通過優良的經營管理，為社會提供優質的產品和優良的服務，是公共關係策略實施的基石。全優性原則要求企業必須苦練內功，在抓好企業的生產經營上狠下工夫，認真研究市場，找準消費者的需求，實行全面質量管理，並且重視企業與公眾的關係，重視樹立和維護良好的企業形象。這一原則要求公關部門必須關注企業的生產和經營，必須參與企業經營決策的制定，時時監測企業的經營管理狀況，對不合理的決策提出改進意見，以便企業能夠時時刻刻以高標準要求自己，達到全優管理的水準。

(二) 互利性原則

互利性指通過公共關係使企業與社會公眾在活動中都成為獲益者。公關互利性要求企業必須要把自己看做社會大家庭的一個成員，要承擔起相應的社會責任，時時考慮為社會作貢獻，而不能只充當賺錢機器。要在有利於社會、服務公眾的基礎上取得經濟效益，即在企業效益與社會整體效益一致的前提下求得不斷發展。總之，通過公關活動，使企業、國家、社會、公眾都得到利益，是互利性原則的核心。

(三) 誠實性原則

公共關係必須以誠實的態度傳播真實的信息，這就是誠實性原則。誠實性原則是公共

關係的生命，它要求企業在公關活動中不能用虛偽的態度向公眾傳播不真實的信息，盡力避免經過長期艱苦的努力樹立的良好的企業形象，由於一次的虛假事件而毀於一旦。所以，誠實性原則要求企業的公關活動必須實事求是，公關人員對待公眾必須真誠老實，企業做了錯事要勇於承認錯誤，及時改正，求得公眾諒解，而不能遮遮掩掩，更不能虛假欺騙。

（四）科學性原則

科學性原則要求公共關係人員必須運用多學科的知識，遵循公共關係活動的客觀規律辦事。首先，公關人員要掌握經營管理學科的知識，善於將公共關係活動同企業的經營管理活動緊密結合在一起，使公關活動為企業的經營管理目標服務。其次，公關人員要掌握現代傳播學的知識，運用好各種傳播工具來達到與公眾溝通的目的。再次，公關人員要掌握社會學、心理學、行為科學的知識，研究和掌握各類公眾的心理和行為特點，組織好企業與各類公眾的信息溝通，以達到內求團結、外結友誼、推動企業發展的公關目標。最後，公關人員還要掌握美學、邏輯學、倫理學、語言學、禮儀知識、法律法規等多學科的知識，並善於將它們運用在公關活動中，以提高公關活動的效果。

（五）持久性原則

俗話說：「冰凍三尺，非一日之寒。」良好的公眾關係，良好的企業形象，都不是一朝一夕就能建立起來的，而是要長期持久地進行公共關係活動，才能培養出來。持久性原則一是要求企業的公關活動要在有計劃、有目標的基礎上長期不斷、持續不懈地開展；二是要求企業以始終如一的態度悉心維護與公眾的關係，而不能時冷時熱，需要時拿起來，不需要時擱置一邊；三是要求企業要對公關活動經常進行檢討，對不合適的目標、政策和策略及時進行調整。

（六）全員性原則

企業形象是通過企業所有人員的集體行為表現出來的，它是企業內個人形象的總和。企業的公共關係不僅要靠公關部門和公關人員的努力，還離不開企業各部門的密切配合和全體員工的共同關心和參與。全員公關原則即要求企業全體成員都要樹立公關意識，共同關注和參與公關工作。

三、公共關係的工具

公共關係活動需要借助於一些工具。

（一）新聞

新聞對公眾的影響力要比廣告、人員推銷等自我宣傳形式大得多。所以，它是公共關係最為重要的工具。在公關活動中，利用新聞可從以下方面著手：

（1）召開新聞發布會和記者招待會，向新聞界通報企業情況，吸引公眾對企業產品與企業本身的注意。

（2）定期邀請新聞記者參觀企業，為其採訪提供方便。「百聞不如一見」，新聞記者如能親自參觀企業，往往可以發掘出許多可供報導的新聞素材。

（3）企業人員撰寫新聞稿件寄給新聞單位，供其採用發表。將企業有意義的活動和事件報導給新聞單位，提高稿件的採用率。

（4）製造新聞，吸引新聞媒介的注意。這種方法難度較高，屬於高級公關藝術。因為創造新聞素材需要抓準時機，隨機應變，並且往往需要資金方面的支持。例如，養生堂有限公司為了支持中國的申奧活動，決定每賣出一瓶農夫山泉為申奧捐出一分錢，各大媒體紛紛報導，為養生堂樹立了良好的企業形象。

以上利用新聞的方法，都要求公關人員掌握新聞的知識和規律，並且要和新聞界保持良好的聯繫，甚至要與重要媒體的記者和編輯有良好的個人關係。只有這樣，企業才能獲得較多較好的新聞報導。

（二）廣告

這裡的廣告特指在公關活動中利用廣告形式來樹立良好的企業形象，或向公眾傳播必要的信息。公關中的廣告歸納起來大致有下述六種類型：

1. 形象廣告

這是指以樹立企業形象為目的的廣告。該類廣告一般採用抽象式（寓意式）廣告，把企業宗旨、企業精神通過精巧的藝術構思表現出來。例如上海通用汽車公司在中國的第一則形象廣告：氣勢磅礡的電視畫面中，配合著雄壯的音樂，一個個強悍的古銅色青年男子，在褐色荒原齊心協力推著一個巨大無比的金屬球上山。金屬球上顯現出別克標誌。鏗鏘有力的男聲旁白揭示：「它不只是一部車，它是一種精神！以當代精神造別克，來自上海通用汽車。」其意念非常明確，即上海通用汽車的信念、決心與團隊精神，推動中國汽車工業的發展，在中國製造世界品質的轎車，體現使命感、責任感與開拓精神。

2. 聲明廣告

這是指在緊急情況下表明企業對某些事件的立場、態度的廣告。它通常適用於兩種情況：

（1）對企業不利的事件，但企業自身並無過錯。如出現假冒本企業商標的偽劣產品引起消費者的投訴或控告，本企業的專利權被非法侵犯，某些競爭對手惡意中傷、造謠誣蔑，新聞媒介的失實報導等，都需要利用聲明廣告表明本企業立場，以正視聽。

（2）一些重要的必須使公眾迅速知曉的事件和消息。例如，企業更名、遷移、更換商標和包裝、清理債權債務等，也需要發布聲明廣告。

3. 致歉廣告

由於企業自身原因引起危機事件時，向公眾表示歉意，以取得公眾諒解和好感的廣告。例如，本企業產品質量問題，引起消費者投訴；本企業員工對待顧客服務態度不好，引起顧客不滿等。這類危機事件通常都是以公眾來信、新聞報導等形式在新聞媒體上披

露，給企業聲譽帶來不利的影響。企業如果不理不睬，或是以不真誠的態度甚至是否認或抵賴的手法來處理這些危機事件，將會給企業帶來滅頂之災。所以，利用致歉廣告承認錯誤，以真誠的態度和有效的改正措施取得公眾諒解，不但無損企業的形象，反而會使公眾對企業產生好感，變不利為有利。

4. 祝賀廣告

這是指在與本企業有密切關係的企業或單位舉辦重大活動時表示祝賀的廣告。

5. 活動廣告

這是指為配合企業所開展的各項公關活動而發布的廣告。例如，開展消費者意見徵詢活動、企業進行各種慶典活動時，圍繞著這些活動進行的大規模的廣告宣傳。使公眾踴躍參加，提高企業的知名度和影響範圍，是這種廣告的主要目的。

6. 公益廣告

企業為獲取公眾好感、表現社會責任而進行的有關維護社會公共利益的廣告宣傳。其具體形式有兩種：一種是利用大眾傳媒播出由企業出資的公益廣告，另一種是由企業出資設立各種公益廣告物或是向社會舉辦的各種公益活動提供印有本企業名稱的各種實物用品。

(三) 演講

通過企業領導或發言人的演講，可以讓公眾瞭解企業的態度與立場，以及企業已經或將要實施的行動。但需要注意：一是演講人要掌握演講的技巧和藝術；二是演講不能信口開河，以免弄巧成拙，損害企業形象。所以，公關人員要負責精心準備演講稿或演講提綱。

(四) 事件

事件是企業特意安排和準備的，目的在於吸引新聞媒介和公眾注意的事情或活動。可以通過以下方式進行：

1. 巧抓事件

通過一些與本企業及其產品（服務）有關聯的消息，採取某些措施，使公眾關注該事件，利用公眾對該事件的注意和興趣，提高本企業的知名度和好感度。例如，過去某電視機廠從華東某城市晚報看到，該市某居民住房不慎失火，消防隊用水撲滅大火，該居民找回了先遭火燒、又遭水澆的電視機，通電後電視機運行正常，這臺電視正是該廠的產品。該廠立即派人帶著一臺新電視機趕赴該市，找到了那位居民，無償地為他更換了電視機，將舊電視機帶回工廠陳列。該廠的做法引起了該市新聞媒介對這一事件的關注和報導，也引起了該市居民對該廠產品的興趣和讚賞，既提高了企業和產品的知名度，又擴大了產品的銷售量。

2. 製造事件

這是指由企業構思某題材，並將其發展成為事件來達到引起公眾關注，提高企業知名

度，樹立企業形象的目的。製造事件與巧抓事件相仿，其難度更高。南京熊貓電子集團發起的，倡議全國使用「熊貓」作為商標或企業名稱的企業參加的「拯救中華國寶大熊貓行動」是比較成功的一例。

(五) 公益活動

這是指企業投入一定的精力、金錢和時間用在一些有益於社會的公共事業、慈善事業、福利事業方面，以體現企業的社會責任，從而增加公眾的好感，提高企業的知名度。投入社會公益服務活動，一方面表現了企業高度的社會責任感；另一方面，公眾透過這些活動，對企業增加了瞭解，產生了好感，從而樹立良好的企業形象，促進企業產品的銷售。所以，它是一種雙向的公共關係活動，而並不是只有投入，沒有回報，企業應該重視和積極參與這類活動。如「希望工程」活動，有許多企業參加；惠澤於廣大女童的「春蕾計劃」活動，企業也紛紛投身其中。

(六) 書面資料

這是指編寫製作各種書面資料，向各類公眾廣泛宣傳，以加深其對企業及產品（服務）的瞭解，影響其觀念和態度，增加對企業的好感。各種書面資料包括：年度業績報告、小冊子、文章、書籍、畫冊、企業報紙和刊物等。在運用書面資料工具時：一是要注意在編寫製作時，必須實事求是，萬萬不可弄虛作假，欺騙公眾；二是要根據各類對象的特點有選擇地寄送資料。

(七) 視聽資料

視聽資料，指用在各種公共場合播放電影、錄像、幻燈、錄音、多媒體和 CD 光盤等信息載體，其傳播效果比書面資料要形象生動，但成本也比較高。企業可以精心製作一批用於公關宣傳的視聽資料，用於公眾場合播放。

(八) 企業形象識別媒體

這是指公關部門參與企業 CI 戰略決策，充分利用企業形象識別系統，體現和傳播良好的企業形象。CI 戰略把廣告宣傳、公共關係、人員推廣以及企業的產品包裝、交通工具、建築物、服裝、名片、商業信函、宣傳品等一切信息傳播形式和傳播媒體都納入總體設計的範圍，為樹立良好的企業形象服務。公關部門一是要積極參與 CI 戰略決策的制定，參與企業視覺形象識別系統的設計；二是要積極參與 CI 戰略的具體實施；三是在各種公共關係工具的運用中，要服從企業 CI 戰略的要求，使企業形象統一化。

第五節　營業推廣策略

營業推廣 (Sales Promotion)，又稱銷售促進，它是指企業運用各種短期誘因鼓勵消費者和中間商購買、經銷或代理企業產品或服務的促銷活動。營業推廣是與人員推銷、廣告、公共關係相並列的四種促銷方式之一，是構成促銷組合的一個重要方面。

一、營業推廣概述

(一) 營業推廣的特點

營業推廣是人員推銷、廣告和公共關係以外的能夠刺激需求、擴大銷售的各種促銷活動。概括說來，營業推廣有如下特點：

1. 營業推廣促銷效果顯著

在開展營業推廣活動中，可選用的方式多種多樣。一般說來，只要能選擇合理的營業推廣方式，就會很快地收到明顯的增銷效果，而不像廣告和公共關係那樣需要一個較長的時期才能見效。因此，營業推廣適合於在一定時期、一定任務的短期性促銷活動中使用。

2. 營業推廣是一種輔助性促銷方式

人員推銷、廣告和公關都是常規性的促銷方式，而多數營業推廣方式則是非正規性和非經常性的，只能是前者的補充方式。使用營業推廣方式開展促銷活動，雖能在短期內取得明顯的效果，但它一般不能單獨使用，常常需要配合其他促銷方式使用。一般而言，營業推廣方式的運用能使與其配合的促銷方式更好地發揮作用。

3. 營業推廣有貶低產品之嫌

採用營業推廣方式促銷，迫使顧客產生「機不可失、時不再來」之感，進而能打破消費者需求動機的衰變和購買行為的惰性。不過，營業推廣的一些做法也常使顧客認為賣者有急於拋售的意圖。若頻繁使用或使用不當，往往會引起顧客對產品質量、價格產生懷疑。因此，企業在開展營業推廣活動時，要注意選擇恰當的方式和時機。

二、營業推廣的方式

營業推廣的方式多種多樣，每一個企業不可能全部使用。這就需要企業根據各種方式的特點、促銷目標、目標市場的類型及市場環境等因素選擇適合本企業的營業推廣方式。

(一) 向消費者推廣的方式

向消費者推廣，是為了鼓勵老顧客繼續購買、使用本企業產品，激發新顧客試用本企業產品。其方法主要有：

1. 贈送樣品

向消費者免費贈送樣品，可以鼓勵消費者認購，也可以獲取消費者對產品的反應。樣品贈送，可以有選擇地贈送，也可在商店或鬧市區或附在其他商品中無選擇地贈送。這是介紹、推銷新產品的一種促銷方式，但費用較高，一般適用於低值易耗品。

2. 贈送代金券

代金券作為對某種商品免付一部分價款的證明，持有者在購買本企業產品時免付一部分貨款。代金券可以郵寄，也可附在商品或廣告之中贈送，還可以向購買商品達到一定的數量或數額的顧客贈送。這種形式，有利於刺激消費者使用老產品，也可以鼓勵消費者認

購新產品。

3. 包裝兌現

包裝兌現即採用商品包裝來兌換現金。如收集到若干個某種飲料瓶蓋，可兌換一定數量的現金或實物，借以鼓勵消費者購買該種飲料。這種方式在一定程度上體現了企業的環保低碳理念，有利於樹立良好的企業形象。

4. 提供贈品

對購買價格較高的商品的顧客贈送相關商品（價格相對較低、符合質量標準的商品）有利於刺激高價商品的銷售。

5. 商品展銷

展銷可以集中消費者的注意力和購買力。在展銷期間，質量精良、價格優惠、提供周到服務的商品備受青睞。可以說，參展是難得的營業推廣機會和有效的促銷方式。

除此之外，還有有獎銷售、降價銷售等方式。

（二）向中間商推廣的方式

向中間商推廣，其目的是為了促使中間商積極經銷本企業產品。其方式主要有：

1. 購買折扣

為刺激、鼓勵中間商大批量地購買本企業產品，對中間商第一次購買和購買數量較多的中間商給予一定的折扣優待，購買數量越大，折扣越多。折扣可以直接支付，也可以從付款金額中扣出，還可以贈送商品作為折扣。

2. 資助

這是指生產者為中間商提供陳列商品、支付部分廣告費用和部分運費等補貼或津貼。在這種方式下，中間商陳列本企業產品，企業可免費或低價提供陳列商品；中間商為本企業產品做廣告，生產者可資助一定比例的廣告費用；為刺激距離較遠的中間商經銷本企業產品，可給予一定比例的運費補貼。

3. 經銷獎勵

對經銷本企業產品有突出成績的中間商給予獎勵。這種方式能刺激經銷業績突出者加倍努力，更加積極主動地經銷本企業產品，同時，也有利於誘使其他中間商為多經銷本企業產品而努力，從而促進產品銷售。

三、營業推廣的控制

營業推廣是一種促銷效果比較顯著的促銷方式，倘若使用不當，不但達不到促銷的目的，反而會影響產品銷售，甚至損害企業的形象。因此在運用營業推廣方式促銷時，必須予以控制。

（一）選擇適當的方式

我們知道，營業推廣的方式很多，且各種方式都有其各自的適應性。選擇好營業推廣

方式是促銷獲得成功的關鍵。一般說來，應結合產品的性質、不同方式的特點以及消費者的接受習慣等因素選擇合適的營業推廣方式。

（二）確定合理的期限

控制好營業推廣的時間長短也是取得預期促銷效果的重要一環。推廣的期限，既不能過長，也不宜過短。這是因為時間過長會使消費者感到習以為常，刺激需求的作用減小，甚至會產生疑問或不信任感；時間過短會使部分顧客來不及接受營業推廣的好處，收不到最佳的促銷效果。一般應以消費者的平均購買週期或淡旺季間隔為依據來確定合理的推廣週期。

（三）忌弄虛作假

營業推廣的主要對象是企業的現有和潛在顧客。因此，企業在營業推廣全過程中，一定要堅決杜絕徇私舞弊的短視行為發生。在市場競爭日益激烈的條件下，企業商業信譽是十分重要的競爭優勢，企業沒有理由自毀商譽。本來營業推廣這種促銷方式就有貶低商品之意，如果再不嚴格約束企業行為，那將會產生失去企業長期利益的巨大風險。因此，弄虛作假是營業推廣中的大忌。

（四）注重中後期宣傳

開展營業推廣活動的企業比較注重推廣前期的宣傳，這非常必要。在此基礎上也不應忽視中後期宣傳。在營業推廣活動的中後期，面臨的十分重要的宣傳內容是營業推廣中的企業兌現行為。這是消費者驗證企業推廣行為是否具有可信性的重要信息源。所以，令消費者感到可信的企業兌現行為，一方面有利於喚起消費者的購買慾望，另一方面是可以換來社會公眾對企業良好的口碑，提升企業的形象。

此外，還應注意確定合理的推廣預算，科學測算營業推廣活動的投入產出比。

思考題

1. 信息溝通過程是由哪些要素構成的？
2. 促銷組合的優化考慮的影響因素有哪些？
3. 推銷人員一般應該具有哪些素質？如何才能培養出合格的推銷人員？
4. 企業確定廣告預算的方法主要有哪些？它們各自的優缺點是什麼？
5. 公共關係活動常用的工具有哪些？

參考文獻

[1] 菲利普・科特勒. 行銷管理 [M]. 北京：中國人民大學出版社，2001.

[2] 盧泰宏，朱翊敏. 實效促銷SP [M]. 北京：清華大學出版社，2003.

[3] 林成安. 促銷管理 [M]. 北京：北京工業大學出版社，2004.

［4］李小紅. 市場行銷學［M］. 北京：中國財政經濟出版社，2006.

［5］中國通信網［EB/OL］http：//www.c114.net/news/104/a89847.html.

［6］菲利普·科特勒. 行銷管理［M］. 北京：中國人民大學出版社，2001.

［7］盧泰宏，朱翊敏. 實效促銷SP［M］. 北京：清華大學出版社，2003.

［8］林成安. 促銷管理［M］. 北京：北京工業大學出版社，2004.

［9］李小紅. 市場行銷學［M］. 北京：中國財政經濟出版社，2006.

［10］文義明. 世界上最偉大的推銷大師實戰秘訣［M］. 北京：中國經濟出版社，2011.

第七章
市場競爭戰略

小連結

諾基亞與微軟結盟

2011年2月11日，諾基亞和微軟在倫敦共同宣布將結成戰略合作關係（同盟），諾基亞將放棄Symbian、MeeGo操作系統，攜應用商店、數字地圖等優勢資源投入Windows Phone陣營。

在2010年度，作為目前全球最大的手機製造商、最大的數碼相機生產商，諾基亞在《財富》雜誌全世界最受尊敬企業中排名第41，世界500強公司中排名第120，《商業周刊》全球最有價值品牌評選中排名第8，光是Nokia這個品牌就價值295億美元。轉眼之間，手機老大諾基亞怎麼就淪落為人人哀其不幸、怒其不爭的對象了？

諾基亞的歷史可以追溯到1865年。它原本是一家造木漿的小工廠，直到1982年，才以一款蜂窩式移動電話進入手機製造業。

1992年11月10日，諾基亞推出了全球首款商用和首款量產的GSM手機1011，迎來了發展的春天。作為第二代通信技術GMS的主要開發商，憑藉對產品外觀、性能的重視和物流體系，諾基亞從芬蘭起家，最後成為全球最大通信設備供應商。今天，全球平均每5.7人擁有一部諾基亞手機，一共約有12億部。

十多年過去，諾基亞的行業領先地位沒有遇到什麼像樣的挑戰。頗有威脅的一次挑戰來自中國東南沿海的山寨手機。2005年前後，從這一帶小作坊裡拼裝、仿製的手機，以價格低廉、功能多樣，受到中國以及東南亞、中東地區消費者的追捧，分食全球低端手機市場的份額。他們迫使諾基亞在內的品牌手機廠商不得不降低身段，減小利潤空間。這一波衝擊拉低了諾基亞的利潤，但並沒有把諾基亞拉下馬。

真正推倒諾基亞的則是智能手機時代的快速降臨。其實，作為行業老大，諾基亞早就發現了這一趨勢，只是他們的動作太過遲緩。1986年諾基亞就成立了研究中心，致力於改進和提升諾基亞手機的功能，在同行中走在前列；1998年6月，諾基亞、摩托羅拉、愛立信、三菱和Psion在倫敦共同投資成立Symbian公司，研發手機智能操作系統，迎接3G時代的到來，結果又被Android搶去風頭，因為它免費又開源；2004年，諾基亞就發

布了第一款觸摸屏手機，沒想到卻被半路出家的蘋果攜大觸屏、應用商城一騎絕塵而去。見情況不妙，諾基亞也趕緊上馬了手機應用商店、買下Symbian後也實施了開源，奈何都只是作為追隨者角色。

2006年年底，諾基亞首席執行官兼總裁康培凱預言互聯網與手機的未來將融合在一起，諾基亞要成為「站在這一新時代的前沿，成為真正融合互聯網和移動性的公司」。還沒等諾基亞站到前面去，隔壁隊伍裡的蘋果和谷歌在2005年就有了行動計劃。2007年，蘋果推出了智能手機iPhone，谷歌則拿出了智能手機操作系統Android。

按照市場調研公司甘特納（Gartner）的數據，2010年諾基亞手機的銷量為4.61億部，雖繼續保持了第一的位置，但市場佔有率下滑7.5%。iPhone年銷量達4660萬部，同比增長87.2%，已經排到了第五名。智能手機操作系統方面，Android系統在2010年激增888.8%，晉升為全球第二，而Symbian的市場佔有率滑落至37.6%（最高時60%），兩者的差距只有10%左右。

今天的這兩位主要攪局者，原本都不是做手機的——蘋果是造電腦起家，谷歌則是做搜索引擎出身。就像當年諾基亞成為了GMS先鋒一樣，他們成為智能手機新技術和新市場的領頭羊。蘋果和谷歌的破壞性創新，加快了3G時代的到來，拖著龐大身軀的諾基亞被甩在了後面。

問題：諾基亞能否通過與微軟的結盟重新鞏固行業老大的地位？

資料來源：全球品牌網，http：//www.globrand.com/2011/513792.shtml（有改動）。

競爭是市場經濟的基本特徵。市場競爭迫使企業不斷研究市場，開發新產品，改進生產技術，更新設備，降低經營成本，提高經營效率和管理水準，獲取最佳效益並推動社會的進步。在發達的市場經濟條件下，企業都處於競爭者的重重包圍之中，競爭者的舉動對企業的行銷活動及效果具有決定性的影響。企業必須認真研究競爭者的優勢與劣勢、競爭者的戰略和策略，明確自己在競爭中的地位，有的放矢地制定競爭戰略，才能在激烈的競爭中求得生存和發展。

第一節　競爭因素分析

一、波特的競爭分析模型

一般而言，一個產業的內部競爭激烈程度以及效益水準受到了下面五種競爭力量的共同影響，如圖7.1所示。

通過這種分析，可以對一個產業的競爭環境進行結構性的把握。從企業戰略管理角度出發，一個產業可以視為以基本相同的關鍵活動和關鍵資源，生產相互替代產品的企業群

或企業的經營單位群。實際上，對於產業的範圍，完全可以根據企業競爭的實際情況劃定。當我們區分開了這五種力量時，同時也就確定了一個產業。

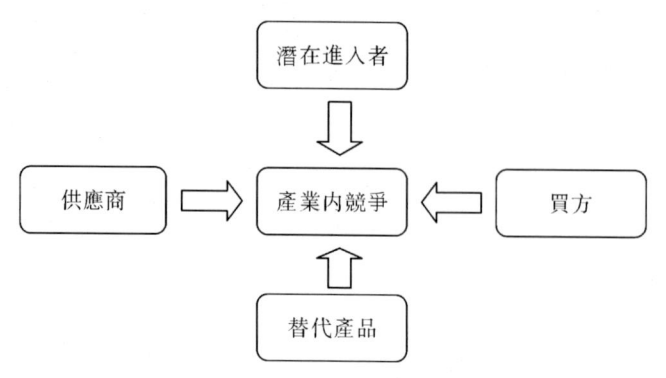

圖7.1　波特的產業結構模型

波特的五種競爭力量分析的要點如圖7.2所示。通過圖7.2，可以對產業競爭環境分析有一個整體的框架性認識。

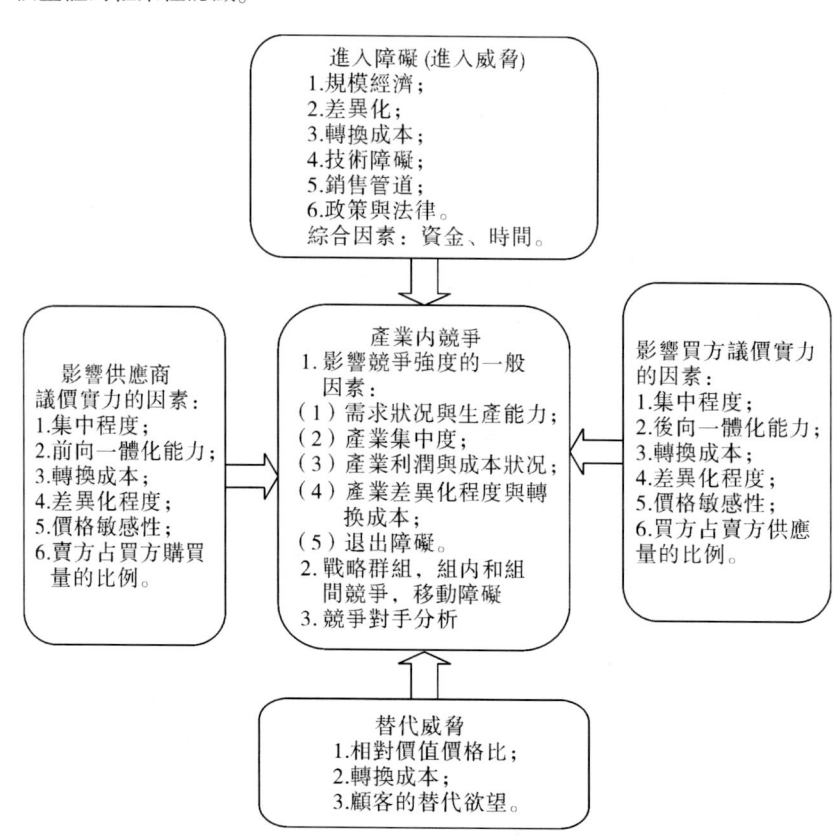

進入障礙(進入威脅)
1. 規模經濟；
2. 差異化；
3. 轉換成本；
4. 技術障礙；
5. 銷售管道；
6. 政策與法律。
綜合因素：資金、時間。

影響供應商議價實力的因素：
1. 集中程度；
2. 前向一體化能力；
3. 轉換成本；
4. 差異化程度；
5. 價格敏感性；
6. 賣方占買方購買量的比例。

產業內競爭
1. 影響競爭強度的一般因素：
(1) 需求狀況與生產能力；
(2) 產業集中度；
(3) 產業利潤與成本狀況；
(4) 產業差異化程度與轉換成本；
(5) 退出障礙。
2. 戰略群組，組內和組間競爭，移動障礙
3. 競爭對手分析

影響買方議價實力的因素：
1. 集中程度；
2. 後向一體化能力；
3. 轉換成本；
4. 差異化程度；
5. 價格敏感性；
6. 買方占賣方供應量的比例。

替代威脅
1. 相對價值價格比；
2. 轉換成本；
3. 顧客的替代欲望。

圖7.2　波特的產業結構五種力量分析要點

波特模型中，每種競爭力量所列舉和分析的因素，是以製造業為基準形成的一般的或通用的因素。具體到某個特定產業，其競爭力量構成因素的重要性是不同的，也可能有一些新的因素。將這些一般因素應用於具體產業的分析，正是波特模型的應用分析過程，也是一個產業競爭環境的具體分析過程。

二、影響競爭力的相關因素

（一）潛在進入者的威脅

產業外潛在進入者的進入威脅受到包括產業進入障礙等多個因素的影響。一個企業在進入新產業領域時，都會遇到這個產業內部競爭力量的抵禦。從產業的外部看，這些力量構成了制約進入該產業的進入障礙。從產業內部看，這些力量是保護產業內部各企業利益的有效屏障。顯然，進入障礙越大，進入的威脅越小，反之則越大。除進入障礙之外，產業的吸引力、產業發展的風險和產業內企業的集體報復可能性等，都影響著進入威脅的大小。

構成產業進入障礙的主要因素包括下面六點。這些內容最終都可以反應到產業的進入資金和進入時間這兩種進入障礙的綜合因素上。

許多構成進入障礙的因素也構成企業間對競爭對手的阻礙因素，或稱為競爭優勢壁壘。因此，對進入障礙的分析，既可以服務於分析產業進入威脅的大小，也可以用於對競爭優勢壁壘的分析和決策。

1. 規模經濟

規模經濟（Economic of Scale）指隨著經營規模的擴大，單位產品成本下降的產業特性。如果產業內的企業都達到了相當的規模，並通過規模經營獲取到明顯的成本優勢，那麼規模經濟就會成為抵禦潛在進入者的制約因素。規模經濟最本質的特性是，隨著企業某項活動規模的增長，其要素成本的增長比例低於規模的增長比例。並非每一個產業都具有這種特性，只有具備這種特性的產業，才能夠通過擴大規模來降低成本。當然，實際上大多數產業都具有規模經濟的特性。特別需要注意的是，規模經濟不僅存在於生產環節，在其他環節，例如採購、銷售等，也可能存在。

2. 差異化程度

差異化的本質是產品或服務所形成的對顧客需求的獨特針對性。企業的品牌、形象、獨特質量和性能、產品組合、服務等，都可能成為差異化的來源。如果產業內部的企業都具有良好的企業形象或較高的品牌知名度，並且這種信譽、形象成為它們吸引顧客的主要力量，這個產業的差異化程度就達到了較高的水準。新進入者為了在這一領域開展經營，必須花費很大的代價來樹立自己的聲望和品牌形象。需要特別注意的是，由差異化所構成的產業進入障礙，往往不僅是大量的資金成本，還包括大量的時間成本。也就是說，產業外的潛在進入者要想進入這種產業，為克服差異化帶來的進入障礙，不僅需要大量的資金

投入，而且需要一定的時間。

3. 轉換成本

轉換成本指顧客為了更換供應商而必須付出的額外費用。比如一個制藥廠，如果不從原供應商那裡購進原料，而改從另一廠家進貨，就必須重新檢驗這些原料的性能、質量。如果生產部門不熟悉新原料的性能，在生產過程中還有可能出一些廢品。所有這些所產生的費用，都構成了轉換成本。廣義地說，顧客為了學會使用新供應商的產品而花費的時間、精力和資金，都屬於轉換成本。

一般而言，供應商對顧客越重要，顧客的轉換成本越高。通常，轉換成本包括以下方面：重新培訓自己的員工所需的成本，新的輔助設備的成本，檢驗考核新購產品所需的時間、風險和成本，需要銷售者提供技術上的幫助，新銷售的產品需要買方重新設計產品或改變使用者的角色，建立新關係、斷絕舊關係的心理代價，回轉成本等。市場實踐證明，轉換成本是一種十分有效的競爭武器。許多企業採用各種方式在顧客身上成功地建立起了轉換成本，從而強化了他們與顧客的聯繫。

4. 技術障礙

在技術障礙中，專利技術是最有效的保護屏障。如寶麗來公司的一次成像技術、皮爾金頓公司的浮法玻璃技術，都是憑藉專利保護來確立自己的領先地位的。

構成技術障礙的另一個重要因素是學習曲線。學習曲線即隨著時間的推移，單位產品成本下降的產業特性。時間的推移也可以表現為累積產量的增加，實際上是企業的學習過程的加深和經驗的累積，因此學習曲線也稱為經驗曲線。學習曲線可以使最早進入某個領域的企業享有特殊的、與規模無關的成本優勢。本質上講，這也是一種技術障礙。在生產活動中，規模經濟取決於某期的產量，而學習曲線則取決於產量（時間）的累積。

5. 對銷售渠道的控制

企業可以通過與銷售商建立密切的合作關係來封鎖新進入者通向市場的通道。雖然這種合作關係本身不具有排他性，但新進入者為了建立起有效的通道，必須以更優惠的商業回扣，或承擔更高的廣告費用等方式打動銷售商，否則新進入者就難以開拓市場。

6. 政策與法律

國家的產業政策或有關的法律也構成了一項重要的進入障礙。

以上構成進入障礙的六種因素，是一般情況下分析產業進入障礙的因素。運用這六種因素，可以針對某個產業的進入障礙進行具體分析。需要注意的是，某個產業的進入障礙可能由上述六種因素構成，也可能只由其中的部分因素構成，甚至只由其中的一兩個因素構成。同時，也不排除有些產業還有其他因素構成產業進入障礙。

進入障礙的高低是由產業特性和企業的競爭行為共同決定的。就其產業特性的確定性而言，每個產業在一定的時期內都有確定的大小，可以給出具體的資金需求和時間需求。但是，進入障礙又不斷地通過產業內企業之間的競爭行為而改變。通常，產業內部的競爭

常常有利於促進進入障礙的形成。

小連結

  商業噴氣飛機產業在全球只有兩家企業，這與巨大的進入障礙直接相關。其進入障礙主要是專有技術、規模經濟和經驗曲線等。原麥道公司的MD—11型是其20世紀80年代引入的新型寬體飛機。其開發和應用耗資15億美元，盈虧點銷售量為200架，需要占此種類型飛機1990—2000年市場份額的13%。MD—12原計劃與波音747競爭，將耗資50億美元，需銷售400～500架，10～14年達到盈虧平衡點，需要五六年的現金虧損以支持開發。在飛機製造中，成本隨經驗而下降。基於經驗生產相同機型的成本比生產特定飛機的成本低20%，而歐洲空中客車則受到歐盟的政策支持。

  資料來源：Hill Charles W L, Jones Gareth R. Strategic Management — An Integrated Approach [M]. Boston：Houghton Mifflin Company, 1995.

（二）替代威脅的存在

1. 識別替代的意義

  產品的替代是一種常見的競爭現象。一個產業之內相互競爭的企業之間之所以構成相互競爭的關係，原因就是他們的產品是相互替代的。需要注意的是，產品替代的威脅不僅來自本產業之內的企業，而且還來自產業之間的企業，即分屬不同產業中的企業生產出了同樣可以滿足顧客需要的產品。這種來自產業之外的替代往往容易被企業所忽視，因此要給予特別的關注。在高科技產業中，由於本產業和相關產業技術的發展迅速，而且可能形成產業之間技術的交叉突破，或產品功能的交叉延伸，因而這些企業面對的主要是替代威脅。

  不同產業的替代，是產品功能相同或部分相同，但主要或關鍵的是企業活動與資源不同的企業之間的產品替代。同一產業的替代則是產品的功能相同或部分相同，而主要或關鍵的是企業活動與資源相同的企業之間的產品替代。實際上，很多情況下，同產業替代和產業之間的替代並沒有絕對鮮明的界限，而是一種程度的變化。對企業的經營管理實踐而言，其實最重要的是比較不同產品之間的替代程度，而不是界定是同產業替代還是產業間替代。只不過不能將掃描的範圍局限於關鍵活動與資源相同的產品替代，還應當從關鍵活動和資源不同的產業中識別產品替代及替代程度。產業替代意味著關鍵活動或關鍵資源的變化，這也是應當高度重視產業替代的根本原因。需要注意，技術替代也服從產品替代的規律，甚至管理技術的替代也是如此。

2. 識別替代的步驟

  首先，要列出一張完整的替代清單。替代發生在性能（功能）相近的產品之間。應根據產品的使用全過程、顧客的使用標準來識別替代品。不同產品之間可以相互替代的原因在於它們能夠滿足同一顧客群體的同一類需求，因此兩種產品的性能是否相近，要根據

顧客的需求來判斷。其次，分析性能相近的程度。

小測試

試分析一下可樂和茶的替代關係。

參考答案：表7.1代表可樂和茶的替代關係。由於後兩種功能較前兩種重要，所以兩者的替代程度不強。若是將茶換成檸檬茶呢？

表7.1　　　　　　　　　　　可樂和茶的替代關係

功　能	解　渴	怡　神	口　味	清　涼
可樂/茶	相　似	相　似	不　同	不　同

3. 廣義替代

廣義替代是除產品替代之外，由於產業發展和顧客需求及其滿足方式的變化等各種因素引起的產品需求的減少。廣義替代和產品替代的作用都是使顧客對本產業產品需求的減少。

波特列舉了四種廣義替代：二手產品對原產品的替代；產品消耗率的下降；顧客自己完成了一部分生產任務；顧客購買傾向的變化。其中，產品消耗率的下降這是產業競爭的一種結果，顧客自己完成了一部分生產任務是顧客的後向一體化。在企業實踐中，企業可以針對造成產品需求減少的各種可能，更廣泛、更具體地思考廣義替代的內容。

4. 決定替代的因素

替代是否發生，以及替代的程度如何，取決於以下三種因素：

（1）相對價值價格比（Relative Value Verses Price，簡稱 RVP）。相對價值價格比即通常所說的性能價格比。當價格的差異與價值不相符合時，就會發生替代。也就是說，替代產品之間性能或價格的變化會改變替代進程的方向。因此，替代品的存在使替代品和被替代品之間設定了價格上限。當一方降低價格或提高價值時，就會對另一方產生替代。同樣，當一方過高地提高價格，就會面臨另一方的替代威脅。

（2）轉換成本。轉換成本越高，越可以減緩替代過程。

（3）顧客的替代慾望。這也可以稱為顧客的替代傾向，是顧客需求的變化。顧客可能由於其自身的各種原因而產生替代的慾望和一定的傾向。例如，企業用戶如果受到競爭壓力，可能希望使用替代產品來獲取競爭優勢。

5. 替代過程

一般情況下，替代是一個漸進的過程。如果把原產品和替代產品看做同一市場上的兩種產品，則被替代品的市場份額逐漸減少，替代品的市場份額逐漸增多。一般認為，替代全過程的速度有「慢、快、慢」的特點，呈反「S」型，如圖7.3所示。開始時替代的速度較慢，因為人們對新出現的替代品尚不熟悉。替代中間的過程速度較快，此時多數顧客

認識到了替代品的價值，較快地轉而購買替代品。在替代即將完成時，可以或準備轉而購買替代品的顧客人數明顯減少，替代速度降低。最終，在原產品與替代產品之間一般會出現平衡狀態，即原產品會保留較小的一個市場份額。例如，戲劇、電影和電視之間從中國20世紀20年代至80年代，依次發生了產業之間的替代。

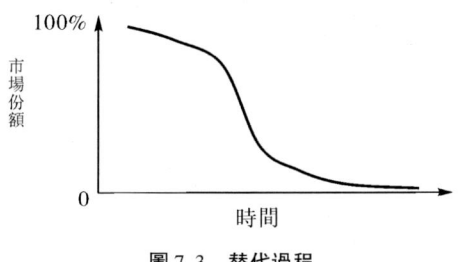

圖 7.3 替代過程

企業防範替代威脅的戰略行動應當以對替代性質的分析為前提。如果是暫時性的或重複性的替代，則意味著情況還會發生改變，或企業可以改變這種替代。此時企業可以提高相對價值價格比，使顧客重新購買自己的產品。如果是一種歷史性的、不可逆轉的替代，則企業只有加入到生產替代品的行列。此外，如果原產品的剩餘市場份額的需求量仍然能滿足企業的生存和發展，企業也可以繼續生產原產品。

（三）買方和賣方的議價實力

買方和賣方的議價實力（Bargaining Power）是買方和賣方討價還價的能力。企業與顧客和供貨方之間既存在著合作，又存在著利益衝突。買方和賣方對交易價格的爭鬥將直接影響到企業的收益水準。顧客和供應商的議價實力強，則會瓜分本產業的利潤，從而使本產業的利潤水準降低。

影響議價實力的因素很多，如交易洽談的地點、人員素質、日程安排，等等，但這些都是運作層面的因素。對企業的戰略管理而言，重要的是分析和把握能夠給企業帶來長期、全面和穩定的議價地位的因素。如果企業在這些因素中占據了主動地位，則對方很難通過運作層面的技巧或謀略動搖這種議價地位。

1. 影響議價實力的因素

從戰略的角度分析，影響買方議價實力的因素主要有：

（1）集中程度。如果買方的數量遠遠少於供方的數量，買方在談判中就可以打出「公司牌」，即尋求最有利的供貨者；反之，供方就會占據有利地位。

（2）前向一體化的能力。有時買方自己擁有一定的加工產品的能力，這樣在談判中就容易占據主動。這種情況在汽車工業中比較常見，如 T 型佈局，即在成車、調速器和關鍵部件三個上下游產業中，其生產量形成逐次減少的格局，從而在外購調速器和關鍵部件時處於主動。

（3）轉換成本。轉換成本降低買方的議價實力。如前所述，這是供應方控制買方的

| 第七章 | 市場競爭戰略 | 147

一種力量。需要注意，轉換成本的控制力常常是無形的、潛移默化的。

（4）差異化程度。具有良好的企業形象或較高的品牌知名度的買方議價能力較強，反之則低。

（5）價格敏感性。產品對買方的質量性能的影響程度、買方此項外購投入在其總成本中的比例和買方的收益水準等會影響買方的價格敏感性。對買方產品的質量、性能有重大影響時，買方的價格敏感性就會降低，否則價格敏感性會上升。買方此項外購投入在其總成本中的比例高則價格敏感。買方或任何一方的收益水準太低時，他們對價格的立場都會表現得異常堅定。

（6）「大主顧」。買方占供方供應量比重如果較大，就意味著買方事實上成了供應方的主要顧客，他在談判中自然就會處於有利地位。這實際上是一方在另一方中購買（或銷售）中所占比例大而帶來的議價實力。

小連結

美國的保健組織鼓勵模仿（me-too）藥而使專用藥降價。美國的醫療體制是，制藥廠將藥銷給藥店，患者持醫生處方到藥店買藥，藥費由保險公司支付。美國的保健組織（HMOs）為降低醫療成本，要求制藥廠降價。大部分的藥降了價，但有專利的專用藥不肯降價。於是保健組織允許和鼓勵開發模仿（me-too）藥。當這些藥出現後，專利專用藥的價格下降。其原因是專利藥品的產品差異化程度降低了。

資料來源：Hill Charles W L, Jones Gareth R. Strategic Management — An Integrated Approach [M]. Boston: Houghton Mifflin Company, 1995.

賣方即供應商的議價實力的影響因素與買方的議價實力相對，即集中程度、前向一體化能力、轉換成本（顧客的轉換成本增強賣方的議價實力）、差異化程度、價格敏感性和「大賣主」等。

2. 合理選擇買方和供應商

合理選擇買方和供應商不是產業分析階段的主題，但它是企業在制定競爭戰略時必須考慮的、與議價實力相關的主題。波特認為，企業應該制定顧客策略，好的顧客戰略能夠營造出理想的顧客。波特提出了選擇顧客的標準，包括以下四項：顧客需求與企業產品的根本一致性；顧客需求具有較大的增長潛力，有足夠的需求規模；議價實力低；供貨成本合理。

與其他關於目標顧客選擇標準的觀點相比，波特選擇理想顧客的獨到之處是將顧客的議價實力也作為重要的選擇標準。在企業確定目標顧客時，在考慮其他因素的基礎上，選擇那些議價實力低的顧客群，可以為企業在較長的時期內帶來比較穩定的、有利的議價地位。對已經選定的目標顧客群，企業可以通過改變影響議價實力的各個因素，例如進行前向產業的T型佈局、提高產品差異化程度、建立顧客的轉換成本等，從而提高企業自身的

議價實力。正是在這個意義上，可以說「理想顧客」是可以「培養」出來的。當然，在這一過程中，對企業十分重要的顧客，企業一般應作為有戰略意義的重要資源來看待，在「雙贏」的基礎上建立自己的議價策略。

3. 採購策略

採購策略和顧客策略一樣，是競爭戰略的另一項內容。採購策略必須回答如下的問題：供應源的穩定性和競爭力、降低供應商的議價實力。

在降低供應商的議價實力方面，可考慮以下策略：

（1）最佳的縱向聯合程度。在此方面，應當與建立企業的競爭優勢通盤考慮。

（2）分散購買。在合格的供應者之間分配購買額。

（3）促進原材料和部件的標準化，防範供應商建立轉換成本的努力。例如接受他人的服務，而又不依賴他人。

（四）產業內部的競爭

競爭強度即競爭的激烈程度的影響因素一般可以從以下五個方面分析：

（1）需求狀況與生產能力。此方面即通常所說的供需關係，與市場飽和程度直接相關。涉及的因素有需求總量、需求增長率、重複購買週期和重複購買程度，生產能力增長等。

（2）產業集中度。產業集中度的變化主要影響產業中企業的競爭行為，同時也對競爭強度產生重要影響。在分散產業中，每個企業可能很難找到明顯的競爭對手，是「一對所有」的競爭。企業之間也很難進行有效的溝通和必要的協議，各企業各行其是，競爭行為有從眾的趨勢。在集中產業中，企業之間相互影響、相互依賴的程度很高，或者競爭、或者結盟，結果難以預料。如果在幾個有限的大企業之間展開競爭，其程度將十分激烈，往往兩敗俱傷，例如20世紀90年代初美國航空服務業的價格戰。中等集中的產業，由於企業數量不像分散產業那樣多而有可能達成協議，又由於企業數量比集中產業數量多使其企業之間往往互存戒心，相互爭鬥，如房地產業。

（3）產業利潤與成本狀況。一般而言，產業利潤低、固定成本高和高外購投入、高庫存成本，將加劇產業內的競爭。這些因素，實際上都是導致贏利規模增大，從而導致激烈的市場爭奪。

（4）產業缺乏差異性和轉換成本。差異化程度和轉換成本均為價格競爭設置了隔離帶。因此，如果一個產業缺乏差異性和轉換成本，必然使競爭加劇。

（5）退出障礙。這裡的退出障礙指產業退出障礙，即企業從一個產業撤出時要付出的代價。顯然，高的退出障礙使競爭者無法離場而去，必然使競爭加劇。退出障礙是與進入障礙對應的重要概念，在一定的時期也有確定的大小。波特列舉了五項產業退出障礙：專用性資產；退出產業的固定成本；戰略牽連；感情障礙；政府與社會的約束。

第二節　識別和選擇競爭對手

僅僅瞭解自己的顧客遠遠不能滿足當前激烈市場競爭的需要。尤其是進入 21 世紀以後，為了制定有效的競爭性市場行銷戰略，公司需要盡可能地找出有關競爭對手的資料，必須經常與那些實力相當的競爭者在產品、價格、渠道和促銷上作比較。這樣公司才能找出自己潛在的優勢與劣勢，做到知己知彼，才能對競爭對手施以更有效的市場行銷攻擊，並且才能夠防禦較強競爭者的「攻擊」。因此，公司需要瞭解掌握誰是競爭者，他們的經營策略手段是什麼及其反應模式。

一、競爭者與競爭關係

（一）四種層次的競爭關係

正常情況下，識別競爭者對公司而言似乎輕而易舉。長虹公司知道 TCL 公司是其主要競爭者，遠大公司知道春蘭集團與其競爭。在最狹窄的層次上，公司能明確的競爭對手就是以類似的價格提供類似的產品和服務給相同的顧客的公司。

概括起來說，競爭包含非常廣泛的含義，我們可以把競爭關係分為 4 個層次：

（1）最為廣泛的，所有為爭取某一部分顧客消耗其購買力的市場行銷者之間都存在競爭。例如，由於某一顧客本月購買了房子，因此不能再購買摩托車。生產摩托車的哈雷公司可以把房地產公司看做競爭者。

（2）稍窄一點範圍，提供部分或全部替代性功能產品的企業是競爭者。在此意義上，哈雷公司可以將通用、福特、豐田等汽車廠商看做競爭者。替代性越全面，競爭性越強。

（3）再窄一點範圍，提供相同或類似產品的企業是競爭者，如哈雷公司與本田、川崎、雅馬哈、寶馬公司都是競爭者關係。這個層次的競爭關係是我們在談及競爭時最普遍的含義。

（4）最後，從戰略的觀點，最為直接的競爭對手是採用相同的戰略而競爭能力又非常接近的競爭者。

（二）四種層次的競爭者

根據產品替代性的強弱，我們可以區分以下 4 種層次的競爭者：

（1）品牌競爭（Brand Competition）：當其他公司以相似的價格向相同的顧客提供類似產品與服務時，公司將其視為競爭者。例如，被別克公司視為主要競爭者的是福特、本田、雷諾和其他中檔價格的汽車製造商，但它並不把梅塞德斯汽車看成是自己的競爭對手。

（2）行業競爭（Industry Competition）：公司可把製造同樣或同類產品的公司都廣義地視做競爭者。例如，別克公司認為自己在與所有其他汽車製造商競爭。

(3) 形式競爭（Form Competition）：公司可以更廣泛地把所有能提供相同服務的產品的公司都作為競爭者。例如，別克公司認為自己不僅與汽車製造商競爭，還與摩托車、自行車和卡車的製造商在競爭。

(4) 一般競爭（Generic Competition）：公司還可進一步把所有爭取同一消費者的人都看做競爭者。例如，別克公司認為自己在與所有的主要耐用消費品、國外度假、新房產和房屋修理的公司競爭。

二、競爭者分析

(一) 確定競爭對手的目標

確定了主要競爭對手之後，就要確定對手的經營目標。

我們可以這樣假設，所有競爭者都只是為了追求利潤最大化，從而採取適當的行動。但是這種做法會出現很大偏差，因為各公司對短期利潤和長期利潤的重視程度各不相同。有的競爭者可能傾向於市場份額的最大化，而不是利潤的極大化，甚至是「滿意」的利潤。

因此，市場行銷決策者還必須考慮競爭者利潤目標以外的其他需求。每個競爭者均有目標組合，其中每一個目標有不同的重要性。公司要知道競爭對手對其目前的「位置」是否滿意，包括目前的利潤水準、市場份額、技術領先程度等。另外，公司還需監視它的競爭者對不同產品市場細分的目標。如果公司得知，競爭者發現了一個新的細分市場，這就可能是一個機會；如果得知對手計劃進入本公司所服務的細分市場，則應作好充分的準備。

(二) 確定競爭者的戰略

公司間的戰略越相似，它們間的競爭就會越激烈。在多數行業裡，競爭對手可分為幾個追求不同戰略的群體。戰略群體（Strategy Group）是指在一個行業裡採取相同或類似戰略的群體且在一個特定的目標市場上的一群公司。顯然，戰略群體內的競爭必然最為激烈，但各個群體間的競爭有時也相當激烈。首先，某些戰略群體可能爭奪重疊顧客的細分市場。例如，不論其戰略是什麼，所有主要家用電器的製造商都會選擇新建住房和房地產開發商細分市場。其次，消費者可能看不出各個群體所提供產品之間的差別。最後，一個戰略群體成員可能會採取擴展新的細分市場的策略。

戰略途徑與方法是具體的、多方面的，應從企業的各個方面去分析。從行銷的角度看，本田摩托車的行銷戰略途徑與方法至少包括這樣一些內容：在產品上，以小型車切入美國市場，提供盡可能多的小型車產品型號，提高產品吸引力；在價格上，通過規模優勢和管理改進降低產品成本，低價銷售；在促銷上，建立摩托車新形象，使其與哈雷的粗獷風格相區別。事實證明，這些戰略途徑行之有效，大獲成功。相對應地，哈雷摩托車卻沒有明確的戰略途徑與方法。美國機械與鑄造公司公司（簡稱AMF）雖然也為哈雷品牌注

入資本提高產量，也曾一度進行小型車的生產，結果由於多方面因素的不協同而以失敗告終。

（三）確定競爭者優勢與劣勢

公司要充分考慮評估每個競爭者的優勢與劣勢。公司可收集有關對手過去幾年的關鍵資料，包括：銷量、市場份額、利潤率、現金流量及技術水準等。當然，有些信息可能不易獲得。公司一般通過二手資料來瞭解有關競爭者的優勢與劣勢。他們也可以通過與顧客、供應者和經銷商合作進行市場行銷研究。當前，越來越多的公司採用優勝基準的方法在產品和工序方面與競爭對手相對比，以便找出改進業績的方法。

小連結

標杆超越是怎樣改進競爭績效的

標杆超越（benchmarking）是一門藝術，它尋找某些公司為什麼在執行任務時比其他公司做得更出色。

執行標杆超越的公司的目標是模仿其他公司最好的做法並改進它。日本人在第二次世界大戰以後，勤奮不懈地貫徹標杆超越，並模仿美國產品和生產方法。施樂公司1979年在美國率先執行標杆超越。施樂想要學習日本競爭者生產性能可靠和成本更低的能力。施樂買進日本複印機，並通過「逆向工程」分析它，使施樂在這兩方面有了較大的改進。但施樂並不滿足，它提出了進一步的問題：施樂的科學家與工程師在他們各自的專業上是最傑出的嗎？施樂的生產者、銷售員及其活動在全世界是最優秀的嗎？這些問題要求他們識別世界級的「最佳實踐」公司，並向它們學習。雖然優勝基準起源於學習競爭者的產品和服務，但它的視野已擴展至工作全過程、員工功能、組織績效和全部的價值提供過程。

另一個優勝基準的早期採用者是福特公司。福特的銷售落後於日本和歐洲汽車商。當時福特的總裁唐・彼得森指示它的工程師和設計師，根據客戶認為的最重要的400個特徵組合成新汽車。薩博的座位最好，福特就複製座位，如此等等。彼得森進一步要求：他的工程師要成為「比最好的還要好」的人。當新汽車完成時，彼得森聲稱：他的工程師已經改進（而不是複製）競爭者汽車的大部分最佳特徵。

在其他方面，福特發現它要雇傭500人管理付款帳單，而日本馬自達完成同樣任務只要10個人。學習了馬自達的體制結構後，福特開始了「無票據系統」並且減少員工至200人，並還在不斷地改進。

今天，諸如美國電話電報公司、國際商用機器公司（IBM）、杜邦和摩托羅拉等許多公司都把標杆超越作為它們的標準工具。有些公司在本行業中尋找最佳競爭者，而另一些公司則尋找全世界「最佳實踐者」。這意味著，標杆超越已超近「標準競爭分析」。例如，摩托羅拉把優勝基準定位於尋找世界上「成長最佳者」。其負責人表示：「我們比競爭對

手跑得越遠，我們越高興。我們尋求成為競爭的優勝者，而不是與競爭者平起平坐。」

為了尋找「成長最佳者」，施樂公司的優勝基準專家羅伯特·C.坎普，飛至緬因州弗里伯特，去參觀 L·L.比恩公司——它的倉庫工人的整理工作比施樂快 3 倍。由於兩者不是競爭對手，比恩公司很高興介紹經驗，施樂最後重新設計了它的倉庫管理軟件系統。後來，施樂向美國捷運學習帳單處理技術，向卡明斯工程公司學習生產計劃技術。

標杆超越的步驟如下：①確定標杆超越的基準項目；②確定衡量關鍵績效的變量；③確定最佳級別的競爭者；④衡量最佳級別對手的績效；⑤衡量公司績效；⑥規定縮小差距的計劃和行動；⑦執行和監測結果。

當一個公司決定實行標杆超越時，它可以在每一項活動中都執行標杆基準。它可以建立該執行部門以促進活動開展和在技術上訓練部門員工。要有時間和成本的緊迫感。一個公司首先要解決的關鍵任務是影響顧客滿意度的深入程序、公司的成本和在實質上的更好的績效。

一個公司怎樣確定「實踐最好」的其他公司呢？第一步是問客戶、供應商和分銷商，請他們對最好的工作進行排隊。第二步是接觸諮詢公司，他們有「實踐最好」的公司的檔案。另一個重要之點是標杆超越活動不應去求助商業間諜。

資料來源：王方華. 市場行銷學 [M]. 上海：上海人民出版社，2007.

(四) 確定競爭對手的反應模式

僅僅知道競爭對手的經營目標和優勢劣勢是遠遠不夠的，關鍵是要通過各種渠道來獲知對手可能採取的行為，如對削價、加強促銷或推出新產品等公司舉動的反應。

另外，還需充分考慮分析主要競爭對手的企業文化（包括經營哲學、經營理念等）。企業文化將直接影響其在市場行銷中的經營策略，這對分析預測競爭對手的行為將有重要的參考價值。

每個競爭者對事情的反應各不相同。但概括起來，競爭對手的反應不外乎三種：其一，不採取行動；其二，防禦型；其三，進攻型。這主要取決於競爭對手自己的戰略意圖及所具有的戰略能力，競爭對手是否對自己目前的形勢滿意，競爭對手受到威脅的程度。另外，還取決於競爭對手的實力和信心，即他是否有足夠的信心依靠現有的條件打敗對手並消除其威脅。

具體地說可分為 5 種反應模式：

1. 從容不迫型

某些競爭者對某一特定競爭者的行動沒有迅速反應或反應不強烈，而只是坐觀其變。他們可能認為某顧客是忠誠於他們，也可能是由於他們沒有作出反應所需的資金，還可能認為還未到「出擊」的時機。公司一定要先弄清楚他們「不出擊」的原因，以防止他們的突然襲擊。

2. 全面防守型

這類競爭者對外在的威脅和挑戰作出全面反應，確保其現有地位不被侵犯。但會使戰線拉得過長，若實力不雄厚，會被其他競爭對手拖垮。

3. 選擇型

競爭者可能只對某些類型的攻擊作出反應，而對其他類型的攻擊視而不見。例如競爭者會對削價作出積極反應，防止自己市場份額減少（中國家電市場上就是這種情況，對於價格極為敏感，只要有一家削價，其他競爭對手都會不約而同作出反應）。他們可能對對手大幅增加廣告費不予理睬，認為這並不能構成實質性威脅。為此，應瞭解這種類型的競爭者的敏感部位，避免與其發生不必要的正面衝突至關重要。

4. 強烈反擊型

這一類型的公司對其所占據的所有領域發動的任何進攻都會做迅速強烈的反應。例如，寶潔公司（P&G）絕不會允許一種新洗滌劑輕易投放市場。這種類型的公司一般都是實力較強大的公司，佔有的市場份額具有絕對優勢，否則沒有實力對任何外在威脅採取強烈反擊的行動。

5. 隨機型

這類競爭者並不表露自己將要採取的行動。這一類型的競爭者在任何特定情況下可能作出也可能不作出反擊，而且根本無法預測他會採取的行動。

（五）**選擇競爭對手**

在進行以上分析後，公司應能夠意識到市場上可與誰進行有效的競爭。當公司決定與哪個競爭者進行最有力的競爭時，就可把注意力集中在這一競爭對手上。

1. 強大或弱小的競爭對手

大部分公司願意選擇比較弱小的公司作為其攻擊的對手。因為這樣做比選擇強大公司作為競爭對手所需資金和精力都將會小得多。但從長遠來看，公司則很難提高他們的能力，易於造成盲目樂觀的心理。為此，從理論上講，公司應選擇較強大的競爭者與其競爭，以便使他們有壓力，來磨煉和增強自身的能力。在選擇與強大公司競爭時，關鍵是要努力發現強大公司的潛在及現在的弱點（即使再強大的公司也有弱點），並對其弱點採取有效行動，以便取得更多的回報。

評估競爭對手強弱的一種有用工具是顧客價值分析。在分析時，公司首先要識別顧客的重要屬性和顧客將這些屬性排名的重要性。其次，要評估公司和競爭者在有價值屬性上的業績。如果通過比較發現，公司在所有的重要屬性方面均超過競爭對手，就可以通過制定高價策略獲得更多的利潤，或者在同樣價格的條件下佔有更多的市場份額。如果主要屬性表現不如競爭對手，則必須想方設法加強這些屬性，並且再挖掘其他能夠領先競爭者的主要屬性。

2. 靠近或疏遠競爭對手

大部分公司會與那些與自己實力接近的公司競爭。同時，公司還要盡量避免「摧毀」實力接近的競爭對手，否則會促使其與其他公司聯合起來組成更強大的公司，成為自己更難對付的競爭者。

3. 區分「品行良好」與「品行低劣」的競爭對手

每個行業中都包括「品行良好」和「品行低劣」的競爭者。一個公司應積極支持前者而攻擊後者。從某種意義上講，公司能夠受益於競爭對手。如：他們可以增加總需求；導致更多的差別；分擔市場開發及產品開發成本，並協助推出新技術，等等。

當然，公司也會發現，有些競爭者是「品質低劣」的，他們破壞規則，企圖「購買」市場份額而不是通過自己的產品或優質服務獲得市場份額。他們喜歡蠻幹，在生產能力嚴重過剩時，仍然繼續投資。如美國航空公司發現，德爾塔（Delta）和聯合航空公司是品行良好的競爭對手，而環球航空公司（TWA）、大陸航空公司（Continental）和美國西部航空公司（America West）為「品行低劣」的公司，因為它們不斷通過很大的價格折扣和過激的促銷計劃使航空業呈現不穩定狀態。

因此，公司應注意分辨哪些屬於「品行良好」的公司，哪些屬於「品行惡劣」的公司。在授予特許權時，更應謹慎，以防授給「品質惡劣」公司，而使整個行業受損。

第三節　市場競爭戰略選擇

根據各企業在行業中所處的地位，美國著名市場行銷學教授菲利普·科特勒把它們分成四類，即市場領導者、市場挑戰者、市場追隨者和市場補缺者。這種分類方法被世界許多國家所接受，如圖 7.4 所示。

市場領導者	市場挑戰者	市場追隨者	市場補缺者
40%	30%	20%	10%

圖 7.4　競爭性地位的分析

在圖 7.4 中，市場領導者掌握了 40% 的市場，擁有最大的市場份額。市場挑戰者掌握了 30% 的市場，名列第二，而且該類企業正在為獲得更大的市場份額而努力。市場追隨者掌握了 20% 的市場，該類企業只圖維持現有市場份額，並不希望打破現有的市場結構。市場補缺者掌握了剩餘的 10% 的市場，這部分市場是大企業所不感興趣的小細分市場。

一、市場領導者戰略

市場領導者是指在相關產品的市場上佔有率最高的企業。一般來說，大多數行業都有

一家企業被認為是市場領導者，它在價格變動、新產品開發、分銷渠道的寬度和促銷力量等方面處於主宰地位，為同行業者所公認。它是市場競爭的先導者，也是其他企業挑戰、效仿或迴避的對象，如美國汽車行業的通用汽車公司、飲料行業的可口可樂公司、中國家電行業的海爾集團等。這種領導者幾乎各行各業都有，它們的地位是在競爭中自然形成的，但不是固定不變的。

市場領導者為了維護自己的優勢，保住自己的領先地位，通常可採取三種策略，一是擴大市場需求總量；二是保護市場佔有率；三是提高市場佔有率。

（一）擴大市場需求總量

當一種產品的市場需求總量的擴大時，受益最大的是處於領先地位的企業。一般來說，市場領導者可從三個方面擴大市場需求量：一是發現新用戶；二是開闢新用途；三是增加使用量。

1. 發現新用戶

每種產品都有吸引和增加用戶數量的潛力。因為可能有些消費者對某種產品不甚瞭解，或產品定價不合理，或產品性能有缺陷等。一個製造商可從三個方面找到新的用戶。如香水企業可說服不用香水的婦女使用香水（市場滲透戰略），說服男士使用香水（市場開發戰略），向其他國家推銷香水（地理擴展戰略）。美國強生公司嬰兒洗髮香波的擴大推銷，是開發市場的一個成功範例。當美國人口出生率開始下降時，該公司製作了一部電視廣告片向成年人推銷嬰兒洗髮香波，取得良好效果，使該品牌成為市場領導者。另一成功發現新用戶的例子是微軟公司開發出了中文版的 Windows 操作系統。

2. 開闢新用途

為產品開闢新的用途，可擴大需求量並使產品銷路久暢不衰。例如，美國杜邦公司的尼龍就是一個成功的典型。又如碳酸氫鈉的銷售在 100 多年間沒有起色，它雖有多種用途，但沒有一種需求是大量的，後來一家企業發現有些消費者將該產品用做電冰箱的除臭劑，於是大力宣傳這一新用途，使該產品銷售大增。許多事例表明，新用途的發現往往歸功於顧客。凡士林最初問世時是用作機器潤滑油，過後，一些使用者才發現凡士林可用作潤膚脂、藥膏和發膠等。

3. 增加使用量

促進用戶增加使用量是擴大需求的一種重要手段。例如，寶潔公司勸告消費者在使用海飛絲香波洗髮時，每次將使用量增加一倍效果更佳。又如，日本味之素公司曾將其產品的小瓶蓋打了許多小孔，既方便了消費者，又使其在不知不覺中增加了消費量。提高購買頻率也是擴大消費量的一種常見的辦法，如時裝製造商每年每季都不斷推出新的流行款式，消費者就不斷購買新裝；流行款式的變化越快，購買新裝的頻率也就越高。

（二）保護市場佔有率

處於市場領先地位的企業，必須時刻防備競爭者的挑戰，保衛自己的市場陣地。例

如，可口可樂公司要防備百事可樂公司，豐田公司要小心日產公司等。這些挑戰者都是很有實力的，領導者稍不注意就可能被取而代之。市場領導者保護陣地最為積極的途徑是進攻，即不斷創新。市場領導者任何時候也不能滿足於現狀，必須在產品的創新、服務水準的提高、分銷渠道的暢通和降低成本等方面真正處於該行業的領先地位，同時抓住對手的弱點主動出擊，即進攻就是最好的防禦。

市場領導者如果不便發動進攻，就必須嚴守陣地，不能有任何疏漏。它應盡可能使中間商的貨架上多擺上些自己的產品，以防止其他品牌的侵入。例如，早年美國通用汽車不願生產小型汽車，結果被日本公司侵入美國汽車市場，通用汽車公司的損失巨大。因此，市場領導者必須善於準確地辨別哪些是值得防守的陣地，哪些是風險很小可以放棄的陣地。領導者往往無法保持它在整個市場上的所有陣地，應當集中使用防禦力量。防禦戰略的目標是，減少受攻擊的可能性，使攻擊轉移到危害較小的地方，並削弱其攻勢。現有六種防禦戰略可供市場領導者選擇。

1. 陣地防禦

這是指圍繞企業目前的主要產品和業務建立牢固的防線，根據競爭者在產品、價格、渠道和促銷方面可能採取的進攻戰略而制定自己的預防性行銷戰略，並在競爭者發起進攻時堅守原有的產品和業務陣地。陣地防禦是防禦的基本形式，是靜態的防禦，在許多情況下是有效的、必要的，但是單純依賴這種防禦則是一種「市場行銷近視症」。企業更重要的任務是技術更新、新產品開發和擴展業務領域。當年亨利·福特固守T型車的陣地就慘遭失敗，使得年贏利10億美元的公司險些破產。中國海爾集團沒有局限於賴以起家的冰箱市場，而是積極從事多元化經營，開發了空調、彩電、洗衣機、電腦、微波爐、干衣機等一系列產品，成為中國家電行業的著名品牌。

2. 側翼防禦

側翼防禦是指市場領導者除保衛自己的陣地外，還應建立某些輔助性的基地作為防禦陣地，必要時作為反攻的基地。特別是注意保衛自己較弱的側翼，防止對手乘虛而入。例如，美國的微軟公司為了保持其在行業中的領先地位，在美國的蘋果計算機公司推出了「圖形操作軟件」時，立即推出了「視窗」系統操作軟件，使蘋果公司沒有擴大其在軟件市場的份額。

3. 以攻為守

這是指在競爭對手尚未構成嚴重威脅或在向本企業採取進攻行動前搶先發起攻擊以削弱或挫敗競爭對手。這是一種先發制人的防禦，公司應正確地判斷何時發起進攻效果最佳以免貽誤戰機。有的公司在競爭對手的市場份額接近於某一水準而危及自己市場地位時發起進攻，有的公司在競爭對手推出新產品或推出重大促銷活動前搶先發動進攻，如推出自己的新產品、宣布新產品開發計劃或開展大張旗鼓的促銷活動，壓倒競爭者。公司先發制人的方式多種多樣：可以運用遊擊戰，這兒打擊一個對手，那兒打擊一個對手，使各個對

手疲於奔命，忙於招架；可以展開全面進攻，如精工手錶有2300個品種，覆蓋各個細分市場；也可以持續性地打價格戰，如長虹電視機曾數次率先降價，使未取得規模效益的競爭者陷於困境；還可以開展心理戰，警告對手自己將採取某種打擊措施而實際上並未付諸實施。

4. 反擊防禦

當市場領導者遭到對手發動降價或促銷攻勢，或改進產品、占領市場陣地等時，不能只是被動應戰，應主動反攻入侵者的主要市場陣地。反擊戰略主要有：①正面反擊，即與對手採取相同的競爭措施，迎擊對方的正面進攻。如果對手開展大幅度降價和大規模促銷等活動，市場領導者憑藉雄厚的資金實力和卓著的品牌聲譽以牙還牙地採取相同活動，以有效地擊退對手。②攻擊側翼，即選擇對手的薄弱環節加以攻擊。某著名家電公司的電冰箱受到對手的削價競爭而損失了市場份額，但是其洗衣機的質量和價格比競爭者佔有更多的優勢，於是對洗衣機大幅度降價，使對手忙於應付洗衣機市場而撤銷對電冰箱市場的進攻。③鉗形攻勢，即同時實施正面攻擊和側翼攻擊。比如，競爭者對電冰箱削價競銷，則本公司不僅電冰箱降價，洗衣機也降價，同時還推出新產品，從多條戰線發動進攻。④退卻反擊，是在競爭者發動進攻時我方先從市場退卻，避免正面交鋒的損失，待競爭者放鬆進攻或麻痺大意時再發動進攻，收復市場，以較小的代價取得較大的戰果。⑤「圍魏救趙」，是在對方攻擊我方主要市場區域時攻擊對方的主要市場區域，迫使對方撤銷進攻以保衛自己的大本營。例如，當康佳電視機在四川市場向長虹電視機發動進攻的時候，長虹電視機也進攻廣東市場，還以顏色。

5. 運動防禦

運動防禦是指市場領導者將其業務活動範圍擴大到其他的領域中，作為未來防禦和進攻的中心。例如，美國的施樂公司為了保持其在複印機市場的領先地位，從1994年開始積極開發電腦複印技術和相應的軟件，並重新定義公司為「文件處理公司」而不再是「文件複印公司」，以防止由於計算機文件處理技術和軟件性能的改善而使公司的市場地位被削弱。

6. 收縮防禦

當市場領導者的市場地位已經受到來自多個方面的競爭對手的攻擊時，由於受到短期資源的限制和能力的限制，採取放棄較弱的領域或業務範圍，收縮到企業應該保持的主要市場或業務領域內。有計劃收縮不是放棄市場，而是放棄較弱的領域和力量，把優勢重新分配到較強的領域。有計劃收縮是一個鞏固公司在市場上的競爭實力和集中兵力於關鍵領域上的行動。可口可樂公司就在20世紀80年代放棄了公司曾經新進入的房地產業務和電影經營業務，以收縮公司的力量對付飲料業越來越激烈的競爭。

(三) 提高市場佔有率

市場領導者設法提高市場佔有率，也是增加收益、保持領先地位的一個重要途徑。市

場佔有率是與投資收益率有關的最重要的變量之一。市場佔有率越高，投資收益率也越高。市場佔有率高於40%的企業，其平均投資收益率相當於市場佔有率低於10%的企業的3倍。因此，許多企業在市場佔有率上占據第一位或第二位，否則便撤出該市場。

實際提高市場佔有率策略時應考慮以下因素：

1. 經營成本

許多產品往往有這種現象：當市場份額持續增加而未超出某一限度的時候，企業利潤會隨著市場份額的提高而提高；當市場份額超過某一限度仍然繼續增加時，經營成本的增加速度就大於利潤的增加速度，企業利潤會隨著市場份額的提高而降低，這是因為用於提高市場份額的費用增加。如果出現這種情況，則市場份額應保持在該限度以內，市場領導者的戰略目標應是擴大市場份額而不是提高市場佔有率。

2. 行銷組合

如果企業實行了錯誤的行銷組合戰略，比如過分地降低商品價格，過高地支出公關費、廣告費、渠道拓展費、銷售員和營業員獎勵費等促銷費用，承諾過多的服務項目導致服務費大量增加等，則市場份額的提高反而會造成利潤下降。

3. 反壟斷法

為了保護自由競爭，防止出現市場壟斷，許多國家的法律規定，當某一公司的市場份額超出某一限度時，就要強行地分解為若干個相互競爭的小公司。西方國家的許多著名公司都曾經因為觸犯這條法律而被分解。如果占據市場領導者地位的公司不想被分解，就要在自己的市場份額接近於臨界點時主動加以控制。

總之，市場領導者必須善於擴大市場需求總量，保衛自己的市場陣地，防禦挑戰者的進攻，並在保證收益增加的前提下，提高市場佔有率。這樣，才能持久地占據市場領導地位。

二、市場挑戰者戰略

在市場上處於次要地位（第二、三甚至更低地位）的企業可稱為市場挑戰者或市場追隨者，如美國汽車市場的福特公司、軟飲料市場的百事可樂公司等。這些處於次要地位的企業可以視不同時期的市場競爭的需要採取兩種策略：一是爭取市場領先地位，向競爭者挑戰，即做市場挑戰者。比如佳能公司，在20世紀70年代中期只有施樂公司1/10的規模，而今天生產的複印機已超過了施樂。豐田公司比通用汽車公司生產更多汽車。當那些市場領導者用習慣方法經營業務時，挑戰者已樹立了更大的雄心壯志和使用較少的資源扭轉了局面。二是安於次要地位，在「共處」的狀態下求得盡可能多的收益，即做市場追隨者。每個處於市場次要地位的企業，都要根據自己的實力和環境提供的機會和風險，決定自己的競爭戰略是「挑戰」還是「跟隨」。

(一) 確定戰略目標和挑戰對象

如果要向市場領導者和其他競爭者挑戰,首先必須確定自己的戰略目標和挑戰對象。一般來說,挑戰者可在下列三種情況中進行選擇。

1. 攻擊市場領導者

這一戰略風險大,潛在利益也大。當市場領導者在其目標市場的服務效果較差而令顧客不滿或對某個較大的細分市場未給予足夠關注的時候,採用這一戰略帶來的利益更為顯著。例如,施樂公司開發出更好的複印技術(用干式複印代替濕式複印),這就從 3M 公司手中奪去了複印機市場。後來,佳能公司也如法炮製,通過開發臺式複印機奪去了施樂公司一大塊市場。

2. 攻擊規模相同但經營不佳、資金不足的公司

公司應當仔細調查競爭者是否滿足了消費者的需求,是否具有產品創新的能力。如果其在這些方面有缺陷,就可作為攻擊對象。

3. 攻擊規模較小、經營不善、資金缺乏的公司

這種情況在中國也比較普遍。許多實力雄厚、管理有方的外國獨資和合資企業一進入市場,就擊敗了當地資金不足、管理混亂的弱小企業。

總之,戰略目標決定於進攻對象:如果以領導者為進攻對象,其目標可能是奪取某些市場份額;如果以小企業為對象,其目標可能是將它們逐出市場。但無論在何種情況下,如果要發動攻勢,進行挑戰,就必須遵守一條原則:每一項行動都必須指向一個明確的、肯定的和可能達到的目標。

(二) 選擇進攻戰略

在確定了戰略目標和進攻對象後,挑戰者還需要考慮採取怎樣的進攻戰略。挑戰者的進攻戰略有五種:正面進攻、側翼進攻、包圍進攻、迂迴進攻、遊擊進攻。具體採用哪種進攻戰略要視自己的進攻對象、進攻戰略目標、自己企業實力和市場競爭形勢需要而定。

1. 正面進攻

正面進攻就是集中全力向對手的主要市場陣地發動進攻,即進攻對手的強項而不是弱點。在這種情況下,進攻者必須在產品、廣告、價格等主要方面大大超過對手,才有可能成功,否則不可採取這種進攻戰略。正面進攻的勝負取決於雙方力量的對比。軍事上認為,當對方佔有防守優勢(如高地或防禦工事)時,進攻者必須具有 3:1 的優勢才有把握取得勝利。

挑戰者還可以通過巨額投入以實現更低的生產成本,使產品成本降低,從而以降低價格的手段向對手發動進攻。然後以此來向對手發起價格攻擊。發動價格戰,要求企業能夠做到:在提高質量的同時,有效地降低成本,以便能夠保持原來的贏利水準;能夠使顧客相信企業的產品具有較高的價值或繼續有相應的價值感覺,使顧客認為本企業產品的質量的確是高於競爭者的;是「反傾銷」立法所允許的,在法律允許的範圍內。

2. 側翼進攻

側翼進攻採取的是「集中優勢兵力攻擊對方的弱點」的戰略原則，側翼進攻就是集中優勢力量攻擊對手的弱點。有時可採取「聲東擊西」的策略，佯攻正面，實際攻擊側面或背面。側翼進攻包括兩個戰略角度——地理性的側翼進攻和細分性的側翼進攻，來向一個準備攻擊的對手發動進攻。

（1）地理性的側翼進攻。這是指在全國或全世界範圍內尋找對手力量薄弱的地區，在這些地區發動進攻。常見的方法主要有兩種：一是在競爭對手所經營的相同的市場範圍內，建立起比競爭對手更強有力的分銷網點，以攔截競爭對手的顧客；另一個是在同一地理區域內，尋找到競爭對手沒有覆蓋的市場片或是沒有推銷網點覆蓋的空白區域，占領這些區域並組織行銷。

（2）細分性的側翼進攻。這是指利用競爭對手的產品線的空缺或是行銷組合定位的單一而留下的空缺，進入這些細分市場，迅速地用競爭對手所空缺的產品品種或在其行銷盲區用相應的行銷組合加以填補。

3. 包圍進攻

包圍進攻是在對方的領域內，同時在兩個或兩個以上的方面發動進攻的做法。當用來對付可能會對單一方面的進攻迅速反應的競爭對手時，包圍進攻可以使被攻擊者首尾難顧。使用該戰略要求應具備兩個條件：一是通過市場細分未能發現對手忽視或尚未覆蓋的細分市場，補缺空當不存在，無法採用側翼進攻。二是與對手相比擁有絕對的資源優勢，制定了周密可行的作戰方案，相信包圍進攻能夠摧毀對手的防線和抵抗意志。

日本精工公司在手錶市場的進攻是一個典型的包圍戰略。精工公司多年來在每一個手錶網點上都有品種齊全的產品分銷，並且用眾多種類不斷變化的式樣壓倒了它的競爭者和徵服了消費者。

4. 迂迴進攻

這是一種間接的進攻戰略，它避開任何較直接地指向對手現行領域的交戰行動。它意味著繞過對手和攻擊較容易進入的市場，以擴大自己的資源基礎。有三種推行這種戰略的方法。①多樣化地經營無關聯的產品。這是市場領導者鞭長莫及的。典型的例子是高露潔公司為了避開寶潔公司而進入一些不相關的領域，如紡織業、運動器材業、化妝用品業、食品業以及醫療器材業。②將現有產品打入新地區市場，實行市場多角化，使之遠離市場領導者。例如，百事可樂公司為了在中國取得對可口可樂的優勢，將其新建的制瓶廠設在中國內陸省區以遠離繁華的沿海城市，因為在那裡外國飲料公司早已開展了經營。③公司可以採取蛙跳式戰略而躍入新技術領域以替代現有產品。這種技術上的蛙跳，在高技術領域極為普遍。由於挑戰者不是愚蠢地效仿競爭對手的產品發動耗資巨大的正面戰役，而是耐心地研製開發出新的技術，這樣就可以在自己佔有優勢的新戰場上向對手們發起挑戰。例如，世嘉進攻任天堂在電視游戲機市場上的成功，就是得益於通過引入高新技術，向市

場推出虛擬真實為基礎的娛樂游戲節目。

5. 遊擊進攻

這是向對手的有關領域發動小規模的、斷斷續續的進攻，逐漸削弱對手，使自己最終奪取永久性的市場領域。遊擊進攻適用於小公司打擊大公司。其主要方法是在某一局部市場上有選擇地降價、開展短促的密集促銷、向對方採取相應的法律行動等。遊擊進攻能夠有效地騷擾對手、消耗對手、牽制對手、誤導對手、瓦解對手的士氣、打亂對手的戰略部署而己方不冒太大的風險。適用條件是對方的損耗將不成比例地大於己方。採取遊擊進攻必須在開展少數幾次主要進攻還是一連串小型進攻之間作出決策。通常認為，一連串的小型進攻能夠形成累積性的衝擊，效果更好。

三、市場追隨者戰略

採取市場攻擊，並不總是可以奏效的，尤其是在市場領導者對攻擊不會有反應或是較大反應的情況下；力圖「畢其功於一役」往往是不現實的。所以，在發動進攻時，往往需要極其謹慎。對於市場份額少於市場領導者的企業來說，如果沒有技術上的真正進步或行銷方式的突破，應該更多地考慮採用市場追隨的戰略。

市場追隨者指那些在產品、技術、價格、渠道和促銷等大多數行銷戰略上模仿或跟隨市場領導者的公司。在很多情況下，追隨者可讓市場領導者和挑戰者承擔新產品開發、信息收集和市場開發所需的大量經費，自己坐享其成，減少支出和風險，並避免向市場領導者挑戰可能帶來的重大損失。許多居第二位及以後位次的公司往往選擇追隨而不是挑戰。當然，追隨者也應當制定有利於自身發展而不會引起競爭者報復的戰略。以下是三種可供選擇的跟隨戰略：

（一）緊密跟隨

這種戰略是在各個細分市場和市場行銷組合方面，都盡可能仿效領導者。這種跟隨有時好像是挑戰者，但是只要它不從根本上侵犯到領導者的地位，就不會發生直接衝突，有些甚至被看成是靠拾取領導者殘餘謀生的寄生者。例如，《華爾街日報》是美國發行量與廣告量最大的商業報紙，每天發行量超過 200 萬份。它擁有最好的作者與編者，而且是集工商報導和財經消息兩種新聞媒體於一身。但由於其名稱太偏重財經，因此《商業時報》（Business Times）即以工商業的專業報紙出現，跟隨《華爾街日報》而獲得發展。

（二）距離跟隨

這是指在基本方面模仿領導者，但是在包裝、廣告和價格上又保持一定差異的公司。如果模仿者不對領導者發起挑戰，領導者不會介意。在鋼鐵、肥料、化工等同質產品行業，不同公司的產品相同，服務相近，不易實行差異化戰略，價格幾乎是吸引購買的唯一手段，隨時可能爆發價格大戰。正因如此，各公司常常模仿市場領導者，採取較為一致的產品、價格、服務和促銷戰略，市場份額保持著高度的穩定性。

（三）選擇跟隨

這種跟隨者在某些方面緊跟領導者，而在另一些方面又自行其是。也就是說，它不是盲目跟隨，而是擇優跟隨，在跟隨的同時還要發揮自己的獨創性，但不進行直接的競爭。它必須集中精力，開拓適合它的那些市場。如果這樣做了，它仍可以獲得豐厚的利潤，甚至超過市場領導者。美國霍恩實業公司就是採取這種戰略取得成功的例子。雖然該公司在以斯蒂爾凱斯公司為首的美國辦公家具市場只排第四位，但它在中檔辦公家具市場的年盈利卻高居榜首。

四、市場補缺者戰略

在現代市場經濟條件下，每個行業幾乎都有些小企業，它們關注市場上被大企業忽略的某些細小部分，在這些小市場上通過專業化經營來獲得最大限度的收益，也就是在大企業的夾縫中求得生存和發展。這種有利的市場位置在西方被稱為「Niche」，即補缺基點。

所謂市場補缺者，就是指精心服務於市場的某些細小部分，而不與主要的企業競爭，只是通過專業化經營來占據有利的市場位置的企業。這種市場位置（補缺基點）不僅對小企業有意義，而且對某些大企業中的較小部門也有意義，它們也常常設法尋找一個或幾個這種既安全又有利的補缺基點。

（一）補缺基點的特徵

一個好的補缺基點應具有以下特徵：有足夠的市場潛量和購買力；利潤有增長的潛力；對主要競爭者不具有吸引力；企業具有佔有此補缺基點所必需的能力；企業既有的信譽足以對抗競爭者。

（二）市場補缺者戰略應用

企業取得補缺基點的主要戰略是專業化市場行銷。為取得補缺基點，企業可以選擇在市場、顧客、產品或渠道等方面實行專業化。

1. 最終用戶專業化

專門致力於為某類最終用戶服務，如計算機產業有些小企業專門針對某一類用戶（如診所、銀行等）進行市場行銷。

2. 垂直層面專業化

專門致力於分銷渠道中的某些層面，如制鋁廠專門生產鋁錠、鋁製品或鋁質零部件。

3. 顧客規模專業化

專門為某一種規模（大、中、小）的客戶服務，如有些小企業專門為那些被大企業忽略的小客戶服務。

4. 特定顧客專業化

只對一個或幾個主要客戶服務，如美國有些企業專門為西爾斯公司或通用汽車公司服務。

5. 地理區域專業化

專為國內外某一地區或地點服務。

6. 產品或產品線專業化

只生產一大類產品，如美國的綠箭公司專門生產口香糖這一種產品，現已發展成一家世界著名的跨國公司。

7. 客戶訂單專業化

專門按客戶訂單生產預訂的產品。

8. 質量和價格專業化

專門生產經營某一種質量和價格的產品，如專門生產高質高價產品或低質低價產品。

9. 服務項目專業化

專門提供某一種或幾種其他企業沒有的服務項目，如美國有一家銀行專門承辦電話貸款業務，並為客戶送款上門。

10. 分銷渠道專業化

專門服務於某一類分銷渠道，如專門生產適於超級市場銷售的產品，專門為航空公司的旅客提供食品。

選擇市場補缺基點時，多重補缺基點比單一補缺基點更能減少風險，增加保險系數。因此，企業通常應選擇兩個或兩個以上的補缺基點，以確保企業的生存和發展。總之，只要企業善於經營，小企業也有許多機會可以在獲利的條件下周到地為顧客服務。

市場補缺者是弱小者，其面臨的主要風險是當競爭者入侵或目標市場的消費習慣變化時有可能陷入絕境。因此，它的主要任務有 3 項：創造補缺市場，擴大補缺市場，保護補缺市場。

企業在密切注意競爭者的同時不應忽視對顧客的關注，不能單純強調以競爭者為中心而損害顧客的利益。以競爭者為中心指企業行為完全受競爭者行為支配，逐個跟蹤競爭者的行動並迅速作出反應。這種模式的優點是使行銷人員保持警惕，注意競爭者的動向；缺點是被競爭者牽著走，缺乏事先規劃和明確的目標。以顧客為中心指企業以顧客需求為依據制定行銷競爭戰略。其優點是能夠更好地辨別市場機會，確定目標市場，根據自身條件建立具有長遠意義的戰略規劃；缺點是有可能忽視競爭者的動向和對競爭者的分析。在現代市場中，企業在行銷戰略的制定過程中既要注意競爭者，也要注意顧客。

思考題

1. 波特模型中對五種力量的分析要點包括哪些？
2. 根據產品替代性的強弱，我們可以如何區分競爭者？
3. 對於市場領導者而言，如何擴大市場需求總量？

4. 如果你是市場挑戰者，可以採用的進攻戰略有哪幾種？
5. 試各舉一例說明三種不同的跟隨戰略。
6. 一個好的補缺基點應具有哪些特徵？

第八章
品牌與定位

美國行銷學界的泰門阿肯保（Alvin Achenbaum）說：「品牌與沒有品牌的同類商品的差異，以及賦予品牌資產的原因，在於消費者對產品的屬性與功能、對品牌名稱與所代表的意義、對品牌相關的公司等的知覺與感覺總和的一種承認。」市場競爭根本上是品牌競爭。品牌的號召力、凝聚力，可以為企業維繫較高的市場份額。在成熟的市場上，企業不是在賣產品，而是在賣品牌。企業行銷活動的關鍵是實現產品資本向貨幣資本轉化，也即由產品實體功能向脫離產品本身並能夠說明產品功能的符號、標誌轉化。

第一節　品牌真相

一、什麼是品牌

品牌是整體產品的重要組成部分。一個品牌是一個名字、名詞、符號和設計，或者以上四種之組合，用以識別一個或一群出售者之產品或勞務，以之與其他競爭者相區別。

組成品牌的有關因素有以下幾個方面：

（1）品牌名稱。品牌名稱指品牌中可以用語言稱呼，即能發出聲音的那一部分。

（2）品牌標記。品牌標記是品牌中可以辨別但不能用語言稱呼的那部分，通常是一些符號、圖案、顏色、字體等。

（3）商標。商標是指已獲得專用權並受到法律保護的整個品牌或品牌中的某一部分。

二、品牌內涵的六層次

現代行銷學之父美國菲利普·科特勒（Philip Kotler）認為，品牌從本質上說，是銷售者向購買者長期提供的一組特定的特點、利益和服務的許諾。品牌是一個較為複雜的系統，它的內涵包括以下六個層次：

（1）屬性。品牌屬性是指產品自身的特性，包括那些寫在產品說明書上的物理參數、技術參數、性能參數。如，進口奔馳 2010 款 E300 豪華型轎車的技術參數包括：7 檔自動、排量 cc2996、最大功率（kW/rpm）170/6000、油耗（L/100km）9.1、最高時速

（km/h）247、驅動方式前置後驅等。這些參數還可以進一步概括為製造精良、耐用性好、高車速等。

（2）利益。品牌利益是指產品能給消費者帶來的好處和利益。顧客買的不是屬性，他們買的是利益，屬性需要轉化成利益。如：耐用性——我這幾年將不需要購買新車；昂貴——該車使我感到自己很重要和令人羨慕；製造精良——萬一出交通事故，我仍然是安全的。

（3）價值。品牌價值實質是產品給消費者提供的一組利益的提煉。這種價值可以是產品對消費者功能上滿足的價值，也可以是對消費者情感上滿足的價值。如奔馳汽車包含的價值有：高績效、安全和名聲、象徵著財富、標誌著身分、引導著時尚。它可以滿足消費者的心理需求，是購買者對自我價值實現的肯定與證明。

（4）文化。品牌文化是指隱含在品牌中的文化內涵。例如，奔馳車包含德國文化：組織性、效率和高質量，寓意奔馳汽車凝聚著德國嚴謹的企業管理和先進的技術文化。一般說來，品牌是文化的載體，文化是品牌的靈魂，是凝結在品牌上的物質文化和精神文化的統一。成功的品牌都有其豐富的文化背景。

（5）個性。品牌也反應一定的個性。這就好比具有鮮明特徵的人，能夠活生生地把自己展現在他人的面前，並且給他人留下深刻的印象。品牌沒有個性，猶如人沒有特點，容易被忽視和忘記。海爾的品牌個性是「真誠」；沃爾瑪的品牌個性是「勤勞、樸實」；可口可樂品牌個性是「年輕、有活力和激情，緊跟時代潮流」。

（6）用戶。品牌暗示了購買或使用產品的消費者類型，反應品牌的用戶形象。例如，寶馬車的消費者定位於成功人士；太太口服液的消費者為富裕階層的家庭主婦；勞斯萊斯是一種豪華的生活方式、顯赫的社會地位代名詞，因而它的消費者多為各國政要和頂尖明星。

三、品牌內涵六層次之間的關係

對於一個品牌而言，屬性、利益、價值、文化、個性、使用者這六者是一個緊密聯繫的統一體，同時又隸屬於不同的層級。它們之間的具體關係如圖 8.1 所示。

第三層　價值

第二層　文化　個性

第一層　屬性　利益　使用者

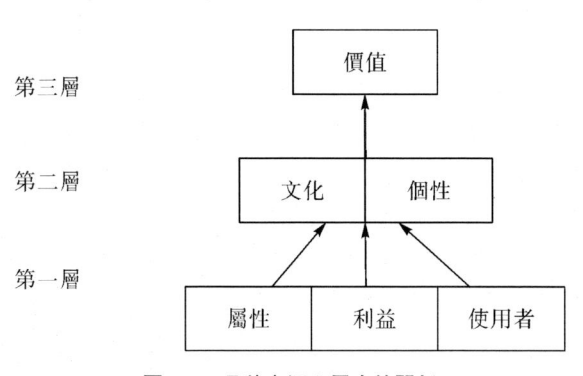

圖 8.1　品牌內涵六層次的關係

其中，處於第一層次的「屬性、利益、使用者」是形成一個品牌的基礎。一個品牌如果只具備這三個基本要素，我們稱之為淺意品牌，同時具備了六大要素的品牌被稱為深意品牌。「文化、個性」屬於第二層次，它們是第一層次中三個基本要素的濃縮和提煉。品牌的某些屬性或利益象徵著一種文化，而品牌的使用者詮釋了品牌所代表的個性。處於第三層次的「價值」同時也是品牌六大要素的中心，品牌價值是一個品牌的精髓所在，是其成為深意品牌的關鍵。品牌價值是在淺意品牌基礎上的昇華，一個品牌最獨一無二且最有價值的部分通常都會表現在核心價值上。比如，沃爾沃的「安全」，諾基亞的「科技，以人為本」，舒膚佳的「有效除菌」，海爾的「真誠到永遠」，這些品牌都是依靠其核心價值來獲得消費者的認同的。

四、品牌與產品的區別

現代行銷學之父菲利普・科特勒把產品定義為：「凡能提供給市場以引起人們注意、獲取、使用或消費，從而滿足某種慾望和需求的一切東西。」這一定義表達的是產品的整體概念，即把產品理解為由實質產品、形式產品和延伸產品三個層次組成的一個整體，如圖8.2所示。

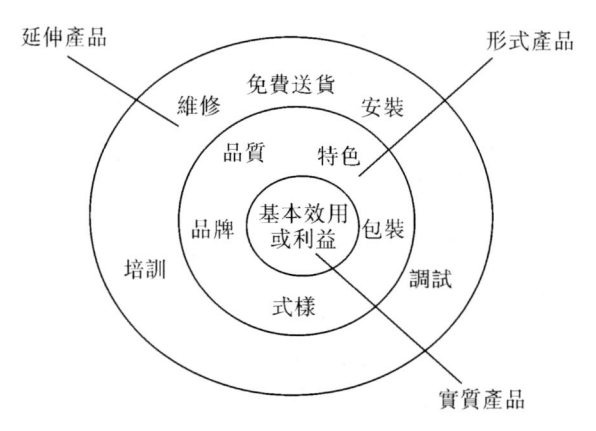

圖8.2　產品的整體概念

（1）實質產品，指產品向購買者提供的基本效用或利益。實質產品是產品的核心，也是企業行銷的根本出發點。

（2）形式產品，指實質產品借以實現的形狀、方式。實質產品所描述僅僅是一種概念，效用或利益是要通過一定的形體才能得以實現。

形式產品主要表現在五個方面：品質、特色、式樣及包裝。如電視機的畫面、音質的好壞、款式的新穎、品牌的知名度等。

（3）延伸產品，指顧客購買產品時所得到的附帶服務或利益。

產品整體概念的三個層次，十分清晰地體現了一切以顧客為中心的現代行銷觀念。一

個產品的價值大小，是由顧客決定的，而不是由生產者決定的。因此產品生產者必須要更多地愛他的顧客而不是產品，努力為顧客創造價值。

品牌與產品的區別見表 8.1。

表 8.1　　　　　　　　　　　品牌與產品的區別

差異點	產品	品牌
主要依賴對象	製造商	消費者
表現	物化的	抽象的、綜合的
作用	實現交換的物品	與消費者溝通的工具
要素	包括原料、工藝、生產、技術、質量等	標記、形象、個性等
功能和效用	對應特定的功能和效用	包容範圍廣，不局限於特定的功能和效用
意義	有功能意義	兼有象徵意義
關注點	注重價格的	注重價值，追求高附加值
有形/無形	有形資產	無形資產
可模仿性	容易被模仿	獨一無二
生命週期	有一定的生命週期	可以經久不衰
可擴展性	從屬於某一種類型	可以延伸、兼併和擴展
可累積和傳承性	其效應難以累積	其無形資產可以不斷累積和增加

第二節　品牌定位真相

品牌定位是品牌行銷的基礎和關鍵。只有完成了品牌市場定位後，才能進一步研究制定與之相對應的價格、渠道、促銷策略，所以，產品的市場定位是確定市場行銷組合的基礎，而與之相適應的價格、渠道、促銷策略的制定也有助於形成和樹立選定的產品市場定位形象。

一、什麼是品牌定位

當人們提起可樂，最先聯想到的是什麼？可口可樂已經成為了可樂品類的最佳代名詞。當人們口渴了，想來瓶可樂，最先想起和購買的也正是可口可樂；當人們提起涼茶，最先聯想到的是什麼？「王老吉」。王老吉也已經成為了涼茶品類的最佳代名詞。當人們上火了，想來瓶涼茶，最先想起和購買的正是王老吉涼茶；當人們提起牛仔，就會想到由李奧・貝納所創造的萬寶路男人形象。萬寶路品牌，它所代表的是一種「強悍、粗獷、自主」的牛仔形象，它賦予了一種全新的生活方式，一種男人都渴望追求的性感形象。這就是品牌定位的魅力。

全球頂級行銷大師、「定位之父」美國的杰克·特勞特認為：「所謂定位，就是令你的企業和產品與眾不同，形成核心競爭力；對受眾而言，即鮮明地建立品牌。」特勞特（中國）品牌戰略諮詢有限公司總裁鄧德隆認為：定位，就是讓品牌在消費者的心智中占據最有利的位置，使品牌成為某個類別或某種特性的代表品牌。這樣當消費者產生相關需求時，便會將定位品牌作為首選，也就是說這個品牌占據了這個定位。

品牌定位，企業應該根據目標市場上同類品牌或產品的競爭狀況，針對消費者對該類產品某些特徵或屬性的關注程度，進而為企業產品塑造出強而有力、與眾不同的鮮明個性，並將其形象生動地傳遞給消費者，以得到消費者的認知和認同，進而在消費者的心智中搶占一個最為有利的位置。其目的在於為自己的產品創造和培養一定的特色，使其富有鮮明的個性，樹立獨特的市場形象，以區別於競爭對手，從而滿足消費者的某種需要和偏愛。當消費者的某種需要一旦產生，人們首先就會想到某一品牌。品牌定位的本質在於差異化。

二、檢驗品牌定位的「1 秒鐘法則」

在品牌領域，有一個通用的「1 秒鐘法則」，即當你說出一個品牌的時候，無論你是不是該品牌的消費者，如果能在 1 秒鐘之內說出它的典型特徵，那麼這個品牌的定位是明確的，個性也是鮮明的。反之，這個品牌的定位是不明確的，個性也不鮮明，表 8.2 為檢驗品牌定位的「1 秒鐘法則」。

表 8.2　　　　　　　　　檢驗品牌定位的「1 秒鐘法則」

品牌	反應
肯德基、麥當勞（快餐）	方便、快捷、衛生
奔馳（汽車）	品質與聲譽的象徵
沃爾瑪（超市）	永遠的低價格
微軟	軟件之王
貴州茅臺	高品質國宴酒
百度	搜索引擎
海飛絲	專業去屑

三、品牌定位的幾個關鍵點

（一）要考慮產品屬性

產品屬性是品牌定位的載體。產品是品牌的載體，品牌必須依託於產品，這就決定了在進行品牌定位時必須考慮該品牌下產品的屬性，即考慮產品的性質、使用價值（有用性），包括功能、結構、形狀、質地、色彩等屬性。這是品牌定位的「物資」基礎。品牌

定位所確定的眾多的概念，需要給消費者可解釋的理由。產品屬性就是概念的載體，離開產品屬性的定位只能是空中樓閣。例如，貴州茅臺酒在中國白酒中始終占據最高的市場定位，從而為自己的品牌贏得了尊貴的地位。貴州茅臺酒 1919 年獲得巴拿馬國際博覽會白酒金獎。紅軍長徵路過茅臺鎮，又得到了茅臺酒的款待。新中國成立以後，茅臺酒被周恩來總理親自點名確定為國宴用酒，從此，貴州茅臺就有了不同於其他八大名酒的國酒的尊貴身分。多少年來，不論貴州茅臺酒的產量擴大多少倍，始終堅持質量不折不扣。特殊的釀造工藝和醬香型美味，使得貴州茅臺酒定位非常明確，市場地位牢固。與貴州茅臺酒呈現鮮明對比的北京紅星二鍋頭，是一種在白酒市場上價格最便宜的酒。由於定位明確，產品特點突出，特殊的二鍋頭工藝成全了特殊的口味，物美價廉就成為紅星的品牌定位，並為廣大老百姓所喜愛。

（二）要考慮企業的資源條件

企業的資源優勢或條件是品牌定位的基本保證。有些品牌的產品，有著獨特的資源優勢，這種優勢是競爭對手所不具備的。比如生產茅臺酒的貴州仁懷市茅臺鎮就坐落在風景秀麗的赤水河畔，特殊的地理位置成就了茅臺鎮特殊的地理氣候。這種氣候特別適宜於釀造醬香型白酒的生物菌群繁衍，使茅臺酒的生產獲得了得天獨厚的自然條件。所以，貴州茅臺品牌就經國家工商總局商標局特批獲準使用地名作註冊商標。這樣的品牌也就有了獨特的資源優勢。品牌定位必須要考慮企業的資源條件，要能使企業資源獲得優化利用，不要造成資源的閒置和浪費，也不要因資源缺乏陷入心有餘而力不足的境地。也就是說，品牌定位要能與企業資源相匹配。如：企業將定位於高檔，就要有能力確保產品的品質；定位於國際化品牌，就要有運作全球市場的經營管理人員；品牌定位於尖端產品，就要有相配套的技術。

（三）要有明確的目標群體

目標市場是品牌定位的指南針。企業自己的品牌究竟訴求的是什麼樣的消費者群體，一定要明確，絕對不能胡子眉毛一把抓。企業通過市場細分發現市場機會，為塑造自己獨特的品牌提供客觀依據。目標市場的人文特徵、社會特徵、經濟特徵、心理特徵是影響品牌市場定位的基本因素。市場研究表明，消費者的生活方式、生活態度、心理特性和價值觀念逐漸成為市場細分的重要變量，因此目標市場的基本變量是品牌市場定位的立足點和出發點。貴州茅臺酒的目標群體是比較尊貴的客人，它是最高檔的禮品酒，無論是宴會還是送禮，都能夠使人享受到品牌的尊貴。所以茅臺酒向來是「買的人不喝，喝的人不買」。相反，紅星二鍋頭實行的是一種非常大眾化的品牌定位，就是普通老百姓日常生活的享用品牌。花很少的錢，卻能夠得到心理的滿足和口感的享受，它顯示的是普通老百姓作為消費者的精明，實惠而不失尊嚴。

（四）要有別於競爭者的定位

競爭品牌是品牌定位的後視鏡。在今天市場競爭十分激烈的情況下，幾乎任何一個細

分市場都存在一個或多個競爭者，未被開發的空間越來越少了。在這種情況下，企業在進行品牌定位時更應考慮競爭者的品牌定位，應力圖在品牌所體現的個性和風格上與競爭者有所區別，否則消費者易於將後進入企業的品牌視為模仿者而不予信任。例如，在百事可樂最初推向市場時，以挑戰者身分使用「Me Too（我也是）」策略。言下之意，你是「真正的可樂」，「我也是」。消費者在心目中產生了模仿者的概念，可口可樂推出「只有『可口可樂』才是真正的可樂」的戰略，進一步強化了這一印象，它在提醒消費者，「可口可樂」才是真正的創始者，其他都是仿冒品，給百事可樂以迎頭痛擊。因此，企業在進行品牌定位時，要突出自己的特色，營造自己品牌的優勢，使自己的品牌有別於競爭者品牌。

（五）要考慮企業文化

企業文化是品牌定位的靈魂。沒有文化的品牌稱不上是品牌，沒有文化的品牌也是沒有生命力的。品牌文化是企業文化的子文化，品牌文化體現著企業獨特的價值理念和企業哲學。因此，只有當企業文化融入品牌，品牌才富有內涵，才能和消費者建立血脈相連的關係，才能贏得市場的認可和客戶的忠誠。

（六）要考慮成本效益比

合理的成本效益比是品牌定位的目的。追求經濟效益最大化是企業發展的最高目標，任何工作都要服從這一目標，品牌定位也不例外。品牌定位的支出因企業不同、產品不同、定位不同而各有差異。從整體上講要控制成本，追求低成本效益化，遵循收益大於成本這一原則。收不抵支的品牌定位只能使品牌定位失敗。假如將洗碗布定位於高端豪華產品就不合適，那樣只會增加產品成本，降低經濟效益，因為沒有多少人願意掏高價錢去購買最普通的家庭日常用品。假如一家小型企業為了向客戶提供個性化服務，建立龐大的備件和管理體系、呼叫中心、服務工程師隊伍、調度調節中心、服務質量管理和監督體系、全國範圍的維修站等，結果只能使經營費用大幅提高，不僅不能為企業帶來利潤，反而會使企業背上沉重的包袱。

（七）定位要清晰、簡單

清晰、簡單是品牌定位的基本要求。一些人想當然地認為品牌的賣點越多吸引力就越大，消費者就越會購買。殊不知，在大量的品牌信息充斥消費者腦海的時候，唯有簡明清晰的定位才能使品牌脫穎而出。因為消費者不喜歡複雜，沒有興趣去記憶很多有關品牌的信息。簡單明了的品牌定位有助於消費者的接收、記憶和傳播。例如，TCL的美之聲電話——「清晰」，王老吉涼茶——「預防上火」，金利來領帶——「男人的世界」。「沃爾沃」曾一度把自己定位成可靠、奢華、安全、開起來好玩的車，結果造成了消費者混亂的認知，後來修正定位，只講「安全」，從而形成現在一提起最安全的車就想到沃爾沃。

（八）品牌定位要相對穩定

定位一旦有了，不要經常換，至少要堅持 3～5 年。如果年年換，就等於沒有定位，也無法形成競爭優勢。比如，沃爾沃年年換一個定位，今年是安全，明年是樂趣，後年又是尊貴，其定位效果必然受到影響。

定位確實需要更新的時候，一定要把延續和創新相結合。比如，雀巢以前一直講「好品質」，但現在又開始說「好生活」。但廣告語變化不大，以前是「選品質選雀巢」，現在逐步引入「好食品，好生活」，這就是典型的將延續和創新有機結合的表現。

小連結

四大案例——杰克·特勞特定位理論實踐應用

贏得可樂大戰

20 世紀 80 年代，特勞特把「七喜」汽水重新定位為「不含咖啡因的非可樂」，此舉痛擊了可口可樂與百事可樂，使七喜汽水一躍成為僅次於可口可樂與百事可樂之後的美國飲料業的第三品牌。

幫助 IBM 成功轉型

20 世紀 80 年代以來，IBM 在 IT 業內被眾多的專業級對手所肢解，硬件被康柏、戴爾、蘋果打敗，軟件被微軟、甲骨文打敗，芯片被英特爾打敗，工作站被太陽打敗。1991 年虧 28 億美元，1993 年虧 81 億美元。IBM 向何處去？特勞特根據 IBM 電腦產品線長的特點，為 IBM 品牌重新定位為「集成電腦服務商」，這一戰略使得 IBM 成功轉型，走出困境，2001 年的淨利潤高達 77 億美元。

使蓮花公司絕處逢生

「蓮花 1-2-3」試算表在軟件業獲取成功後，遭遇了微軟 Excel 的攻擊，蓮花公司面臨絕境。特勞特選擇了其新產品 Notes，重新定位為群組軟件，用來解決聯網電腦上的同步運算。此舉使蓮花公司重獲生機，並憑此贏得 IBM 青睞，賣出了 35 億美元的價值。

造就美國最值得尊敬的公司

當美國所有航空公司都效仿美國航空公司的時候，特勞特協助客戶西南航空重新定位為「單一艙級」的航空品牌，以針對美國航空的多級艙位和多重定價。很快，西南航空從一大堆跟隨者中脫穎而出，1997 年起連續了 5 年被《財富》評為「美國最值得尊敬的公司」。

成功狙擊全球石油巨頭

在西班牙，當國家石化機構轉型為私營企業的時候，特勞特為新生的公司 Repsol 制定了三重定位的多品牌戰略，推出以汽車、服務、價格為區隔方向的品牌，有效地防禦了殼牌、美孚、BP 等國際巨頭的進入。目前，Repsol 在西班牙佔有 50% 的石油市場，成為西班牙最大的石油商。

資料來源：京華時報，2002-10-11。

第三節　品牌定位的步驟

定位，就是使品牌實現區隔。今天，消費者面臨著太多的選擇，經營者要麼想辦法做到差異化定位，要麼就定一個很低的價錢，否則，企業很難生存。其中的關鍵之處，在於能否使品牌形成自己的區隔，在某一方面占據主導地位。杰克·特勞特認為，企業一定要切實地厘清自己的區隔，並按照以下四個步驟來建立定位：分析競爭環境、尋找區隔概念、找到支持點、傳播與應用。參照杰克·特勞特的觀點，本書提出品牌定位的四個步驟，如圖8.3所示。

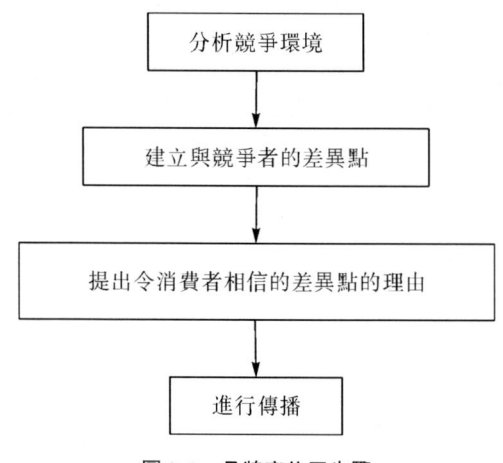

```
分析競爭環境
    ↓
建立與競爭者的差異點
    ↓
提出令消費者相信的差異點的理由
    ↓
進行傳播
```

圖8.3　品牌定位四步驟

一、分析競爭環境

企業不能在真空中建立區隔，周圍的競爭者們都有著各自的概念，企業得切合行業環境實際才行。競爭環境分析方法主要有以下兩種：

(一) 五種競爭力量分析模型

借助美國哈佛商學院邁克爾·波特教授於20世紀80年代初提出的5種競爭力量模型，它們是：新進入者威脅、行業中現有企業的競爭、替代產品的威脅、供應商和購買者的討價還價能力。該模型主要用來幫助企業瞭解自己所在行業的競爭狀況，如：競爭力量的來源、強度、影響因素等。該模型的基本邏輯為，企業行為主要受其所在行業市場競爭強度的影響。競爭強度取決於市場上存在的五種基本力量，正是五種力量的聯合強度，影響和決定了企業在行業中的最終盈利潛力。所以，研究企業戰略，就是通過對其所處的經營環境進行分析，瞭解企業所面臨的五種競爭力量情況，以採取相應的競爭性行動，削弱五種競爭力量的影響，增強自身的競爭實力與地位，從而保持良好的盈利狀態，在競爭中

獲得主動權。圖 8.4 為五種競爭力量分析模型。

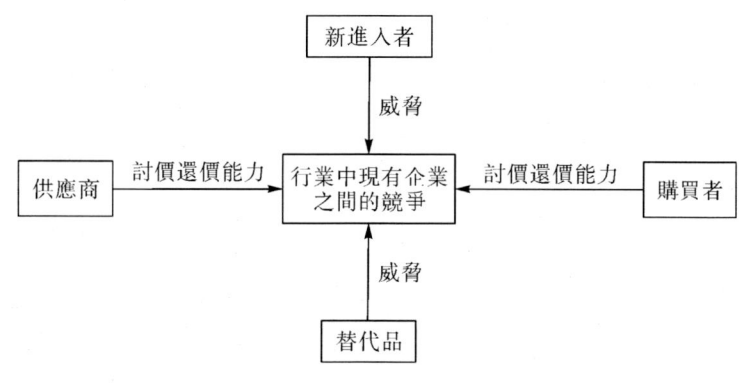

```
                    ┌─────────┐
                    │ 新進入者 │
                    └─────────┘
                         │威脅
                         ↓
┌────────┐  討價還價能力  ┌──────────────┐  討價還價能力  ┌────────┐
│ 供應商 │ ─────────────→│ 行業中現有企業│←───────────── │ 購買者 │
└────────┘                │  之間的競爭  │                └────────┘
                          └──────────────┘
                                ↑威脅
                          ┌─────────┐
                          │ 替代品  │
                          └─────────┘
```

圖 8.4　五種競爭力量分析模型圖

1. 新進入者的威脅

新進入者在給行業帶來新的生產能力、新資源的同時，希望在已被現有企業瓜分完畢的市場中贏得一席之地，這就有可能會與現有企業發生原材料與市場份額的競爭，最終導致行業中現有企業盈利水準降低，嚴重的話還有可能危及這些企業的生存。新進入者威脅的嚴峻性取決於一家新企業進入該行業的障礙大小（即進入壁壘）與預期現有企業對於進入者的反應情況。

進入市場的壁壘通常有以下幾種：

（1）規模經濟；

（2）關鍵技術或專業技能；

（3）消費者品牌偏好和客戶忠誠度；

（4）資源要求（如冶金業對礦產的擁有）；

（5）銷售渠道開拓；

（6）政府政策（如國家綜合平衡統一建設的石化企業）；

（7）關稅及國際貿易方面的限制。

行業的進入壁壘越高，新進入者的進入能力就越低。

預期現有企業對進入者的反應情況，主要是採取報復行動的可能性大小，則取決於有關廠商的財力情況、報復記錄、固定資產規模、行業增長速度等。

2. 競爭威脅

競爭威脅是指行業中廠商之間的競爭水準以及競爭的激烈程度。行業內的競爭通過降低企業的績效威脅各企業。

競爭威脅是五種力量中最強大的。為了贏得市場地位和市場份額，他們通常不惜代價。在有些行業中，競爭的核心是價格；在有些行業中，價格競爭很弱，競爭的核心在於產品或服務的特色、新產品革新、質量和耐用度、保修、售後服務、品牌形象。

以下一些情況會使競爭加劇：

(1) 當競爭廠商的數量增加時，競爭會加劇；

(2) 當競爭廠商的規模提高時，競爭會加劇；

(3) 當行業環境迫使競爭廠商降價時，競爭會加劇；

(4) 當競爭廠商之間相抗衡的程度提高時，競爭會加劇；

(5) 當產品的需求增長緩慢時，競爭會加劇；

(6) 當客戶轉換品牌的成本較低時，競爭會加劇；

(7) 當行業之外的具有雄厚資金的公司購並本行業的弱小公司，並採取積極的行動試圖將其新購並的廠商變成主要的市場競爭者時，競爭會加劇；

(8) 當廠商採取新的其他競爭手段時，競爭會加劇。

評估競爭的激烈程度，關鍵是準確判斷公司間的競爭會給盈利能力帶來多大的壓力。如果競爭行動降低了行業的利潤水準，那麼可以認為競爭是激烈的；如果絕大多數廠商的利潤都達到了可接受的水準，競爭為一般程度；如果行業中的絕大多數公司都可以獲得超過平均水準的投資回報，則競爭是比較弱的，具有一定的吸引力。

3. 替代品的威脅

替代品是指那些與客戶產品具有相同功能的或類似功能的產品。某個行業的競爭廠商常常會因為另外一個行業的廠商能夠生產很好的替代品而面臨競爭。如汽車運輸會受到鐵路運輸、水路運輸的競爭，玻璃瓶生產商會受到塑料瓶和金屬罐廠商的競爭，書籍會受到互聯網信息和知識性網站的競爭。

決定替代品競爭壓力大小的因素主要有：

(1) 是否可以獲得價格上有吸引力的替代品？容易獲得並且價格上有吸引力的替代品往往會產生競爭壓力。如果替代品的價格比行業產品的價格低，那麼行業中的競爭廠商就會遭遇降價的競爭壓力。

(2) 在質量、性能和其他一些重要的屬性方面的滿意度如何？替代品的易獲得性不可避免地刺激客戶去比較彼此的質量、性能和價格，這種壓力迫使行業中的廠商加強攻勢，努力說服購買者相信它們的產品有著卓越的品質和有益的性能。

(3) 購買者轉向替代品的成本。最常見的轉換成本有：可能的額外價格、可能的設備成本、測試替代品質量和可靠性的時間和成本、斷絕原有供應關係建立新供應關係的成本、轉換時獲得技術幫助的成本、員工培訓成本等。如果轉換成本很高，那麼替代品的生產商就必須提供某種重要的性能或利益，來誘惑原來行業的客戶脫離老關係。

一般說來，替代品的價格越低，質量和性能越高，購買者的轉換成本就越低，替代品所帶來的競爭壓力就越大。如，中國現在網上音樂下載相當便宜，對唱片出版商形成了極大的威脅。

4. 供應商的討價還價能力

供應商影響一個行業競爭者的主要方式是提高價格（以此榨取買方的盈利），降低所提供產品或服務的質量。一旦供應商擁有足夠的談判權，在定價、所供應的產品的質量和性能或者交貨的可靠度上有很大的優勢時，這些供應商就會成為一種強大的競爭力量。

在下列情況下，供應商有較強的討價還價能力：

（1）集中化程度高。供應商所處行業由少數幾家企業控制，其集中化程度高於購買商行業的集中程度。這時，供應商能夠在價格、質量的條件上對購買商施加較大的影響。

（2）無須與替代商品進行競爭。供應商如果存在著與替代商品的競爭，即使供應商再強大有力，他們的競爭能力也會受到牽制。

（3）商品差別化。供應商的商品是有差別的，並且建立起了很高的轉換成本。購買者如果從其他渠道進貨就會支付高額轉換成本，此時，供應商的討價還價能力較強，而購買者只能接受。

（4）下游企業多。對供應商來說，如果供應商向多個企業銷售商品且每個企業的採購在其銷售額中所占比例都不是很大時，供應商更易於應用他們討價還價的能力。反之，如果某個行業或企業是供應商的重要客戶，供應商就會為了自己的發展而會在價格上比較公道，也會通過研究與開發、疏通渠道等活動來保護下游的行業或企業。

（5）前向一體化。供應商實行前向一體化後，購買商所在行業若想在購買條件上討價還價，就會遇到困難。例如汽車製造企業都要自銷汽車，則會對汽車經銷企業構成很大的威脅。

5. 購買者的討價還價能力

與供應商一樣，購買者也能夠為行業盈利性造成威脅。購買者能夠強行壓低價格，或要求更高的質量或更多的服務。為達到這一點，他們可能使生產者互相競爭，或者不從任何單個生產者那裡購買商品。購買者一般可以歸為工業客戶或個人客戶，購買者的購買行為與這種分類方法是一般是不相關的。有一點例外：工業客戶是零售商，他可以影響消費者的購買決策，這樣，零售商的討價還價能力就顯著增強了。

在下列情況下，購買者有較強的討價還價能力：

（1）買方相對集中並且大量購買。如果買方所處行業的集中程度高，由幾家大公司控制，這就會提高買方的地位。這種情況在商業領域很少出現，因為商業企業面對的主要是成千上萬的個人消費者，他們的討價還價能力較低。在生產資料流通行業，買方主要是生產企業，可能會出現買方討價還價能力高於生產資料流通企業的局面。

（2）產品的標準化程度。產品標準化程度越高，且購買者對產品的質量性能要求並不高時，購買者選擇的範圍就越大，競爭力就越強。

（3）買方的行業轉換成本低。高的轉換成本將使買方固定在特定的供應商身上。相反，低轉換成本使買方對賣方的依賴程度減輕，買方的討價還價能力加強。

（4）後向一體化。買方有採用後向一體化對供應商構成威脅的傾向，他們寧願自己生產而不去購買。

（5）買方掌握供應商的充分信息。這樣，買方便會在交易中享有優惠價格，而且在受到供應商威脅時可以進行有力的反擊。

（二）競爭對手分析

競爭對手分析包含兩個步驟：選擇競爭對手；競爭對手要素分析。

1. 選擇競爭對手

（1）選擇目前重要的競爭對手。

（2）預測潛在的競爭對手。以下類型的企業可能成為潛在的競爭對手：

①不在本行業但是可以不費力氣便可克服進入壁壘的公司；

②進入本行業便可獲得協同效應的公司；

③其戰略的延伸必將導致可加入本行業競爭的公司；

④可能前向整合或後向整合的客戶或經銷商；

⑤被收購的弱小公司。

2. 競爭對手要素分析

在確立了重要的競爭對手以後，就需要對每一個競爭對手的下列要素作出盡可能深入、詳細的分析。這些要素有：市場佔有率分析、財務狀況分析、產能利用率分析、創新能力分析和領導人分析。

（1）市場佔有率分析。市場佔有率通常用企業的銷售量與市場的總體容量的比例來表示。

進行競爭對手市場佔有率分析的目的是明確競爭對手及本企業在市場上所處的位置。分析市場佔有率不但要分析行業中競爭對手及本企業總體的市場佔有率的狀況，還要分析細分市場競爭對手的佔有率的狀況。

分析總體的市場佔有率是為了明確本企業和競爭對手相比在企業中所處的位置是什麼，是市場的領導者、跟隨者還是市場的參與者。

分析細分市場的市場佔有率是為了明確在哪個市場區域或是哪種產品是具有競爭力的，在哪個區域或是哪種產品在市場競爭中處於劣勢地位，從而為企業制定具體的競爭戰略提供依據。

（2）財務狀況分析。競爭對手財務狀況的分析主要包括盈利能力分析、成長性分析和負債情況分析等。

①競爭對手盈利能力分析。盈利能力通常採用的指標是利潤率。比較競爭對手與本企業的利潤率指標，並與行業的平均利潤率比較，判斷本企業的盈利水準處在什麼樣的位置。同時要對利潤率的構成進行分析。主要分析主營業務成本率、營業費用率、管理費用率以及財務費用率。看哪個指標是優於競爭對手的，哪個指標比競爭對手高，從而採取相

應的措施提高本企業的盈利水準。比如，本企業的營業費用率遠高於競爭對手的營業費用率。這裡就要對營業費用率高的具體原因作出詳細的分析。營業費用包括：銷售人員工資、物流費用、廣告費用、促銷費用以及其他（差旅費、辦公費等）。通過對這些具體項目的分析找出差距，並且採取相應的措施降低營業費用。

②競爭對手的成長性分析。主要分析的指標是產銷量增長率、利潤增長率。同時對產銷量的增長率和利潤的增長率作出比較分析，看兩者增長的關係，是利潤的增長率快於產銷量的增長率，還是產銷量的增長率快於利潤的增長率。一般來說利潤的增長率快於產銷量增長率，說明企業有較好的成長性。但在目前的市場狀況下，企業的產銷量增長，大部分並不是來自自然的增長，而主要是通過收購兼併的方式實現。所以經常也會出現產銷量的增長率遠大於利潤的增長率的情況。所以在作企業的成長性分析的時候，要進行具體的分析，剔除收購兼併因素的影響。

③資產負債率的分析。資產負債率是衡量企業負債水準及風險程度的重要標誌。

一般認為，資產負債率的適宜水準是40%～60%。對於經營風險比較高的企業，為減少財務風險，應選擇比較低的資產負債率；對於經營風險低的企業，為增加股東收益，應選擇比較高的資產負債率。

在分析資產負債率時，可以從以下幾個方面進行：

從債權人的角度看，資產負債率越低越好。資產負債率低，債權人提供的資金與企業資本總額相比，所占比例低，企業不能償債的可能性小，企業的風險主要由股東承擔，這對債權人來講，是十分有利的。

從股東的角度看，他們希望保持較高的資產負債率水準。站在股東的立場上，可以得出結論：在全部資本利潤率高於借款利息率時，負債比例越高越好。

從經營者的角度看，他們最關心的是在充分利用借入資本給企業帶來好處的同時，盡可能降低財務風險。

（3）競爭對手的產能利用率分析。產能利用率是一個很重要的指標，尤其是對於製造企業來說，它直接關係到企業生產成本的高低。產能利用率是指企業發揮生產能力的程度。很顯然，企業的產能利用率高，則單位產品的固定成本就相對低。所以要對競爭對手的產能利用率情況進行分析。

分析的目的，是為了找出與競爭對手在產能利用率方面的差距，並分析造成這種差距的原因，有針對性地改進本企業的業務流程，提高本企業的產能利用率，降低企業的生產成本。

（4）競爭對手的創新能力分析。目前企業所處的市場環境是一個超競爭的環境。所謂超競爭環境是指企業的生存環境在不斷變化著。在這樣的市場環境下，很難說什麼是企業的核心競爭力。企業只有不斷地學習和創新，才能適應不斷變化的市場環境。所以學習和創新成了企業的主要的核心競爭力。

對競爭對手學習和創新能力的分析，可以從如下的幾個指標來進行：

推出新產品的速度，這是檢驗企業科研能力的一個重要的指標。

科研經費占銷售收入的百分比，這體現出企業對技術創新的重視程度。

銷售渠道的創新。主要看競爭對手對銷售渠道的整合程度。銷售渠道是企業盈利的主要的通道，加強對銷售渠道的管理和創新，更好地管控銷售渠道，企業才可能在整個的價值鏈中（包括供應商和經銷商）分得更多的利潤。

管理創新。在中國，企業的管理水準一直處於一種不高的層次上。隨著市場競爭的愈演愈烈，企業只有不斷提高自身的管理水準，進行管理的創新，才能不被激烈的市場競爭所淘汰。

通過對競爭對手學習與創新能力的分析，找出本企業在學習和創新方面存在的差距，提高本企業的學習和創新的能力。只有通過不斷學習和創新，才能打造企業的差異化戰略，提高企業的競爭水準，以獲取高於行業平均利潤的超額利潤。

（5）對競爭對手的領導人進行分析。領導者的風格往往決定了一個企業的企業文化和價值觀，是企業成功的關鍵因素之一。一個敢於冒險、勇於創新的領導者，會對企業作大刀闊斧的改革，會不斷為企業尋求新的增長機會；一個性格穩重的領導者，會注重企業的內涵增長，注重挖掘企業的內部潛力。所以研究競爭對手的領導人，對於掌握企業的戰略動向和工作重點有很大的幫助。

對競爭對手領導人的分析包括：姓名、年齡、性別、教育背景、主要的經歷、培訓的經歷、過去的業績等等。通過這些方面的分析，全面瞭解競爭對手領導人的個人素質，分析他的這種素質會給他所在的企業帶來什麼樣的變化和機會。此外，還要分析競爭對手主要的領導人的變更情況，分析領導人的更換為企業的發展所帶來的影響。

二、建立與競爭者的差異點

建立與競爭者的差異點，就是要打造自己在市場上的差異性。現代企業為了在激烈的競爭中存活，必須發展與其他企業不盡相同的生存能力和技巧，必須懂得任何優勢都來自於差異的道理，找到最能發揮自己作用的位置，從而發現生存和發展空間。企業在有限的資源條件下，為取得最大的競爭優勢，要求企業在產品質量、價格或者服務、促銷等方面創造差異化，突出企業的個性，充分利用內外部資源，達到降低成本、提高競爭力的目的。一般而言，企業可以從很多的角度尋求差異化，這具體表現在產品、服務、銷售通路和企業形象四大方面，比如，一種獨特的口味（比薩餅）、名望和特異性（勞力士手錶）、可靠的服務（聯邦捷運公司的隔夜快遞業務）、及時提供備用零件（卡特皮勒公司保證向全球各地的任何一個客戶提供48小時備用零件的送貨和免費安裝）、物超所值（麥當勞和沃爾瑪）、工程設計和性能卓越（奔馳汽車）、產品可靠性高（強生公司嬰兒產品）、高質量的製造（本田汽車）、技術領導地位（索尼公司的新產品）、全系列的服務（海爾的

星級服務）等。又比如，就飲料來說，王老吉把自己定位於「預防上火的飲料」，與其他飲料成功區隔。碳酸飲料——可口可樂；果汁——匯源；礦泉水——樂百氏、康師傅；功能性飲料——紅牛；天然水——農夫山泉；純淨水——娃哈哈。

最具吸引力的差異化方式是那些競爭對手模仿起來難度很大或代價高昂的方式。事實上，資源豐富的公司幾乎都能夠適時地仿製任何一種產品或者特色與屬性。這就是為什麼持久的差異化優勢通常要建立在獨特的內部能力和核心能力的基礎上的原因。差異化戰略的核心價值是：通過建立領先於競爭對手的獨特優勢，更好地滿足某個細分市場顧客的需求，並獲得額外收益。

三、提出令消費者相信的差異點的理由

建立了與競爭者的差異點，你還要找到其支持點，讓它真實可信。差異點絕不是一個概念或者噱頭，應該是顧客的真實價值，應該通過產品和品牌行為體現出來、支撐起來，任何一個與競爭者的差異點都必須有據可依。比如：曾經負債累累的 IBM 憑著為顧客提供集成服務而成功實施了戰略轉型，這是以 IBM 的規模和多領域的技術優勢為基礎的——它們是 IBM 天然的支持點；「寬輪距」的龐帝克（Pontiac）的輪距就比其他汽車更寬；可口可樂是「正宗的可樂」，這是因為它就是可樂的發明者……差異點不是空中樓閣，消費者需要你證明給他看，你必須能支撐起自己的差異點。

四、進行傳播

並不是說建立了與競爭者的差異點，就是找到了支持點，就可以等著顧客上門了。最終，企業要靠傳播才能將差異點植入消費者心中，並在應用中建立起企業的定位。一方面，企業要在每一方面的傳播活動中都盡力體現出差異點；另一方面，只有當差異點被別人接受，又在企業研發、生產、銷售、服務各環節得到深入貫徹，才可以說已經為品牌建立了自己的清晰定位。傳播的方式主要有：廣告、公共關係、銷售促進和人員推銷。企業在實際運用中要靈活採用更有針對性的形式與消費者達成情感、心靈的深層次溝通。

小連結

美國米雪羅淡啤酒的品牌定位三部曲

美國安氏公司是一家知名度很高的啤酒企業，旗下有米雪羅、百威及布希三種品牌的啤酒，其中百威在日本的影響最大。1988 年，日本的阿薩喜和麒麟均向美國大量出口淡啤酒。雖然一開始只針對日本餐廳，但安氏公司知道他們很快就會全面推廣，因此必須趕在日本人大舉占領市場之前推出自己的品牌。於是，安氏公司派出品牌主管等一組人到日本進行市場調研，並得出如下結論：①消費者正需要一種新的、更刺激的啤酒；②消費者對淡啤酒感到十分好奇（味道怎樣？口感如何？）；③消費者瞭解「淡」在葡萄酒或香檳

酒上的意思，但不瞭解淡啤酒是怎麼一回事；④嗜好啤酒的人急欲知道更多有關淡啤酒的信息。

安氏公司認為消費者的好奇心會有利於淡啤酒的銷售和相關品牌的創建。市場的正面反應和日本淡啤酒成功的先例，加上美國人一向喜歡嘗試新鮮事物，促進安氏公司決定推出自己的淡啤酒，向市場全面出擊。那麼用什麼品牌？用舊品牌還是再創一個品牌？如果用舊品牌，應該選擇哪一個？安氏公司經過認真分析，決定選用米雪羅作為淡啤酒的牌子，主要原因是：①淡啤酒是美國市場的新產品類別，風險大，投資多，需要一個穩健的品牌名稱作支撐；②日本淡啤酒的品牌定位與具有上流形象的米雪羅系列相吻合；③米雪羅淡啤酒與百威啤酒都有可能受消費者歡迎，但如果百威先行推出，可能會因為其強大的市場影響力及消費者的高品牌忠誠度，增加米雪羅淡啤酒的銷售難度；④安氏公司急需改善米雪羅系列產品的銷售狀況，因為米雪羅從1981年起銷量一直在下降，推出淡啤酒可能會重振這個品牌。

通過市場調查，安氏公司為米雪羅淡啤酒選定了目標市場：①受過中等以上教育的年輕人，有上流社會的品位；②女性（喜歡飲用後不殘留口味）；③喜歡喝口味清淡啤酒的人。

1988年9月米雪羅淡啤酒在全美上市，一年之後占領了83%的淡啤酒市場。此後兩年，安氏又推出百威淡啤酒，深受消費者歡迎。1990年底，安氏旗下兩大品牌拿下了美國淡啤酒市場94%的份額，幾乎壟斷美國市場。

安氏公司用舊品牌推出新產品，借新產品重振舊品牌的案例，基本上涵蓋了品牌定位的全過程，即明確自身潛在的競爭優勢，準確選擇競爭優勢和目標市場，通過一定手段向市場推廣，這就是品牌定位的「三部曲」。

資料來源：中國酒業新聞網（http://www.cnwinenews.com），喬春洋。

第四節　品牌定位策略

在產品越來越同質化的今天，要想成功打造一個品牌，品牌定位已是舉足輕重。品牌定位是技術性較強的策略，離不開科學嚴密的思維，必須講究方法。品牌定位策略通常有以下種類：

一、產品功效定位

消費者購買產品主要是為了獲得產品的使用價值，希望產品具有所期望的功能、效果和效益。產品功效定位是以強調產品的功效為訴求內容。很多產品具有多重功效，定位時向顧客傳達單一的功效還是多重功效並沒有絕對的定論，但由於消費者能記住的信息是有限的，往往只對某一強烈訴求容易產生較深的印象，因此，向消費者承諾一個功效點的單

一訴求更能突出品牌的個性，獲得成功的定位。如以下產品的品牌定位分別是：海飛絲是「去頭屑」；飄柔是使頭髮「柔順」；潘婷是使頭髮「營養健康」；舒膚佳強調「有效去除細菌」；沃爾沃汽車定位於「安全」；王老吉是「預防上火」的飲料。

二、產品品質定位

品質定位是以產品優良的或獨特的品質作為訴求內容，如「好品質」、「天然出品」等，以面向那些主要注重產品品質的消費者。適合這種定位的產品往往實用性很強，必須經得起市場考驗，能贏得消費者的信賴。如蒙牛高鈣奶宣揚「好鈣源自好奶」；康佳彩電強調「專業製造，國際品質」。企業訴求製造產品的高水準技術和工藝也是品質定位的主要內容，體現出「工欲善其事，必先利其器」的思想，如樂百氏純淨水的「27層淨化」讓消費者至今記憶深刻，長富牛奶宣傳的「全體系高端標準奶源，全程序高端標準工藝，純品質完成真口味」給人以不凡的品質印象。

三、產品情感定位

該定位是為消費者提供情感利益作為訴求內容，將人類情感中的關懷、牽掛、思念、溫暖、懷舊和愛等情感內涵融入品牌，使消費者在購買、使用產品的過程中獲得這些情感體驗，從而喚起消費者內心深處的認同和共鳴，最終形成對品牌的喜愛和忠誠。浙江納愛斯的雕牌洗衣粉，借用社會關注資源，在品牌塑造上大打情感牌，其創造的「下崗片」，就是較成功的情感定位策略：「媽媽，我能幫您干活啦」的真情流露引起了消費者內心深處的震顫以及強烈的情感共鳴，自此，納愛斯雕牌更加深入人心；麗珠得樂的「其實男人更需要關懷」也是情感定位策略的絕妙運用；哈爾濱啤酒「歲月流轉，情懷依舊」的品牌內涵讓人勾起無限的歲月懷念。鬆下「愛妻號」洗衣機以其充滿溫馨味道的商品名將產品定位於丈夫送洗衣機給妻子、為妻子減輕家務負擔，一進入市場便取得巨大的成功，在經歷了1995—1998年的快速增長後，1998年達到了75萬臺的產量。

四、產品質量/價格定位

該策略是指將質量和價格結合起來構築品牌識別。質量和價格通常是消費者最關注的要素，人們都希望買到質量好、價格適中或便宜的物品。因而實際中，這種定位往往表現宣傳產品的價廉物美和物有所值。戴爾電腦採用直銷模式，降低了成本，並將降低的成本讓渡給顧客，因而戴爾電腦總是強調「物超所值，實惠之選」；雕牌用「只選對的，不買貴的」暗示雕牌的實惠價格；施奈德樹脂鏡片提出「攀登品質高峰」；奧克斯空調告訴消費者「讓你付出更少，得到更多」；「巧手」洗衣粉提出「以質取勝，價格公道」。這些都是既考慮了質量又考慮了價格的定位策略。

五、企業理念定位

企業理念定位就是企業用自己的具有鮮明特點的經營理念和企業精神作為品牌的定位訴求，體現企業的內在本質。一個企業如果具有正確的企業宗旨、良好的精神面貌和經營哲學，那麼，企業採用理念定位策略就容易樹立起令公眾產生好感的企業形象，借此提高品牌的價值，光大品牌形象。如「IBM 就是服務」是美國 IBM 公司的一句響徹全球的口號，是 IBM 公司經營理念的精髓所在；金娃的「奉獻優質營養，關愛少兒長遠身心健康」，使家長覺得金娃是一個有責任心與愛心的品牌，從而對金娃產生認同。飛利普的「讓我們做得更好」，諾基亞的「科技以人為本」，TCL 的「為顧客創造價值」，招商銀行的「因您而變」，海爾的「真誠到永遠」等都是企業理念定位的典型代表。

六、自我表現定位

該定位通過表現品牌的某種獨特形象和內涵，讓品牌成為消費者表達個人價值觀、審美情趣、個性、生活品位、心理期待的一種載體和媒介，使消費者獲得一種自我滿足和自我陶醉的快樂感覺。果汁品牌「酷兒」的「代言人」大頭娃娃，右手叉腰，左手拿著果汁飲料，陶醉地說著「QOO」。這個有點兒笨手笨腳卻又不易氣餒地藍色酷兒形象正好符合兒童「快樂、喜好助人但又愛模仿大人」的心理；小朋友看到酷兒就像看到了自己，因而博得了小朋友的喜愛。浪莎襪業鍥而不舍地宣揚「動人、高雅、時尚」的品牌內涵，給消費者一種表現靚麗、嫵媚、前衛的心理滿足。夏蒙西服定位於「007 的選擇」對渴望勇敢、智慧、酷美和英雄的消費者極具吸引力。

七、高級群體定位

企業可借助群體的聲望、集體概念或模糊數學的手法，打出入會限制嚴格的俱樂部式的高級團體牌子，強調自己是這一高級群體的一員，從而提高自己的地位形象和聲望，贏得消費者的信賴。美國克萊斯勒汽車公司宣布自己是美國「三大汽車公司之一」，使消費者感到克萊斯勒和第一、第二一樣都是知名轎車了，從而收到了良好的效果。利君沙、雕牌、冷酸靈都打出「中國馳名商標」的口號，給人深刻的印象；升達地板、艾美特電風扇、恒源祥羊絨衫強調「國家免檢產品」，增強了消費者對公司產品的信賴感。

八、首席定位

首席定位即強調品牌在同行業或同類中的領導性、首創性、專業性地位，把品牌塑造成專家、開山老祖、權威正宗等身分，如宣稱「銷量第一」。在現今信息爆炸的社會裡，消費者對大多數信息毫無記憶，但對領導性、首創性、專業性的品牌印象較為深刻。如百威啤酒宣稱是「全世界最大，最有名的美國啤酒」，雙匯強調「開創中國肉類品牌」，波

導手機宣稱「連續三年全國銷量第一」，雅戈爾宣稱是「襯衫專家」，這些都是首席定位策略的運用。全球第一中文搜索百度、涼茶「始祖」王老吉、全球第一碳酸飲料可口可樂也都是首席定位策略的表現。

九、消費群體定位

該定位直接以產品的消費群體為訴求對象，突出產品專為該類消費群體服務，來獲得目標消費群的認同。把品牌與消費者結合起來，有利於增進消費者的歸屬感，使其產生「我自己的品牌」的感覺。如金利來定位於「男人的世界」，太太口服液的口號是「十足女人味」，百事可樂的口號是「青年一代的可樂」，水木年華的口號是「專業學生品牌」。

十、文化定位

將文化內涵融入品牌，形成文化上的品牌識別，文化定位能大大提高品牌的品位和附加價值，使品牌形象更加獨具特色。產品的功能與屬性很容易被競爭對手模仿，而品牌的文化內涵卻是競爭對手無法模仿的。偉大的哲學家尼採曾經說過：「當嬰兒第一次站起來的時候，你會發現，使他站起來的不是他的肢體，而是他的頭腦。」而同樣對於一個企業能否強大，從根本上講，不是光靠企業的資產規模，也不是光靠企業的員工數量，而是靠企業所蘊含的內在文化內涵。因此，我們可以把企業文化視為企業或品牌的頭腦。

中國文化源遠流長，國內企業要予以更多的關注和運用，目前已有不少成功的案例。珠江雲峰酒業推出的「小糊涂仙」酒，就成功地實施了文化定位，他們借「聰明」與「糊塗」反襯，將鄭板橋的「難得糊塗」的名言融入酒中，由於把握了消費者的心理，將一個沒什麼歷史淵源的品牌運作得風生水起；金六福酒實現了「酒品牌」與「酒文化」的信息對稱，把在中國具有親和力與廣泛群眾基礎的「福」文化作為品牌內涵，與老百姓的「福文化」心理恰巧平衡與對稱，使金六福品牌迅速崛起。

十一、類別定位

該定位就是與某些知名而又屬司空見慣類型的產品作出明顯的區別，或給自己的產品定為與之不同的另類，這種定位也可稱為與競爭者劃定界線的定位。如美國的七喜汽水之所以能成為美國第三大軟性飲料，就是由於採用了這種策略，宣稱自己是「非可樂」型飲料，是代替可口可樂和百事可樂的消涼解渴飲料，突出其與兩「樂」的區別，因而吸引了相當部分的「兩樂」的轉移者。又如娃哈哈出品的「有機綠茶」與一般的綠茶構成顯著差異，江蘇雪豹日化公司推出的「雪豹生物牙膏」與其他的牙膏形成區別，也都是類別定位策略的運用。

十二、比附定位

比附定位就是攀附名牌，以借名牌之光而使自己的品牌生輝。它主要有兩種形式：

①甘居第二，即明確承認同類中另有最負盛名的品牌，自己只不過是第二而已。這種策略會使人們對公司產生一種謙虛誠懇的印象，相信公司所說是真實可靠的。如蒙牛乳業啟動市場時，宣稱「做內蒙古第二品牌」、「千里草原騰起伊利集團、蒙牛乳業……我們為內蒙古喝彩」。②攀龍附鳳，其切入點亦如上述，承認同類中某一領導性品牌，本品牌雖自愧弗如，但在某地區或在某一方面還可與它並駕齊驅，平分秋色，並和該品牌一起宣傳。如內蒙古的寧城老窖，宣稱是「寧城老窖——塞外茅臺」。

十三、情景定位

情景定位是將品牌與一定環境、場合下產品的使用情況聯繫起來，以喚起消費者在特定的情景下對該品牌的聯想，從而產生購買慾望和購買行動。雀巢咖啡的廣告不斷提示在工作場合喝咖啡，會讓上班族口渴、疲倦時想到雀巢；喜之郎果凍在廣告中推薦「工作休閒來一個，遊山玩水來一個，朋友聚會來一個，健身娛樂來一個」，讓人在快樂和喜悅的場合想起喜之郎。

十四、生活情調定位

生活情調定位是使消費者在產品使用過程中能體會出一種良好的令人愜意的生活氣氛、生活情調、生活滋味和生活感受，而獲得一種精神滿足，該定位使產品融入消費者的生活中，成為消費者的生活內容，使品牌更加生活化。如青島純生啤酒的「鮮活滋味，激活人生」給人以奔放、舒暢和激揚的心情體驗；美的空調的「原來生活可以更美的」給人以舒適、愜意的生活感受；雲南印象酒業公司推出印象干紅的廣告語「有效溝通，印象干紅」，賦予品牌在人際交往中獲得輕鬆、愜意的交流氛圍，從而達到有效溝通的效果。

十五、概念定位

概念定位是從人們的生產、生活實際中發現、發掘或發明一種概念，借助現代傳媒技術，將一種新的消費概念向消費者宣傳推廣，賦予企業或產品以豐富的想像內涵或者特定的品位，從而引起消費者的關注與認可，並最終喚起消費者產生購買慾望。該類產品可以是以前存在的，也可是新產品。概念定位成功的案例是「腦白金」。腦白金的廣告詞「今年過節不收禮，收禮只收腦白金」目前已家喻戶曉。腦白金從1999年9月投放電視廣告以來，已成為保健品市場的增長速度最快的企業，銷量節節上升，並在2001年1月實現了一個月銷售額達到2億元。腦白金避開保健品必需的功效訴求，不斷強化「收禮只收腦白金」，腦白金一度成為城市居民重大節日送禮的首選產品，甚至後來被演繹到網絡和春節聯歡晚會，成為保健品界最流行的不是賣點的賣點。以下為一些保健品企業及其廣告「送禮」訴求點。黃金搭檔：「有多少親朋好友，就送多少黃金搭檔」；鷹牌花旗參：「送

禮認準這只鷹」；椰島鹿龜酒：「椰島鹿龜酒，父親的補酒！」；靜心口服液：「靜心買來送給媽」；昂立多邦：「每逢佳節倍思親，送禮更有禮」；彼陽牦牛骨髓壯骨粉：「說得有禮，送的好禮」；三株口服液：「送禮送健康」；紅桃K：「打工歸來，紅桃K獻親人」。

在市場競爭日趨白熱化的今天，企業如果能夠找到有效的品牌定位策略，將有助於企業或品牌迅速進入到消費者的心智階梯，並在未來的市場競爭中搶占一席之地。

思考題

1. 結合自己熟悉的一個品牌來解讀品牌內涵的六個層次。
2. 為什麼說「產品整體概念的三個層次十分清晰地體現了一切以顧客為中心的現代行銷觀念」。
3. 為什麼說「衡量一個產品的價值，是由顧客決定的，而不是由生產者決定的；產品生產者必須要更多的愛顧客而不是產品，努力為顧客創造價值」。
4. 結合自己熟悉的一個品牌來解讀品牌與產品的區別。
5. 結合自己熟悉的一個品牌來解讀品牌定位四步驟。
6. 試舉例分析定位過低、定位過高和定位模糊或混亂會帶來什麼樣的結果。

參考文獻

[1] 傑克‧特勞特. 定位 [M]. 北京：中國財政經濟出版社，1981.

[2] 傑克‧特勞特，史蒂夫‧瑞維金. 新定位 [M]. 北京：中國財政經濟出版社，2002.

[3] 邁克爾‧波特. 競爭戰略 [M]. 北京：華夏出版社，2005.

[4] 菲利普‧科特勒. 行銷管理 [M]. 上海：上海人民出版社，1999.

[5] 餘偉萍. 品牌管理 [M]. 北京：清華大學出版社，北京交通大學出版社，2007.

[6] 周志民. 品牌管理 [M]. 天津：南開大學出版社，2008.

[7] 中國品牌網（www.chinapp.com）

[8] 中國行銷傳播網（www.club.emkt.com.cn）

第九章
塑造品牌的策略與手段

第一節　塑造品牌的步驟

塑造品牌的步驟可以按圖9.1所示進行。

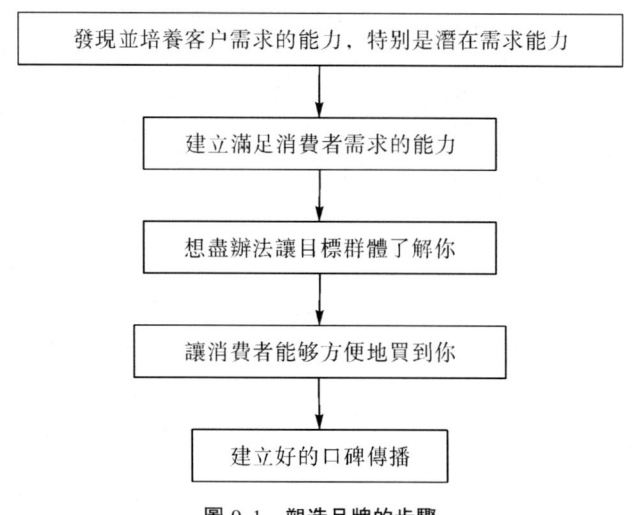

```
┌─────────────────────────────────────┐
│ 發現並培養客戶需求的能力，特別是潛在需求能力 │
└─────────────────────────────────────┘
                  ↓
       ┌──────────────────────┐
       │ 建立滿足消費者需求的能力 │
       └──────────────────────┘
                  ↓
       ┌──────────────────────┐
       │ 想盡辦法讓目標群體了解你 │
       └──────────────────────┘
                  ↓
       ┌──────────────────────┐
       │ 讓消費者能夠方便地買到你 │
       └──────────────────────┘
                  ↓
       ┌──────────────────────┐
       │    建立好的口碑傳播     │
       └──────────────────────┘
```

圖9.1　塑造品牌的步驟

一、發現並培養客戶需求的能力，特別是潛在需求能力

優秀的品牌總是有比其他品牌更強的發現客戶潛在需求的能力，並能夠引導客戶的消費需求。這種能力的培養應主要把握以下環節：

（1）能夠對現實的需求進行真正的把握，並瞭解這種需求的可實現的變化趨勢。

（2）瞭解行業技術變化趨勢，預測將來可能出現的全新需求，這種能力更加關鍵。

（3）每一個明顯性需求背後都隱含著巨大的潛在需求。

（4）要從瞭解產品所涉及的客戶的企業背景出發，發現問題，提出問題，協助客戶認識問題，並讓客戶認識到問題的關鍵性或嚴重性，最後讓客戶確認需求。

(5) 站在客戶角度，瞭解客戶的背景，協助客戶發現問題、認識問題，並讓客戶認識到問題的關鍵性或嚴重性，最後讓客戶確認需求。

(6) 善於發問，並從中發掘客戶需求。善於發問是瞭解需求的重要環節。

小連結

臺灣的王永慶是著名的臺商大王、華人首富，被譽為華人的經營之神。他一生之所以能夠取得如此輝煌的成就，其中一個重要的原因就是他能夠提供比別人更多更卓越的服務。王永慶15歲的時候在臺南一個小鎮上的米店裡做伙計，深受掌櫃的喜歡，因為只要王永慶送過米的客戶都會成為米店的回頭客。他是怎樣送米的呢？到顧客的家裡，王永慶不是像一般伙計那樣把米放下就走，而是找到米缸，先把裡面的陳米倒出來，然後把米缸擦乾淨，把新米倒進去，再把陳米放在上面，蓋上蓋子。王永慶還隨身攜帶兩大法寶：第一個法寶是一把軟尺，當他給顧客送米的時候，他就量出米缸的寬度和高度，計算它的體積，從而知道這個米缸能裝多少米。第二個法寶是一個小本子，上面記錄了客戶的檔案，包括人口、地址、生活習慣、對米的需求和喜好等。用今天的術語來說就是客戶資料檔案。到了晚上，其他伙計都已呼呼大睡，只有王永慶一個人在挑燈夜戰，整理所有的資料，把客戶資料檔案轉化為服務行動計劃，所以經常有顧客打開門看到王永慶笑眯眯地背著一袋米站在門口說：「你們家的米快吃完了，給你送來。」然後顧客才發現原來自己家真的快沒米了。王永慶這時說：「我在這個本子上記著你們家吃米的情況，這樣你們家就不需要親自跑到米店去買米，我們店裡會提前送到府上，你看好不好？」顧客當然說太好了，於是這家顧客就成為了米店的忠誠客戶。後來，王永慶自己開了一個米店，因為他重視服務，善於經營，生意非常的好，後來生意越做越大，成為著名的企業家。

王永慶的故事給了我們如下啟示：

(1) 服務可以創造利潤、贏得市場。

(2) 卓越的、超值的、超滿意的服務，才是最好的服務。

(3) 通過服務來實施差異化策略，比你的對手做得更好、更多、更棒。

要像雅倩化妝品一樣「比女人更瞭解女人」，我們要比客戶更瞭解客戶，提前發現客戶的潛在需求，培養滿意忠誠客戶群。

資料來源：現代客戶服務的理念．http://wenku.baidu.com/view/fbe5ca0d6c85ec3a87c2c5d0.html.

二、建立滿足消費者需求的能力

在掌握了客戶需求以及需求的變化趨勢以後，第二步就是要建立滿足這種需求的能力。應主要把握以下環節：

（一）產品質量要過硬

不論你的產品是什麼樣的，第一是要提供質量合格的產品，並且要滿足國家規定的相關要

求。產品是品牌的載體，產品的質量就是品牌的生命。產品的質量猶如人的身體健康狀況，如果身體不好，即使擁有再多的知識、再英俊的外表、再好的衣服，最終還是一個病夫。

（二）產品技術要優良

產品的技術含量就如人的知識，產品的技術層次就是品牌創新能力的體現。在滿足消費者現實需求的前提下，越是技術層次高的產品越可以獲得高額附加值，越能增加品牌的美譽度，並可提升品牌的檔次。

（三）產品外觀要時尚，產品包裝要有吸引力

產品的外觀就像人的外表。三分人才，七分打扮，產品也一樣：同樣技術含量、同樣質量的產品，外表好者更能夠獲得客戶的認同，也同時可以獲得更高的附加值。當然，產品的外包裝與產品外觀起著同樣重要的作用。

（四）產品成本要比別人低

隨著產品競爭的不斷加劇，廠家之間的競爭最終會集中到價格戰的層面。所以，在技術、質量相同的條件下，誰能夠以更低的成本提供產品，誰就能最終獲得勝利。

三、想盡辦法讓目標群體瞭解你

有了好東西，就要想方設法讓別人知道你的東西，這樣才能賣出去。所以，我們就要想辦法讓我們的目標消費群體瞭解我們所能提供的產品及服務。

「名字」取好了，「衣服」也穿好了，就去告訴你想告訴的人「你是誰，是幹什麼的」，這就是廣告。不同的產品、不同的時期應該使用不同的廣告策略。以下是一個讓目標消費群體瞭解你的方法：

（一）做一套最基本的 VI 系統

VI 就是以標誌、標準字、標準色為核心展開的完整的、系統的視覺表達體系。它將企業理念、企業文化、服務內容、企業規範等抽象概念轉換為具體符號，塑造出獨特的企業形象。視覺識別設計最具傳播力和感染力，最容易被公眾接受。VI 系統設計可以分別體現在以下方面：

（1）辦公用品。信封、信紙、便箋、名片、徽章等。

（2）企業環境。公司旗幟、企業門面、企業招牌、公共標示牌、路標指示牌、廣告牌、霓虹燈廣告、庭院美化等。

（3）交通工具。轎車、麵包車、大巴士、貨車、工具車等。

（4）服裝服飾。員工制服、領帶、工作帽、肩章、胸卡等。

（5）廣告媒體。電視廣告、雜誌廣告、報紙廣告、網絡廣告、路牌廣告、招貼廣告等。

（6）招牌。

（7）產品包裝。紙盒包裝、紙袋包裝、木箱包裝、玻璃容器包裝、塑料袋包裝、金屬包裝、陶瓷包裝、包裝紙。

（8）公務禮品。T恤衫、領帶、領帶夾、打火機、鑰匙牌、雨傘、紀念章、禮品袋等。

（9）陳列展示。櫥窗展示、展覽展示、貨架商品展示、陳列商品展示等。

（10）印刷品。企業簡介、商品說明書、產品簡介、年曆等。

（二）建立（至少）一個企業的宣傳網站

企業可以通過網站介紹企業形象和業務，發布技術和產品信息。通過網絡，可以有效拓展客戶群，與國內外合作夥伴進行有效溝通和商務往來。

（三）根據需要投放廣告

儘管方法各異，但是相同條件下，投入越大，傳播效率越高，因此企業應考慮企業本身的發展戰略以及自身資源投入廣告費。

四、讓消費者能夠方便地買到你的產品

光讓別人知道你的產品好還不夠，你還要讓目標消費群體能夠在方便的地方買得到你的產品，形成足夠大的現實消費群體。因此根據你的產品類型建立銷售渠道體系，便能夠比你的競爭對手更加方便地為目標消費群體提供產品（或者服務）。可以按下列思路和步驟建立銷售渠道：

（一）提煉產品的賣點

所謂「賣點」是指商品具備了別出心裁或與眾不同的特色、特點。在產品趨於同質化、消費者面臨眾多選擇、市場競爭日漸激烈的今天，提煉產品的賣點，並加以強化和突出，對於促進銷售、樹立品牌以及提升公司形象具有重要的意義。對產品賣點的提煉和強化，有如下一些方法和途徑：產品本身的性能是賣點的一個重要來源，可以賣技術、賣品質、賣包裝、賣價格、賣服務等。對於人們更高層次需求，可以賣情感、賣時尚、賣熱點、賣文化和賣夢想等。

（二）設計產品推廣方案

產品推廣方案應該闡明以下幾個要點：

（1）市場潛力和消費需求預測。

（2）詳細分析經銷本產品的贏利點，以及經銷商自身需要投入多少費用。

（3）要給經銷商講解清楚如何操作本產品市場，難題在哪，如何解決。

（三）選擇合適的經銷商

選經銷商同樣要全面考查：

（1）實力。經銷商的人力、運力、資金、知名度。

（2）行銷意識。經銷商對做終端市場的意識是否強烈，是否是那種坐在家裡等生意上門的老式經銷商。

（3）市場能力。經銷商是否有足夠的渠道網絡，他現在代理的品牌做得怎麼樣。

（4）管理能力。經銷商自身的經營管理狀態如何。

（5）口碑：同業（其他廠家）、同行（其他批發商）對經銷商的評價。

（6）合作意願。經銷商是否對廠家的產品、品牌有強烈的認同，是否對市場前景有信心——沒有合作意願的經銷商不會對這個產品積極投入。

（四）選擇合適的銷售渠道模式

銷售渠道模式是指渠道成員之間相互聯繫的緊密程度以及成員相互合作的組織形式。根據有無中間商參與交換活動，可以將渠道模式歸納為兩種最基本的類型：直接分銷渠道和間接分銷渠道。間接渠道又分為短渠道與長渠道。

直接分銷渠道是指生產者將產品直接供應給消費者或用戶，沒有中間商介入。直接分銷渠道的形式是：生產者→用戶。直接渠道是工業品分銷的主要類型。例如大型設備、專用工具及技術複雜等需要提供專門服務的產品，都採用直接分銷，消費品中有部分也採用直接分銷類型，諸如鮮活商品等。

間接分銷渠道是指生產者利用中間商將商品供應給消費者或用戶，中間商介入交換活動。間接分銷渠道的典型形式是：生產者→批發商→零售商→個人消費者（少數為團體用戶）。

渠道模式豐富多彩，各有特色和利弊。如快速消費品、民用品、食品，這類產品主要依靠消費者的日常反覆購買，目前國內所採用的銷售模式基本以超市、便利店為主。這類產品目前常用的渠道管理模式有三種：一種是依靠代理商操作；另一種是建設自營渠道，通過企業駐外各辦事處或分公司操作；第三種也是最簡單的一種是直接通過國內一些有規模的專業批發市場操作。究竟一個產品應當選擇哪個渠道作為主渠道銷售呢？這取決於國內市場的渠道特點和自身企業現狀以及產品競爭現狀。沒有最好的渠道模式標準，只要合適就行。

在選擇合適的渠道模式基礎上要對分銷方案進行評估，評估標準有三個：

（1）經濟性。主要是比較每個方案可能達到的銷售額及費用水準。經濟性是三個評估標準中最重要的一個。

（2）可控性，一般來說：採用中間商可控性小些，企業直接銷售可控性大；分銷渠道長，可控性難度大，渠道短可控性較容易些。企業必須進行全面比較、權衡，從中選擇最優方案。

（3）適應性。如果生產企業同所選擇的中間商的合約時間長，而在此期間，其他銷售方法如直接郵購更有效，但生產企業又不能隨便解除合同，這樣企業選擇分銷渠道便缺

乏靈活性。因此，生產企業必須考慮選擇策略的靈活性，不簽訂時間過長的合約，除非在經濟或控制方面具有十分優越的條件。

五、建立好的口碑傳播

將產品賣給了消費者時，你應該關注客戶對你的產品的反應，隨時為可能出現的問題給你的客戶提供售後服務。服務好你的現有客戶，使他們喜歡你的產品，自然他們就會成為你的口碑傳播者。企業在行銷產品的過程中巧妙地利用口碑的作用，就能快速發掘潛在顧客、培養顧客忠誠度、避開競爭對手鋒芒，收到許多傳統廣告所不能達到的效果。企業要做好口碑傳播，以下要點可供參考：

（1）賦予品牌或產品生動而深刻的文化內涵，讓文化本身成為口口相傳的力量。
（2）構築產品與眾不同的特色，讓超出顧客期望的特色產品成為人人稱道的焦點。
（3）開展無處不在的服務行銷，讓上帝一般的服務成為顧客向他人炫耀的資本。
（4）送產品、禮物或者服務，讓顧客在向朋友展示的過程中使產品得到傳播。
（5）關注消費者的每一點看法，讓被尊重的崇高地位感驅動消費者向他人傳播。
（6）製造別出心裁的促銷活動，讓從中受益的顧客為您的產品廣播讚譽和好評。
（7）巧妙利用廣告及熱點話題，讓口碑行銷在顧客中產生全面開花的加速效應。
（8）策劃深謀遠慮的行銷事件，讓事件行銷的內涵成為顧客互相傳頌的經典案例。

第二節　品牌行銷策略及其實施要點

品牌行銷策略是企業經營自身產品（含服務）之決策的重要組成部分，是指企業依據自身狀況和市場情況，最合理、有效地運用品牌商標的策略。品牌行銷策略主要有以下幾種：

一、單一品牌策略

為了最大限度地節省傳播費用，實現新產品的快速切入市場，彰顯強勢品牌形象，企業在所有產品上用同一個品牌。如佳能公司，它所生產的照相機、傳真機、複印機等產品都統一使用「Canon」品牌；雀巢公司生產的 3000 多種產品（包括食品、飲料、藥品、化妝品等）都冠以雀巢品牌。

（一）什麼是單一品牌策略

這是指企業生產經營的全部產品使用同一個品牌。這些產品既有門類很接近的，也有差異很大、關聯度很低的產品。如海爾、寶馬、三菱、索尼、飛利浦、TCL 等都是採用單一品牌策略。單一品牌策略如圖 9.2 所示。海爾的單一品牌策略如圖 9.3 所示。

图 9.2　單一品牌策略

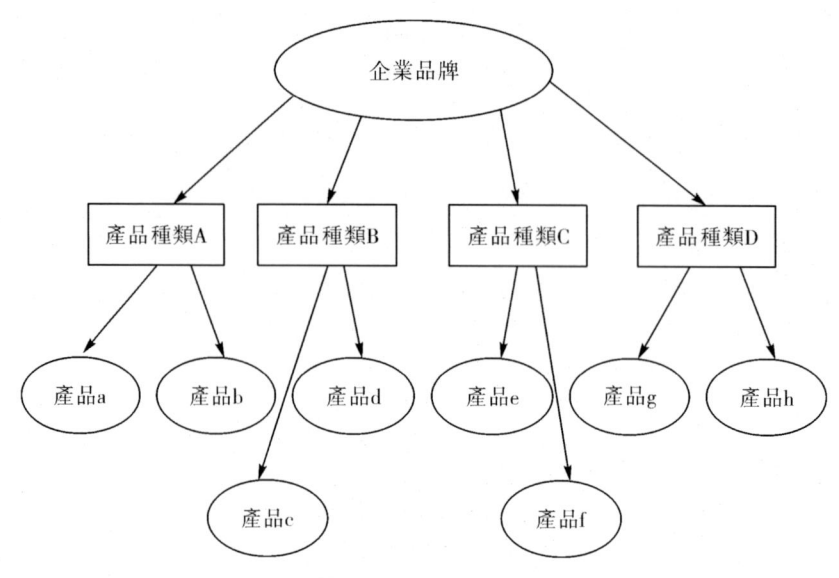

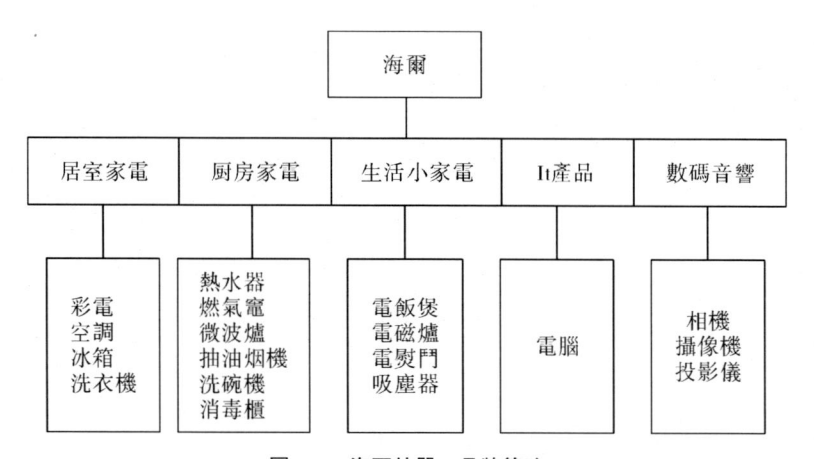

图 9.3　海爾的單一品牌策略

(二) 單一品牌策略的優劣勢

優勢主要有：

(1) 品牌架構簡單、清晰。

(2) 企業品牌對產品的拉動力強。單一品牌策略實現了企業形象和產品形象的統一。

(3) 可以節省品牌傳播的費用。企業集中資源宣傳單一品牌，節約了促銷費用。

劣勢主要有：

(1) 市場風險較大，一類產品出現問題，對其他品類產品的市場影響會較大。

(2) 不便於作更深的市場細分。

（三）實施單一品牌策略的要點

企業必須對所有產品的質量嚴格控制，以維護品牌聲譽。

二、多品牌策略

隨著消費需求日趨多樣化和差異化，企業必須在科學的市場調查的基礎上，積極發展多個品牌，來針對每一細分群體進行產品設計、價格定位、分銷規劃及廣告活動，這樣才能保證品牌和產品利益點能夠滿足消費者的個性需要。

（一）什麼是多品牌策略

這是指企業給每一種產品冠以一個品牌名稱，或是給每一類產品冠以一個品牌或一個以上品牌名稱。它包括兩種情況：一品一牌或一品多牌。

一品一牌是指一種產品冠以一個品牌。如松下公司，其音像製品以「Panasonic」為品牌，家用電器產品以「National」為品牌，高保真音響則以「Technics」為品牌。多品牌策略的一品一牌如圖9.4所示。

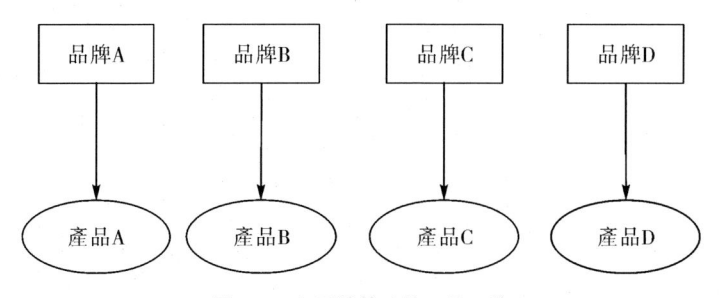

```
  品牌A      品牌B      品牌C      品牌D
    ↓          ↓          ↓          ↓
  產品A      產品B      產品C      產品D
```

圖9.4　多品牌策略的一品一牌

一品多牌是指企業將同一類產品發展多個品牌。如寶潔公司在中國推出了四個品牌洗髮水：海飛絲、飄柔、潘婷、沙宣，每一品牌都以基本功能以上的某一特殊功能為訴求點，吸引著不同需要的消費者。希望自己「免去頭屑煩惱」的人會選擇海飛絲；希望自己頭髮「營養、烏黑亮澤」的人會選擇潘婷；希望自己頭髮「舒爽、柔順、飄逸瀟灑」的人會選擇飄柔；希望自己頭髮「保濕、富有彈性」的人會選擇沙宣。一品多牌是將市場細分更加深入化，保證每一個產品都有自己的定位和獨特的個性，從而更好地滿足不同消費者的差異化需求。多品牌策略的一品多牌如圖9.5所示。

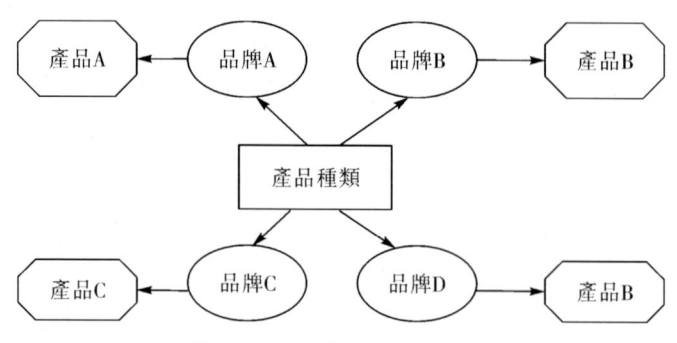

圖 9.5　多品牌策略的一品多牌

可口可樂採用的也是多品牌策略模式。多品牌策略既不易傷害可口可樂這個主品牌，又為企業拓展了新的市場空間。下面是可口可樂公司旗下的飲料和飲用水的系列品牌。

- 碳酸飲料（汽水）：可口可樂、雪碧、醒目、芬達、健怡
- 果汁飲料：美汁源、酷兒
- 本草飲料：健康工房
- 茶飲料：雀巢冰爽茶、茶研工坊
- 純淨飲用水：冰露、水森活
- 礦物質水：天與地

寶潔公司在中國的多品牌策略如圖 9.6 所示。

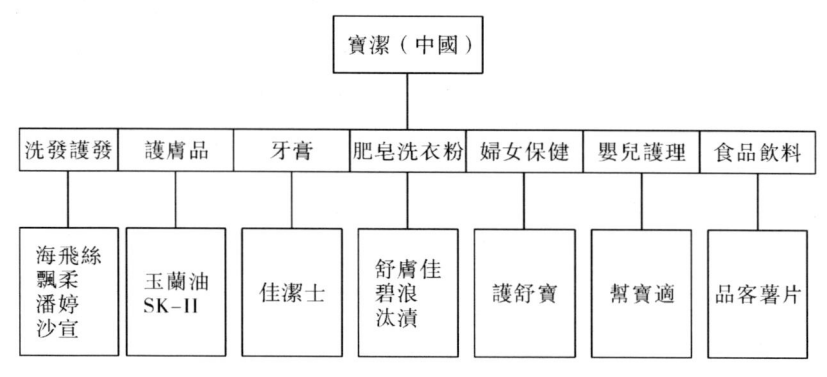

圖 9.6　寶潔公司在華多品牌策略

（二）多品牌策略的優劣勢

優勢主要有：

（1）滿足不同消費者的需求。消費者的需求是千差萬別、複雜多樣的：不同的地區有不同的風俗習慣，不同的時間有不同的審美觀念，不同的人有不同的愛好追求，等等。實行多品牌制，每一個品牌都有其鮮明特點，品牌個性特徵可以適合不同消費者的品牌偏好，更好地迎合消費者的不同需求。

（2）有利於提高產品的市場佔有率。多品牌策略最大的優勢便是通過給每一品牌進行準確定位，從而有效地占領各個細分市場。如果企業原先單一目標的顧客範圍較窄，難以滿足擴大市場份額的需要，此時可以考慮推出不同檔次的品牌，採取不同的價格水準，形成不同的品牌形象，以抓住不同偏好的消費者。

（3）有利於企業最大限度地獲取品牌轉換者的利益。大多數消費者都不是某些品牌忠貞不貳的消費者，對品牌的遊離傾向會不時表現出來。比如，對其他品牌感興趣，嘗試性地消費其他品牌，在不同的品牌之間來回轉換。企業實施多品牌戰略，同時提供幾種甚至幾十種品牌，就可能鎖住大部分品牌轉換者，使他們繼續使用本企業其他品牌的產品。在一定條件下，多品牌戰略是獲取品牌轉換者的主要手段和辦法。

多品牌策略不僅僅是企業滿足消費需求的被動選擇，也是企業制定競爭戰略的主動選擇。對市場攻擊者和挑戰者而言，其搶占市場的一個慣用伎倆就是發展出一個專門針對某一細分市場的品牌來逐漸蠶食；對市場領導者而言，與其坐等對手來占據某一細分市場，不如自己先發展出一個品牌去搶占，實施有效防禦，從而鎖定不同目標的消費群。採用多品牌戰略可以為企業爭得更多的貨架空間，也可以憑藉新產品來截獲「品牌轉換者」，以保持顧客對企業產品的忠誠，使企業的美譽度不必維繫在一個品牌的成敗上，降低企業的經營風險。

劣勢主要有：

（1）企業資源可能過分分散，不能集中投放到較成功的產品上。

（2）企業品牌可能自相競爭。

（3）多品牌容易造成品牌混淆。

（4）大量的研發投入造成成本上升，風險較大。

（三）實施多品牌策略的要點

1. 企業應審視一下自己是否具有多品牌管理的能力和技巧

為什麼多品牌比單一品牌的管理難度要大得多？因為各品牌之間要實施嚴格的市場區分，具有鮮明的個性，且這些個性足以吸引消費者。企業實施多品牌的最終目的是用不同的品牌去佔有不同的細分市場，聯手對外奪取競爭者的市場。

2. 多品牌戰略具有一定風險，一個新品牌的推出耗費巨大

將某種商標用於缺乏實力的企業，品牌銷售額不足以支持它成功推廣和維持生存所需的費用，就很難實施多品牌策略。這時不如「將所有的雞蛋裝進一個籃子裡」，打出一個高知名度品牌，再進行延伸；這樣推出新產品的費用將會大大降低。

3. 優化品牌組合，組建以核心品牌為中心的品牌團隊

企業管理者應明確不同時期、不同階段，哪些品牌是戰略性品牌，哪些品牌是防禦性品牌，哪些品牌是競爭性品牌，哪些品牌是主打市場的盈利性品牌。多品牌、多層次、不同的目標任務，使得企業品牌組合重點突出、角色分明，品牌行銷思路一目了然。

4. 合理分配資源，為品牌發展提供強大的支持

品牌的塑造是一個長期過程，期間需要大量的經濟資源予以配合。對不同品牌資源作合理的預算、分配安排，應從三方面去思考：

（1）企業的核心品牌有哪些。核心品牌能反應企業資源優勢及使用方向，體現企業的核心競爭力。

（2）哪些品牌具有上升為核心品牌地位的潛力。對於那些目前還處於二線的品牌，隨著市場需求的變化、企業行銷能力的增強，有的可能成為下一時期的核心品牌。

（3）哪些屬於防禦性品牌。它們只是為企業構造完善的多品牌體系，對企業戰略目標的實現不會產生實質性影響。在此基礎上，進行企業資源的分配，確保核心品牌，照顧一般品牌，使得不同的品牌都有機會得到養護與維持，保證品牌根基穩固。

三、副品牌策略

多品牌策略雖然降低了弱化原有品牌的風險，但又帶來了宣傳費用大幅提升的弊端，如何才能「魚和熊掌兼而得之」呢？這時可以在保持主品牌的基礎上，對新產品或服務使用其他品牌名稱，來凸顯新產品或服務不同的個性形象，這就是副品牌策略。

（一）什麼是副品牌策略

這是以企業一個成功品牌作為主品牌，以涵蓋企業的系列產品，同時又給不同產品起一個生動活潑、富有魅力的名字作為副品牌；通俗地講，就是在企業主品牌（商標）不變的情況下，再給產品起一個小名。以主品牌展示系列產品的社會影響力，而以副品牌凸顯各個產品不同的個性形象，以加深消費者對每種產品的印象和好感。例如，海爾空調中的「海爾──小英才」，索尼彩電中的「索尼──貴翔」等。副品牌策略如圖9.7所示。

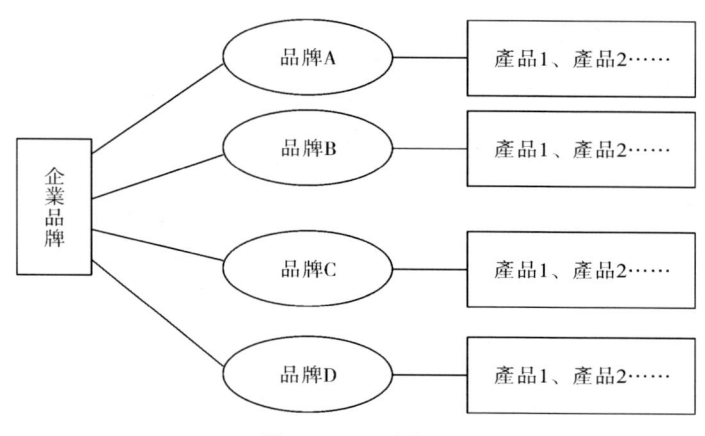

圖9.7　副品牌策略

副品牌既享受了成功主品牌的知名度和美譽度，又節省了廣告宣傳費用，大大降低了新產品的市場進入成本。

家電業中的海爾是運用副品牌較成功的企業，在冰箱、洗衣機、熱水器、彩電等系列產品的品牌命名上，海爾都推出過相應的主副品牌系列。

・冰箱：「海爾——小王子」、「海爾——雙王子」、「海爾——大王子」、「海爾——帥王子」、「海爾——金王子」等；

・空調：「海爾——小超人」變頻空調、「海爾——小狀元」健康空調、「海爾——小英才」窗機；

・洗衣機：「海爾——神童」、「海爾——小小神童」；

・彩電：「海爾——探路者」；

・暖風機：「海爾——小公主」；

・熱水器：「海爾——小海象」；

・空氣清新機：「海爾——水晶公主」；

・美容加濕器：「海爾——小夢露」。

（二）副品牌的基本特徵

1. 品牌宣傳以主品牌為核心，副品牌處於從屬、附和、表白的作用

副品牌戰略要最大限度節省資源，利用主品牌的靈魂地位與作用，所以，宣傳的中心是主品牌——借助主品牌地位、聲譽的不斷提高，強化消費者對主品牌的識別、記憶、認可、信賴和忠誠，繼而使他們接受副品牌。

2. 主副品牌之間的關係不同於企業品牌和產品品牌之間的關係

企業品牌是企業的名稱、標示、標記或其組合，具有整體性、綜合性特徵。產品品牌具有具體性、指向性特點。如「海爾——小王子」，海爾是企業品牌，直接用於產品，具有產品歸屬、識別作用，人們的認知會由海爾過渡到「小王子」。因而，它們的關係是一種主從關係，即主副品牌關係。「科龍」與「容聲」則是企業與產品品牌的關係。

3. 副品牌一般直接、直觀、形象地表達產品的優點和個性

如長虹彩電的「精顯王」、「畫中畫」，海爾洗衣機的「小小神童」等，富有感染力、想像力，能把產品的性能、優點通過形象性的語言表達出來。

4. 副品牌具有口語化、通俗化的特點

副品牌借用通俗的口語，不僅生動形象地表達了產品的性能特點，而且極有利於副品牌傳播，對產品迅速打開市場十分有利。如海爾的「探路者」、長虹的「精顯王」等。

5. 副品牌相對於主品牌，內涵豐富，針對性強，適用範圍小

副品牌一般被用來直接表現產品，因而副品牌與某種具體產品相對應。副品牌名稱要比主品牌內涵豐富。

6. 副品牌通常不增加企業品牌管理費用

副品牌一般不需要註冊，加之，在副品牌戰略中，企業品牌宣傳是主品牌，因此品牌推廣宣傳費用主要花在主品牌上。

（三）副品牌策略的優勢

1. 減少統一品牌戰略延伸品牌的風險，發揮主品牌的優勢與作用

在統一品牌戰略下，品牌延伸損害原品牌的形象、模糊品牌定位、稀釋品牌個性的副作用時有發生。而副品牌的出現，一方面能夠興利除弊，有力地減少這種損害；另一方面，又能利用消費者對現有成功品牌的信賴和忠誠度，推動副品牌產品的銷售。

2. 突出產品個性

人們對多品牌最大的憂慮是衝淡產品個性，而主副品牌的同時出現有力地克服了這種弊端。如果企業的每一樣新產品都套用企業的主品牌，那麼產品的個性就無法通過品牌而精確地體現出來：人們對「海爾」這個主品牌的認識如果是比較宏觀的話，而「小小神童」、「小海象」都是具體的。它們所起的作用不光是一個品牌的作用，還起到了區別產品類別、突出個性的作用。一看小小神童，人們立刻會與小巧玲瓏的洗衣機聯繫起來。

3. 產生品牌聯想

易寫、易讀的副品牌能讓人通過這些非條件刺激產生品牌聯想，從而引發出條件反射。「王子」、「神童」、「狀元」除了具有行銷美學的價值之外，很自然地讓人將其與高質量的產品聯繫在一起。

4. 節省品牌創建費用

建立一個主品牌不僅需要較長時間，而且需要付出巨大的人力與財力，還要承擔巨大的風險。如果企業每一個新產品都去新建一個品牌，則風險更大、成本更高、週期更長。唯一的辦法是讓主品牌與副品牌進行分工合作，通過一個成功的主品牌獲得消費者的「認可」。也就是說，讓消費者相信主品牌旗下的產品，再通過副品牌引導顧客個性需求，達到從「認可」到「認同」的飛躍。

（四）實施副品牌策略的要點

如何賦予副品牌更多的靈性、智慧與指示特點，使副品牌充分表達產品的個性特點，並與消費者的心理訴求保持一致，十分重要。

1. 主品牌要與副品牌遙相呼應

主品牌是副品牌的基礎，副品牌是主品牌的延伸，是對主品牌進一步的說明和補充，二者相互聯繫、相得益彰。副品牌是主品牌旗下某一產品的具體體現，是充實主品牌的閃光點。比如，「長虹——紅雙喜」、「海爾——探路者」等，主副品牌相互呼應、互相協調，給人一種自然、和諧的感覺。

2. 副品牌要起到提示、暗示或聯繫產品功能特徵的作用

主品牌一般很難把企業不同種類產品的功能屬性完全表達出來，但是可以借助副品牌來進行彌補。問題的關鍵是，副品牌名稱要具備補充、彌補主品牌這一缺陷的能力。比如，「TCL——美之聲」無繩電話、「伊萊克斯——省電騎兵」冰箱，有效地利用了副品牌這一功能特點。

3. 副品牌名稱要通俗、簡潔、易讀、易記

可以用「四易」、「五化」來說明。「四易」指易讀、易記、易認、易傳，「五化」指口語化、通俗化、信息化、簡潔化、個性化。如，「海爾——小小神童」、「樂百氏——健康快車」、「康佳——七彩星」等，讀起來順口，聽起來順耳，記起來容易，傳起來快捷。

4. 副品牌要富有時代感

副品牌肩負著開拓市場的重任。副品牌的名稱、功能提示語暗示、聯想與想像，都要與目標市場在某些方面高度吻合。副品牌要凝練、概括市場的需求特徵，迎合消費者時尚的消費理念。

5. 副品牌要有震撼力

在品牌林立的競爭時代，並不是每一個品牌都能快速地脫穎而出，唯有那些具有某種獨特性，從而能對市場產生衝擊力、震撼力的品牌，才能在消費者的心目中留下深刻的印記。比如，「東芝——火箭炮」、「格力——冷靜王」、「海爾——帥王子」等，都是頗具市場想像力的副品牌。

6. 副品牌要服務於產品市場定位

統一品牌戰略難以區分不同產品的市場定位，而副品牌戰略運用得恰當與否，關係到能否解決品牌市場定位不準、模糊不清的問題。副品牌要依據不同類產品市場的特點，量身定做。只有這樣，副品牌才能和目標市場需求較好地對接，把產品定位信息傳遞到消費者心中。比如，長虹針對農村市場推出「長虹——紅雙喜」，廈華針對老年市場推出「廈華——福滿堂」。

四、品牌延伸策略

著名經濟學家艾·里斯說過：「若撰述美國過去10年的行銷史，最具有意義的趨勢就是延伸品牌線。」早在20世紀初，品牌延伸已成為歐美發達國家市場導入新產品的通用方法，許多公司通過品牌延伸實現了快速的擴張。據統計，1991年在美國超市及各種商店有1600種新商品上市，其中大約90%採用的是品牌延伸策略。在中國，自20世紀90年代以來，品牌延伸也被國內企業廣泛應用，海爾、聯想、美的、娃哈哈等企業都通過品牌延伸獲得了快速發展，成為同行業的佼佼者。

（一）什麼是品牌延伸策略

公司推出一種新產品時，在為新產品命名的問題上，有3種決策可供選擇：

（1）單獨為新產品開發一個新品牌；

（2）以某種方式使用一個現有品牌；

（3）將一個新品牌與一個現有品牌結合使用。

如果公司選擇後兩種方法，即採用一個已有的品牌作為剛推出的新產品的品牌，這種做法就是品牌延伸。將現有品牌名稱用於產品線、擴張或推出新的產品類別，可以期望減

少新產品進入市場的風險,以更小的成本獲得更大的市場回報。

如果新品牌與現有品牌結合使用,那麼該品牌稱為子品牌,而實施品牌延伸的現有品牌稱為母品牌;若母品牌通過品牌延伸已經與多個產品相聯繫,還可以稱為家族品牌。

品牌延伸指一個現有的品牌名稱使用到一個新類別的產品上。比如,本田利用「本田」之名推出了許多不同類型的產品,如汽車、摩托車、鏟雪車、割草機、輪機和雪車等;三菱則從重工業一直延伸到汽車、銀行、電子乃至食品業。「金利來,男人的世界」這句廣告詞早已家喻戶曉,金利來從一開始推出的男士的領帶,之後延伸到西服、襯衫、皮具、皮鞋及珠寶等。

(二) 品牌延伸的作用

1. 品牌延伸可以加快新產品的定位,保證新產品投資決策的快捷準確

尤其是開發與本品牌原產品關聯性和互補性極強的新產品,它的消費群與原產品完全一致,它不需要長期的市場論證和調研,原產品每年的銷售增長幅度就是最實際、最準確和最科學的驗證。因此它的投資規模大小和年產量多少很容易預測,就可以加速決策。

2. 品牌延伸有助於降低新產品的市場風險

新產品推向市場,首先必須獲得消費者的認識、認同、接受和信任,這一過程就是新產品品牌化。開發和創立一個新品牌需要巨額費用:新品牌的設計、註冊、包裝設計、包裝的保護、有持續的廣告宣傳和系列的促銷活動等,往往超過直接生產成本的數倍、數十倍乃至上百倍。如在美國消費品市場,開創一個新品牌大約需要 5 千萬至 1 億美元。

品牌延伸使新產品一問世就開始品牌化,甚至獲得知名品牌,這可大大縮短被消費者認知、認同、接受、信任的過程,科學地防範新產品的市場風險,並且可以節省數以千萬計的巨額開支。

3. 品牌延伸有益於降低新產品的市場導入費用

在市場經濟高度發達的今天,消費者對商標的選擇,體現在「認牌購物」上。因為很多商品帶有容器和包裝,質量憑肉眼難以看透,品牌延伸可以使消費者對品牌原產品的高度信任感有意或無意地傳遞到延伸的新產品上,促進消費者與延伸的新產品之間建立起信任關係,大大縮短市場接受時間,降低廣告宣傳費用。

4. 品牌延伸有助於強化品牌效應,增加品牌這一無形資產的經濟價值

品牌原產品起初都是單一產品,品牌延伸效應可以使品牌從單一產品向多種領域輻射,就會使部分消費者認知、認可、接受、信任本品牌的效應,強化品牌自身的美譽度和知名度,這樣也就使得品牌這一無形資產不斷增值。

恰當的、適合時機的品牌延伸,可使品牌無形資產在產品銷售市場不斷擴大的過程中,充實資產內涵、擴大影響,增強品牌競爭實力,維繫品牌較高的知名度、美譽度和忠誠度。

（三）品牌延伸的類型

品牌延伸總體來說可以分為以下兩大類：

1. 線延伸

線延伸是指母品牌作為原產品大類中針對新細分市場開發的新產品的品牌。目前在品牌延伸中有 80% ~ 90% 是屬於這種延伸，是品牌延伸的主要形式。產品線延伸的方式很多，如不同的口味、不同的成分、不同的形式、不同的大小、不同的用途、不同的檔次等。如，康師傅從紅燒牛肉面到香辣牛肉面、麻辣牛肉面等產品的延伸就屬於口味延伸，可口可樂香草可樂的推出就屬於成分延伸，農夫山泉從桶裝水到瓶裝水屬於形式延伸，一品國香中華香米的 5kg、10kg、25kg 屬於大小延伸，步步高商務手機和音樂手機屬於用途延伸。

2. 類延伸

類延伸是指母品牌被用來從原產品大類進入另一不同的大類。類延伸又可分為兩種：

（1）連續性延伸。企業借助技術上的共通性在近類產品之間進行延伸。如理光、佳能利用其卓越的光電技術在照相機、複印機、傳真機等產品上進行延伸，耐克借助運動產品的研發能力推出各類運動鞋、運動用品、運動裝等。

（2）非連續性延伸。將母品牌延伸到與原產品並無技術聯繫的新產品類別上。如雅馬哈既是摩托車品牌，也是古典鋼琴的品牌；海爾既有電器，又有生物醫藥、金融、地產、通信、IT 等不相關的產業。這意味著品牌的延伸遠離了原有的產品領域，覆蓋了寬廣的產品範圍。

（四）實施品牌延伸策略的要點

1. 有共同的主要成分

主力品牌與延伸品牌在產品構成上應當有共同的成分，即具有相關性。如果主力品牌與延伸品牌在價值、檔次、品牌定位、目標市場、產品屬性等方面不具備相關性，消費者就難以理解兩種不同的產品為何存在於同一品牌識別之下。這是因為品牌的延伸性主要是由核心識別要素來決定。核心識別是一個品牌永恆的精髓，其內容決定了品牌延伸的範圍。

比如，聯想集團以漢卡起家，以電腦系列為主打，旗下推出的系列延伸產品有數碼相機、數碼隨身聽、手機等。

2. 有相同的服務體系

使延伸的品牌在售前、售中、售後的服務體系中與主力品牌保持一致，讓消費者感到無論是消費主力品牌還是延伸品牌，都有一樣的好效果。

比如，在市場經濟大潮中經歷了 130 多年卻仍舊屹立於世界 100 強之列的雀巢，在取得嬰幼兒奶粉的成功之後，就開始進行品牌的延伸。其產品除了咖啡，還有奶製品、冷凍食品、寵物食品、預制食品、糖果、餅乾、烹調作料和營養品等。在每條產品線內，又有

各種不同的品牌名稱，如在礦泉水品牌大類中，就分別有 Perrier、Contrex、Vittel、Vera、Sanmaria 等十幾種品牌。由於雀巢延伸品牌的行銷和服務體系之間存在著相同之處，均為食品類，消費對象也多以女性、兒童為主，所以其品牌的延伸較為成功。

又比如，巨人集團從漢卡延伸到營養液（巨人腦黃金），藍寶石集團從手錶延伸到生命紅景天（營養保健品），娃哈哈從兒童營養液延伸到白酒，在其服務體系上都很難找到共同點，這必然會導致消費者對核心品牌的原有定位模糊，因而其延伸也就有些勉強。

3. 有相似的消費群體

主力品牌與延伸品牌的消費者群體相當接近，主力品牌的概念就很容易延伸到延伸品牌上。比如金利來，從面料到西服到襯衣到皮包，都緊盯白領和紳士階層的消費，延伸得比較成功。

迪斯尼從 1930 年設計「米老鼠」並獲得成功開始，就十分關注消費者關心什麼、喜愛什麼。從《艾麗絲漫遊仙境》到《白雪公主和七個矮人》，再到《美女與野獸》《獅子王》，其主要的消費者均為青少年。

迪斯尼還延伸到動感、新奇的迪斯尼主題公園、迪斯尼動物公園、迪斯尼遊輪、迪斯尼品牌專賣店、迪斯尼網站等。現在迪斯尼已經從經營日用品發展到兒童食品和飲料。它與可口可樂公司合作，以迪斯尼品牌生產一種專門供孩子喝的、純果汁的健康飲料，還與其他一些公司合作，開發了兒童健康早餐。這些延伸品牌所提供的產品大都根據青少年的特點設計，以至於許多孩子在成長為大人後，還會帶他們的孩子到迪斯尼世界中尋找歡樂、重溫舊夢。

目前迪斯尼品牌專賣店在全世界有 600 多家，分佈在 9 個不同的國家和地區，它的產品已有 2400 多種，主要包括孩子的玩具、臥具、文具、服裝和兒童出版物、電腦游戲軟件以及以迪斯尼品牌與廠商合作發展的手機等各種產品，提供 24 小時的網上銷售服務。2002 年其銷售收入約 26 億美元。難怪人們常說迪斯尼的成功是因為它有一大批愛迪斯尼的孩子。「迪斯尼是青少年的天堂與樂園。」

4. 技術上密切相關

主力品牌與延伸品牌的產品在技術上要有較好的相關度。比如三菱重工在制冷技術方面非常優秀，自然而然地將三菱冰箱的品牌延伸到三菱空調上。海爾品牌延伸也是如此。相反，春蘭空調與其「春蘭虎」、「春蘭豹」摩托車的技術就沒什麼相關性，其延伸就沒有意義。西門子公司利用其技術上的優勢大肆進行相關技術品牌的延伸。因其技術的可靠性與相關性，大幅度保持了消費者的忠誠，使得西門子成為世界電子電器行業中規模最大的跨國公司之一，並獲得了「電子帝國」的美稱。

5. 質量檔次相同

開發出來的新產品系列必須具有與原品牌產品不相上下的質量。質量是品牌的生命，是名牌存在和發展的關鍵。比如耐克從運動鞋向運動服裝系列延伸，對質量的要求就很

高。Nike 運動服裝系列的設計採用仿生學技術，完全以運動中的人體為主體，最大限度地減少人體與衣服之間的摩擦，在運動中給人體以充分的自由。Nike 運動服系列的成功，就在於其與原產品不相上下的質量，再借助主力品牌的知名度，因此很快徵服了消費者的心。

6. 迴避已高度固化定位的品牌延伸

如果一個品牌已經成為某個產品的代名詞，在消費者心目中形成了固定的形象定位，最好不要再將這一品牌的名稱冠到另一類產品上去。這是因為當品牌在某一高度的定位已經深入人心並形成完整的形象後，品牌就取代了產品，是容不得一點節外生枝的，如若強求或外溢，品牌力一定會大受損害。如 SONY 在消費者心目中代表優質的收音機或彩色電視機，已經成為知名視聽產品的代名詞。如果此時將 SONY 的名稱冠到微波爐、冰箱、洗衣機等家電產品上去，必將非常冒險。這也是 SONY 一直經營到現在都沒有向其他行業或領域延伸而專心做視聽產品的重要原因。娃哈哈是中國兒童飲品的「大哥大」，當人們一提到它時就會想到那個可愛、調皮的娃哈哈小男孩卡通，所以在許多消費者心目中，「娃哈哈」一直是兒童飲品。後來「娃哈哈」在延伸品牌系列中走向了「娃哈哈關帝白酒」、「娃哈哈房地產公司」，就讓消費者不好理解，以至於難獲認同。

7. 注意品牌名稱聯想的範圍

要注意品牌延伸所造成的「聯想」關係，即消費者由某一品牌名稱成功地聯想到其延伸產品。比如提到 IBM 品牌，就會讓人想到是電腦，而不會想到影印機。將它延伸到各種電腦的相關產品上去，如主機電腦/個人電腦/筆記型電腦等。「活力 28」這個老百姓家喻戶曉的品牌，首先讓人們想起的就是洗衣粉，而不是化妝品。把它延伸至洗滌用品上就十分恰當，如把它延伸到飲品上就讓人難以接受，這也是「活力 28」礦泉水推出後被消費者拒絕接受而慘敗的重要原因。

(五) 品牌延伸的步驟

企業在實施品牌延伸策略時主要採取以下步驟，如圖 9.8 所示。

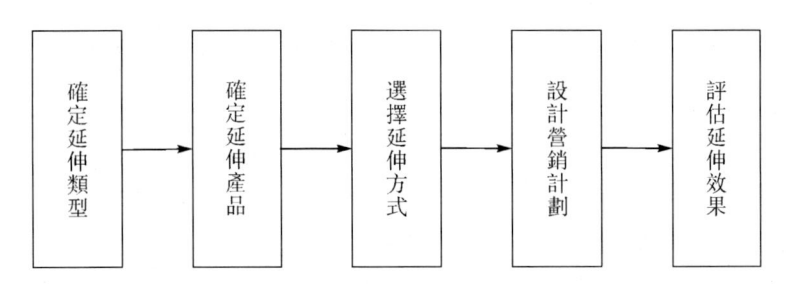

確定延伸類型 → 確定延伸產品 → 選擇延伸方式 → 設計營銷計劃 → 評估延伸效果

圖 9.8　品牌延伸的步驟

1. 確定延伸類型

一般的規律是先進行產品線延伸，在某一個產品領域做大做強之後，再憑藉建立起來

的專業品牌優勢來進行產品類別延伸。產品線延伸並不困難，因為延伸產品與原產品同屬於一個產品線，消費者容易形成一致認知。選擇產品類別延伸難度較大，因為各產品類別存在著較大差異，若考慮不周，延伸產品可能會與原產品產生衝突，不僅不容易成功，而且還會使母品牌受損。所以，不到萬不得已．盡量不要採用產品類別延伸。一般來說，只有當原產品類別利潤空間不大、競爭過於激烈的時候，延伸到新的產品類別才是明智之舉。例如，康佳在電視機行業面臨巨大競爭壓力的時候，選擇了手機、電冰箱作為延伸的新品類，以求增加新的利潤增長點。

2. 確定延伸產品

確定延伸產品必須進行消費者調查，來判斷哪些是適合品牌的、能夠增加價值的產品類別。可參照下面步驟來確定延伸產品：

第一步，明確現有的品牌聯想和品牌識別。企業可以採用聯想法等多種調查技術瞭解消費者心目中的品牌聯想。比如，在給出品牌名稱後，可要求消費者在一個比較短的時間裡，將與該品牌有關的情形、事物一一記錄下來，或者通過與其他品牌的比較，要求消費者指出本品牌的獨特之處。

第二步，識別可供選擇的候選產品。通過上面的調查，企業應在有限的範圍內進行篩選，其目標是提出品牌延伸的建議方案。例如，麥當勞可以利用它與兒童之間的聯繫來開發玩具、服裝或遊戲產品線，甚至以兒童為主的主題公園。高效、低成本服務的聯想使它可以進入任何重視上述品質的服務領域。因此，人們期望麥當勞的服裝商店以較低的價格和有效的方式銷售商品。

第三步，評估候選產品。候選產品究竟能不能延伸？哪些可以實際用於延伸？必須對其進行可行性研究。它是不是有吸引力的產品，將來是否能保持吸引力？它是否將不斷發展？它的利潤空間是否足夠大還是在不斷萎縮？現在和未來的競爭情況如何？現在的競爭對手是否非常強大，還是易受到攻擊、正在尋找未來發展的其他途徑？其他經營者是否會進入？是否存在生產能力過剩？是否存在未滿足的顧客需求？在某些細分市場中是否存在與該品牌相匹配的機會？除了進入一個新的產品市場外，該延伸是否還有其他的戰略目標？當然，企業還需要瞭解它是否有足夠的資產和競爭能力來支持新產品延伸，如研發、製造、市場行銷、財務、客戶關係等。如果缺乏這些資源，它們是否能夠被及時地、以合理的成本購買或創造出來？

3. 選擇延伸方式

當企業規模不大，產品相關性強、種類少時，宜採用單一品牌進行延伸，可以在集中企業資源加強核心產品主導地位的同時帶動新產品宣傳、減少促銷費用；當企業規模大，產品種類多且性能各異、款式不同時，採用副品牌來直觀、形象地表達產品優點和個性；當推出個性化、細分程度高的產品，且企業自身能力強、品牌經營能力強時，則可使用多品牌延伸戰略，迎合不同細分市場的需要，提供差異化產品或服務。

最優的品牌延伸方式選擇應考慮下列三個問題：

主品牌是否有助於這個延伸？

這個延伸是否會提升主品牌？

是否有充分理由創造一個新品牌？

上述問題中的前兩個關心的是在利用主品牌時會發生什麼，主品牌的資產價值（知名度、美譽度等）會對延伸產生正面或負面的影響。而延伸對於主品牌的影響力也是延伸的重要結果，這種影響力的特點和大小都取決於主品牌資產的強度，以及主品牌在新環境中的適宜度和可信度。一般來說，新品牌總是高費用、高風險。因此，企業在決定創造新品牌前應作詳細的調查和周密的分析，在可能的情況下，應減少需要供養的品牌數量。

4. 設計行銷計劃

明確了延伸產品之後，管理者需要設計品牌行銷計劃對其進行推廣。本質上，延伸產品行銷的關鍵在於建立延伸產品與母品牌之間的共同點，使母品牌的資產能夠部分轉移到延伸產品上面。最核心的一個問題是延伸產品的品牌命名問題，即究竟採用單一品牌延伸、主副品牌延伸還是親族品牌延伸。如果延伸產品與原產品屬於同一類別但希望強調其產品的特色，就可以採用主副品牌延伸，如馬自達在其中國合資公司推出的 M6、M3、M2 等不同風格的車型。如果延伸產品與原產品儘管不屬於同一個類別但類別之間不容易產生認知衝突（如檔次相當）的話，那麼可以採用單一品牌延伸，如三菱空調和三菱電梯。如果延伸產品與原產品之間容易產生認知衝突（如檔次差異大、行業之間產生不良聯想等）的話，則最好採用親族品牌延伸。親族品牌延伸是一種特殊形式的主副品牌延伸，適合於主品牌與副品牌保持若即若離的關係。比如，五糧液集團為了向中低端延伸，推出了五糧春和五糧醇等親族品牌，其中「五糧」二字表明了幾個品牌之間的根源關係，而「液」、「春」、「醇」則避免了各種不同檔次產品的衝突。

除了品牌命名，延伸產品行銷的計劃還有：採用相同或類似的品牌標誌，如華倫天奴的「V」型標誌在皮具、服飾上都稍有微調；採用相同的品牌口號，如飛利浦在所有產品的廣告上都以「精於心簡於形」作為結尾；採用類似的產品特徵或廣告訴求，如飄柔洗髮水宣揚「使頭髮柔順」而飄柔沐浴露和香皂宣揚「使肌膚順滑」。

5. 評估延伸效果

最後，管理者需要對品牌延伸的效果作出評估。評估的標準有以下兩個：

延伸的產品是否獲得了良好業績？

延伸產品對母品牌資產產生了什麼樣的影響？

如果在兩個標準上得分都很高的話，那麼該品牌延伸就非常成功。如耐克從籃球鞋延伸到運動用品和運動服裝就非常成功；如果只是標準1得分很高，標準2得分接近0，那麼該品牌延伸效果尚可，如奧克斯從空調延伸到手機，後者對前者並無明顯作用，延伸效果一般；如果標準2得分為負數，那麼無論標準1得分如何，該品牌延伸都是失敗的，如

Clorox 從漂白劑延伸到洗衣粉就很失敗，因為人們總是擔心使用了這種洗衣粉會使色彩鮮豔的衣服褪色。

如何保證品牌延伸的成功？品牌延伸領域的專業研究人士愛德華・陶博博士提出了品牌延伸的十大原則。

小連結

品牌延伸的十大原則

原則1：除非品牌對新的目標市場來說是非常知名和有好的聲譽的，否則不應該進行品牌延伸。例如，康師傅在方便面領域的地位使其很成功地延伸到了其他方便食品領域（如雪餅等）。

原則2：品牌延伸從邏輯上來說應當符合消費者的期望。側如，榮昌肛泰痔瘡栓和榮昌甜夢口服液聯繫在一起，讓人有不良聯想，從邏輯上無法接受兩種產品是出自同一個品牌。

原則3：品牌延伸要能夠對新產品類別有槓桿作用，即母品牌的獨特資產能夠轉移到新產品上面以助其優勢。維珍的「反權威」的品牌精髓就很好地貫穿到其所有的延伸產品上面。

原則4：如果延伸產品會使母品牌的認知混淆或者對母品牌有負面影響，那麼品牌延伸就不應該進行。

原則5：如果消費者已把品牌等同於產品類別了，那麼就不應該將品牌延伸到其他產品類別上面。立白、雕牌等品牌已經被消費者認為是洗滌織物的產品，延伸到牙膏上面就不能採用原來的品牌了，只能換名。

原則6：品牌不應該被延伸到過多不相干的產品類別上面，否則長期來看品牌會被稀釋。就目前來看，與主業差異甚大的延伸是很難成功的，除了維珍等寥寥無幾的幾個品牌，做得好的幾乎都是相關類別的延伸。美的的家電系列產品做得很有影響力，因為延伸是相關的，而美的客車目前並不算成功，因為客車與家電畢竟差異太大。

原則7：不能為母品牌創造正面協同效應，品牌延伸就不應該進行。如娃哈哈關帝白酒對娃哈哈這個品牌並沒有正面效應，因此延伸是失敗的。

原則8：品牌延伸必須使業務清晰化。

原則9：每一次品牌延伸都應該為公司開闢新的產品類別。總是在一個產品類別範圍內開展產品線延伸使得品牌的發展過於局限。

原則10：品牌延伸研究的關鍵在於制訂一個品牌計劃。品牌發展的短期和長期的可能性都需要預先考慮。

資料來源：愛德華・陶博的品牌延伸研究網站。

第二節　品牌策略在產品生命週期不同階段的應用

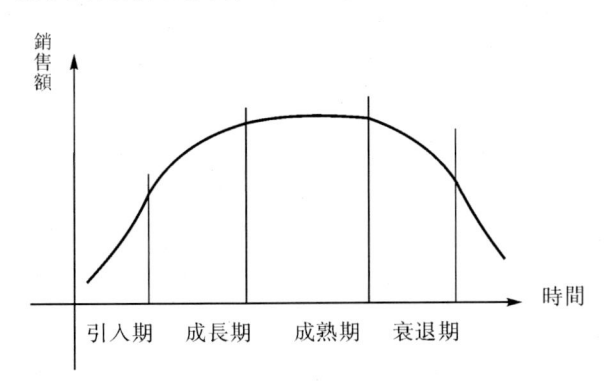

一、產品生命週期

產品生命週期是產品的市場壽命，即一種新產品從開始進入市場到被市場淘汰的整個過程。它反應了消費者對產品從接受到捨棄的全過程。典型的產品生命週期一般可以分成四個階段，即引入期、成長期、成熟期和衰退期，如圖9.9所示。

圖9.9　產品生命週期

第一階段：引入期

產品從設計投產直到投入市場進入測試階段。新產品投入市場，便進入了引入期。此時產品品種少，顧客對產品還不瞭解，除少數追求新奇的顧客外，幾乎無人購買該產品。生產者為了擴大銷路，不得不投入大量的促銷費用，對產品進行宣傳推廣。該階段由於生產技術方面的限制，產品生產批量小、製造成本高、廣告費用大、銷售價格偏高、銷售量極為有限，企業通常不能獲利，反而可能虧損。

第二階段：成長期

當產品的銷售取得成功之後，便進入了成長期。成長期是指產品通過試銷效果良好，購買者逐漸接受該產品，產品在市場上站住腳並且打開了銷路。這是需求增長階段，需求量和銷售額迅速上升。生產成本大幅度下降，利潤迅速增長。與此同時，競爭者看到有利可圖，將紛紛進入市場參與競爭，使同類產品供給量增加，價格隨之下降，企業利潤增長速度逐步減慢。

第三階段：成熟期

產品投入大批量生產並穩定地進入市場銷售，經過成長期之後，隨著購買產品的人數增多，市場需求趨於飽和。此時，產品普及並日趨標準化，成本低而產量大，銷售增長速度緩慢直至轉而下降。競爭的加劇導致同類產品生產企業之間不得不在產品質量、花色、

規格、包裝服務等方面加大投入，在一定程度上增加了成本。

第四階段：衰退期

產品進入了淘汰階段。隨著科技的發展以及消費習慣的改變等，產品的銷售量和利潤持續下降，產品在市場上已經老化，不能適應市場需求，市場上已經有其他性能更好、價格更低的新產品，足以滿足消費者的需求。此時成本較高的企業就會由於無利可圖而陸續停止生產，該類產品的生命週期也就陸續結束，以致最後完全撤出市場。

產品生命週期理論研究的實質在於提示產品在其生命週期中的銷售規律，是企業進行行銷管理、制定行銷策略的重要依據。

二、產品生命週期各階段的品牌策略

（一）引入期的品牌策略

引入期建立品牌的基本要求是企業自身實力較強，有發展前途，產品的可替代性很高即競爭產品之間的差異性非常小，理性的利益驅動不足以改變顧客的購買行為。如果企業選擇建立自己的品牌，那就要在創業一開始就樹立極強的品牌意識，對品牌進行全面的規劃，在企業的經營、管理、銷售、服務、維護等多方面都以創立品牌為目標，不僅僅是依賴傳統的戰術性的方法，如標誌設計和傳播、媒體廣告、促銷等，而是側重於品牌的長遠發展。產品在引入期創立品牌，除了要盡快打響品牌的知名度以外，關鍵的問題是要確立品牌的核心價值，給顧客提供一個獨特的購買理由，並力爭通過有效的傳播與溝通讓顧客知曉。這是創造產品的品牌階段。

（二）成長期的品牌策略

當產品步入成長期時，企業行銷努力的重點是提高品牌的認知度、強化顧客對品牌核心價值和品牌個性的理解，形成企業品牌。

品牌認知度不等同於品牌知名度。品牌知名度只是反應了顧客對品牌的知曉程度，但並不代表顧客對品牌的理解。顧客通過看、聽，並通過對產品感覺和思維來認識品牌。建立品牌認知，不僅僅是讓顧客熟悉其名稱、術語、標記、符號或設計，更進一步的是要使顧客理解品牌的特性。要提高品牌認知度，最重要的途徑是加強與顧客的溝通。顧客是通過各種接觸方式獲得信息的，既有通過各種媒體的廣告、產品的包裝、商店內的推銷活動，也有產品接觸、售後服務和鄰居朋友的口碑，因此，企業要綜合協調運用各種形式的傳播手段，來建立品牌認知，為今後步入成熟期打下良好基礎。

另外，成長期產品品牌定位是很重要的。通過鎖定目標顧客，並在目標顧客心目中確立一個與眾不同的差異化競爭優勢和位置，連接品牌自身的優勢特徵與目標顧客的心理需求。這樣，一旦顧客有了相關需求，就會開啟大腦的記憶和聯想之門，自然而然地想到該品牌，並實施相應的購買行為。

(三) 成熟期的品牌策略

產品進入成熟期，在市場已經站穩了腳跟，但由於競爭者的大量加入和產品的普及，競爭變得尤為激烈。因此，企業應該根據成熟期的市場、產品、競爭特點，提高企業品牌的忠誠度，並結合企業自身實力，進行適當的品牌延伸，或實施多品牌策略與副品牌策略。

品牌忠誠度是顧客對品牌感情的量度，高品牌忠誠度是企業重要的競爭優勢。在成熟期，企業可運用顧客對該品牌的忠誠來影響顧客的行為。

採用品牌延伸，企業不僅可以保證新產品投資決策的快捷準確，而且有助於減少新產品的市場風險，節省新產品推廣的巨額開支，有效地降低新產品的成本費用。通過品牌延伸，企業可以強化品牌效應，增加品牌這一無形資產的經濟價值和核心品牌的形象，提高整體品牌組合的投資效益。

企業在成熟期由於競爭者的大量湧入，因此，通過建立品牌組合，實施多品牌戰略，能盡可能多地搶占市場，避免風險。實行多品牌，可以迎合不同顧客的口味，吸引更多的顧客，能使企業有機會最大限度地覆蓋市場，使得競爭者感到在每一個細分市場的現有品牌都是進入的障礙，從而限制競爭者的擴展機會，有效地保證企業維持較高的市場佔有率。

(四) 衰退期的品牌策略

在這個階段，企業應著眼未來，退出衰退期產品的競爭，把精力投入到二次創業上。企業可實施品牌重新定位、品牌創新等策略重新進入市場。

一種品牌在市場上最初的定位可能是適宜的、成功的，但是到後來企業可能不得不對其重新定位。品牌需要重新定位的原因是多方面的，如：競爭者可能推出類似定位的品牌，搶奪企業的市場份額；顧客偏好轉移，對企業品牌代表的產品的需求減少；企業決定進入新的細分市場。在此期間，企業的原有產品技術走下坡路，銷售額下降。在作出品牌再定位決策時，企業首先應考慮將品牌轉移到另一個細分市場所需要的成本，包括產品品質改變費、包裝費和廣告費。一般來說，再定位的跨度越大，所需成本越高。其次，要考慮品牌定位於新位置後可能產生的收益。收益大小是由以下因素決定的：某一目標市場的顧客人數、顧客的平均購買率、在同一細分市場競爭者的數量和實力，以及在該細分市場中為品牌再定位要付出的代價。

隨著企業經營環境的變化和顧客需求的變化。品牌的內涵和表現形式也要不斷變化發展，以適度順應消費者求新求變的心理。品牌創新是品牌自我發展的必然要求，是克服品牌老化的唯一途徑。因此，企業必須不斷更新品牌的內涵、保持品牌的生命力。如可口可樂從1886年創立至今已有100多年歷史，它之所以能夠保持長盛不衰，一個很重要的原因就是它不斷地給自己的品牌注入新的內涵。它至今已採用過30多個廣告主題，90多句廣告標語，其目的就是一個，不斷地適應和滿足新的需求。

思考題

1. 結合自己熟悉的一個品牌來解讀塑造品牌的五個步驟。
2. 「多品牌策略最大的優勢便是通過給每一品牌進行準確定位，從而有效地占領各個細分市場」，那麼可以說「企業越早啓動多品牌策略就越好」嗎？為什麼？
3. 試舉例分析品牌延伸不當和品牌過度延伸會帶來什麼樣的結果。
4. 「做品牌就是投放廣告，不打廣告就做不了品牌」，對嗎？為什麼？
5. 「創造品牌就是創造名牌」對嗎？為什麼？

參考文獻

[1] 邁克爾·波特. 競爭戰略［M］. 北京：華夏出版社，2005.

[2] 菲利普·科特勒. 行銷管理［M］. 上海：上海人民出版社，1999.

[3] 餘偉萍. 品牌管理［M］. 北京：清華大學出版社，北京交通大學出版社，2007.

[4] 周志民. 品牌管理［M］. 天津：南開大學出版社，2008.

[5] 馮麗雲，等. 品牌行銷［M］. 北京：經濟管理出版社，2006.

[6] 中國品牌網（www.chinapp.com）

[7] 中國行銷傳播網（www.club.emkt.com.cn）

[8] 新浪財經專欄（www.finance.sina.com.cn）

第十章
品牌的締造

小連結

菲利普·莫里斯的收購

卡夫（Kraft）的帳面資產只有 30 億美元，世界上最大的包裝食品公司和最大的卷菸生產公司菲利普·莫里斯（PHILIP MORRIS PRODUCTS INC.）花了 180 億美元去購買它。

面對股東的質疑，菲利普·莫里斯如何自圓其說？

他認為公司購買了一個強勢品牌。因為 Kraft 具有以下的特徵：

卡夫對忠誠的消費者有一種購買的動員力；他可以把自己對消費者的吸引力轉化為菲利浦·莫力斯在食品業的商業影響力；這個品牌可以被延伸；最重要的是卡夫可以保證菲利浦·莫力斯在香菸生意之外進行成功的多樣化經營。

菲利浦·莫力斯在未來的時日裡旺盛的生命力和蓬勃的收入增長充分證明了這一決斷的成功。

表　　　　　1996—2000 年菲利普·莫里斯主要經濟指標變化[①]

指　標	單位	1996	1997	1998	1999	2000
銷售收入	億美元	692.04	720.55	743.91	785.96	803.56
經營利潤	億美元	117.69	116.63	99.77	134.90	146.79
淨利潤	億美元	63.06	63.10	53.72	76.75	85.10
每股紅利	美元	1.47	1.60	1.68	1.84	2.02
總資產	億美元	548.71	559.47	599.20	613.81	790.67
員工人數	萬人	15.4	15.2	14.4	13.7	17.8

問題：你認為令菲利普·莫里斯作出這樣決斷的關鍵在哪裡？

資料來源：逸卿，菲利普·莫里斯公司的一些歷史資料，我的財訊，10-05-30，內容有改動。

[①] 資料來源：Philip Morris Companies Inc. 2000 Annual Report。

「廠房老化毀壞了，機器破損了，工人去世了，仍然具有生命力的是品牌。品牌是我們經濟的原子核。」品牌是企業和產品前行的最終動力。

第一節　品牌資產

品牌資產是一種重要的資產。是消費者對於企業產品或者服務的主觀認知和無形評估。現代企業越來越倚重通過品牌資產的建構，它可以為企業和消費者創造更高的價值。

一、品牌資產的概念

（一）各種理論認識

品牌資產是一種超越生產、商品、所有有形資產以外的價值。

同樣的商品或服務，因為掛上品牌，就可以讓消費者付更高的價錢。而這種因由品牌資產給企業帶來的利益，最終源於品牌對消費者的吸引力和感召力。

美國學者 Alexander L. Biel 認為：「通常按經濟學術語定義來說，品牌是一種超越生產、商品及所有形式資產以外的價值。」

強生公司前任首席執行官詹姆斯‧伯克將品牌描述為「企業與其消費者之間那種信任的價值資產化」。

美國 S&S 公關公司總裁喬‧馬克尼說：「品牌是個名字，而『品牌資產』（Brand Equity）則是這個名字的價值，品牌資產的重要性不論對本地方或全球各地企業，都變得越來越重要。企業界為了建立品牌價值，不惜投註幾十億美元的資本，但隨之而來的是有些公司出售轉讓；買主旋即放棄這些公司旗下原來的產品，因為他們要的是這些賣方公司的『名字』，而不是產品。」

美國行銷科學研究所認為「品牌資產是品牌的客戶、配銷商和公司本部各方面的聯想與行為的集合，它容許品牌的使用比不用品牌時贏得更多的銷售量和更大的利潤邊際，它給予品牌一個強烈的、可持續的以及差異化的優勢以壓制競爭者。」

（二）定義

簡單來講，品牌是個名字，而「品牌資產」（Brand Equity）就是這個名字的價值。

品牌資產是一種超越生產、商品、所有有形資產以外的價值。

同樣的商品或服務，因為掛上品牌，而讓消費者願意付更高的價錢。而這種因由品牌資產給企業帶來的利益，最終源於品牌對消費者的吸引力和感召力。

大衛‧艾克（David Aaker）進一步提升了該概念，認為品牌資產是一組聯結品牌名及符號的品牌資產及負債，透過產品、服務去提升或降低給公司及消費者的價值，如圖 10-1 所示。

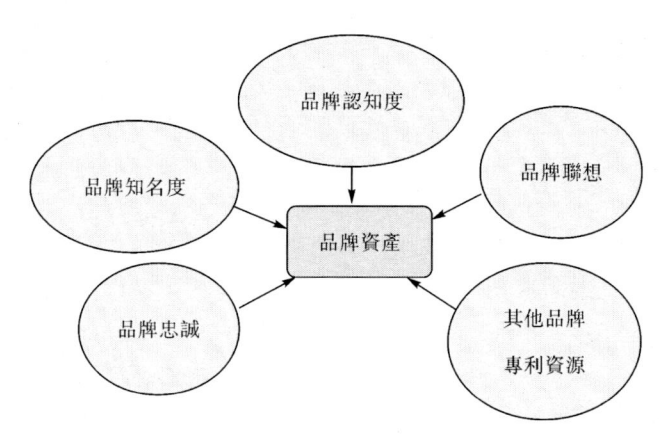

图 10-1　大衛·艾克的品牌資產模型

品牌不僅是名稱和象徵，還是重要的無形資產和可累積資產，這才是企業生生不息的發展源泉。

小連結

維珍集團

維珍集團（Virgin Group）是一個由 350 家公司構成的商業帝國，也是英國最大的私營企業，其創始人是理查德·布蘭森。

從 1971 年創立至今，維珍集團的業務擴展到金融、航空、唱片、飲料、服裝等諸多領域，比如：

維珍行動（Virgin Active）——分佈於南非、義大利和英國的健康俱樂部連鎖

維珍美國（Virgin America）——2006 年在美國成立的低價國內航線

維珍大西洋航空（Virgin Atlantic Airways）——基於倫敦希思羅機場的國際航空公司

維珍氣球航線（Virgin Balloon Flights）——熱氣球營運商

維珍藍（Virgin Blue）——營運於澳大利亞及南太平洋地區的航空公司

波利尼西亞藍天（Polynesian Blue）——薩摩亞低價國際航線

維珍出版（Virgin Books）——書籍出版、零售、發行業務

維珍婚禮（Virgin Brides）——設立於曼徹斯特的婚禮用品店

維珍汽車（Virgin Cars）——英國廉價汽車銷售商

維珍化妝品（Virgin Cosmetics）——專門於網上或店鋪銷售 Virgin Vie 牌化妝品

維珍數碼（Virgin Digital）——網上數碼音樂銷售業務

維珍飲料（Virgin Drinks）——生產包括「維珍可樂」在內的軟飲料

維珍游戲（Virgin Games）——在線游戲與賭博業務

維珍假日（Virgin Holidays）——英國旅遊仲介

維珍互動（Virgin Interactive）——游戲發行商

維珍珠寶（Virgin Jewellery）——珠寶裝飾銷售

維珍限量版（Virgin Limited Edition）——高級酒店業務

維珍房車（Virgin Limobike）——位於倫敦的自行車服務

維珍房車（Virgin Limousines）——於舊金山與北加利福尼亞營運的客車服務業務

維珍大賣場（Virgin Megastores）——於主要街道及網絡銷售 CD、DVD 和游戲的業務

維珍移動（Virgin Mobile）——移動電話網絡供應商

維珍理財（Virgin Money）——財經服務

維珍信用卡（Virgin Credit Card）——信用卡服務

維珍尼日利亞（Virgin Nigeria）——於尼日利亞營運的國際和國內航線

維珍游戲（Virgin Play）——位於西班牙的游戲發行商

維珍電臺（Virgin Radio）——主要業務在英國，另延伸至法國及亞洲地區

維珍唱片（Virgin Records，維京唱片）——隸屬於百代唱片

維珍溫泉（Virgin Spa）——化妝品零售店

維珍鐵路（Virgin Trains）——主要營運於英國境內

維珍聯合（Virgin Unite）——慈善機構

維珍假日（Virgin Vacations）——美國旅遊仲介

維珍服飾（Virgin Ware）——服飾品牌

……

維珍，這個叛逆、不羈、充滿爭議的品牌，在眾多全球著名商業評論家的譏笑和指責中，我行我素、毫不理會的進行著它的擴張。從 1971 年維珍創立到現在，維珍的名字已經出現在金融、航空、零售、娛樂、軟飲料、鐵路、服裝等多個商業領域。通過和消費者建立起的千絲萬縷的關係，維珍品牌成功地融入了生態圈，成為了人們生活的一部分。人們調侃說：「如果你願意，可以這樣度過一生——喝著維珍可樂長大，穿著維珍牛仔到維珍百萬店去買維珍電臺播放的唱片，去維珍影院看電影，通過維珍網站交友，和她乘坐維珍航空環球旅行，享受維珍假日無微不至的服務，然後由維珍新娘安排一場盛大的婚禮，幸福地大量消費維珍避孕套，直到拿著維珍養老保險安度晚年，煩悶的時候，喝一口維珍的伏特加，借酒消愁。」

維珍企業領袖理查德‧布蘭森說：「我們正不斷擴張，我們的品牌的運用越來越廣。不過我們隨時都得小心翼翼，因為我們知道只有符合我們所制定的非常嚴格的介入標準的產品和服務，我們才能運用我們的品牌。」

布蘭森的五條標準是：

(1) 它必須有最佳的品質

(2) 它必須有創意

(3) 它必須有較高的金錢價值

(4) 它必須對其他選擇具有挑戰性

(5) 它必須能增添一種趣味或頑皮感

只要能夠至少滿足這五項標準中的四項，維珍就會認真考慮如何介入這個行業。而不論它是否與維珍現在所經營的產業有無相關之處。

布蘭森說：「只要你有一個好品牌，無論面對什麼行業你都可以運用同樣的規則。」

維珍的經營戰略是服務於那些另類、不循規蹈矩、反叛的年輕人，它不追求在所有領域都成為行業的領導者，而是希望擔當一個行業破壞者和市場補缺者的角色。

其品牌推廣常常是以其創始人、董事長兼公司形象代言人布蘭森的各種另類、誇張的個人秀主打：駕著熱氣球飛越大西洋，駕著坦克在廣場上游行，赤裸著全身在海灘上奔跑等，這既能有效吸引眼球，又和公司及產品服務的形象非常吻合，是效果不凡而成本低廉的宣傳推廣方式。

英國進行的一項民意調查顯示：96%的英國人熟悉維珍品牌，有95%的人能立刻說出維珍集團創始人布蘭森的名字。人們喜歡他，稱他為叛逆的布蘭森、嬉皮士布蘭森、冒失鬼布蘭森、冒險家布蘭森。愛屋及烏，人們愈來愈喜歡維珍的品牌，樂意接受維珍的產品和服務。

資料來源：李海龍. 我是維珍，我怕誰?! ［EB/OL］. 中國行銷傳播網，2002－05－27. http://www.emkt.com.cn/article/68/6800.html.

（三）品牌資產如何創造價值

品牌資產的價值除了體現在其資產價值上，還能體現在多方面：

1. 對客戶而言品牌資產能提供的價值

在浩瀚的信息海洋中，憑藉品牌對信息加以處理和篩選；優異的品牌能提高購買品牌的興趣和可能，並增強客戶在決策時的信心，促進決斷；品牌能提高客戶的心理滿足感。

2. 對企業而言品牌資產能提供的價值

提高行銷計劃的效率；創造品牌忠誠度；幫助提高售價及邊際效用，提高獲利能力；提高品牌延伸的能力，實現品牌多樣化；增強競爭能力，創造交易中的競爭優勢；創造價值上的優勢。

二、品牌形象

品牌是企業重要的無形資產，而驅動這種資產的關鍵因素就是品牌形象。

品牌形象是消費者對品牌的總體感知和看法，進而影響和決定著人們的品牌購買和消費行為。

品牌形象是由存在於消費者頭腦中的品牌聯想反應出來的。雖然品牌的設計、策劃和推廣都很重要，但品牌建設的成效根本上取決於顧客的評價。所以，品牌的價值是存在於消費者頭腦中的。

（一）品牌形象的主要理論

美國著名廣告專家大衛‧奧格威（David Oilgvy）在20世紀50年代就從品牌定位的

角度提出了「品牌形象」這個概念，但是對品牌形象的內涵特別是測評方面的研究在很長時間內並無多大進展。直到 20 世紀 80 年代後期，圍繞品牌資產（Brand Equity）這個大的主題，學術界在品牌形象研究方面才取得一些重要突破。

其代表性的研究如表 10.1 所示：

表 10.1　　　　　　　　　　品牌形象的主要理論

理論名稱	主要內容
品牌個性理論	提出品牌個性的五個測量維度：純真、刺激、稱職、教養、強壯
戰略性品牌概念——形象管理理論	把品牌形象分為功能性概念、象徵性概念和體驗性概念三個方面
品牌形象三維度模型	從內容上將品牌形象分解為產品/服務提供者形象（或企業形象）、使用者形象以及產品/服務形象三個方面
科樂品牌形象模型	將品牌形象視為一個較為綜合的概念，通過品牌聯想來反應，而品牌聯想可以從特點、益處、態度等方面考察
品牌形象二重性模型	把品牌形象分為軟性和硬性兩大類：「硬性」形象是指消費者對品牌有形的或者功能性屬性的認知；「軟性」形象則主要反應品牌的情感特性

（二）品牌形象的四個維度

為了能夠準確而全面地考察品牌形象的構成，同時站在消費者的角度審視其對企業品牌形象的感知，我們從大衛·艾克的品牌形象識別四個維度（產品、人性化、企業和符號）出發，來衡量品牌形象，如圖 10-2 所示：

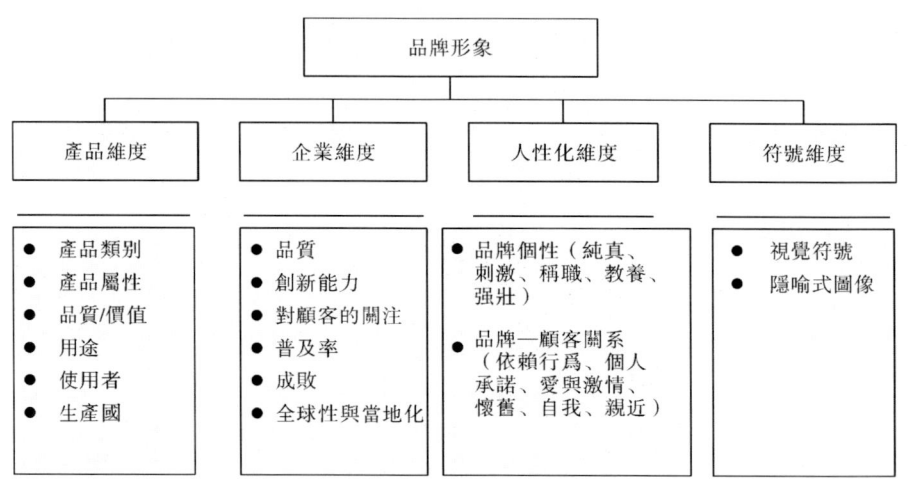

```
                       品牌形象
        ┌───────────┬───────────┬───────────┐
      產品維度    企業維度    人性化維度    符號維度
    ───────────  ───────────  ───────────  ───────────
    ● 產品類別   ● 品質        ● 品牌個性（純真、  ● 視覺符號
    ● 產品屬性   ● 創新能力       刺激、稱職、教養、● 隱喻式圖像
    ● 品質/價值  ● 對顧客的關注   強壯）
    ● 用途       ● 普及率      ● 品牌—顧客關係
    ● 使用者     ● 成敗          （依賴行為、個人
    ● 生產國     ● 全球性與當地化  承諾、愛與激情、
                                 懷舊、自我、親近）
```

圖 10-2　品牌形象的四個維度

1. 產品維度

產品是品牌的實物載體，它承載了消費者對該產品的總體滿意程度，是構建品牌形象

的基礎。

產品維度主要測評指標包括：

（1）一個品牌與它所代表的產品類別密切相關。重要的不是讓消費者知道某品牌屬於哪種產品類別，而是當消費者考慮購買某類產品時會想到某種品牌，使該品牌成為消費者選擇的首要對象。比如買電腦會第一時間聯想到 IBM、戴爾，吃快餐會第一時間聯想到麥當勞、KFC，去兒童樂園會第一時間聯想到迪斯尼。

（2）產品屬性往往能激發消費者購買和使用的意願，給消費者帶來實質性的利益。如麥當勞「全球一致」的口味、蘋果系列「時髦、漂亮」的外形。當產品的某些屬性特別突出時，消費者心目中就會形成高品質或高價值的印象，而這往往是企業努力訴求的焦點。

（3）產品的用途、使用者和生產國（或產地）也都影響著人們對品牌產品的評價和判斷。品牌形象可借助其使用者形象或產地形象得到強化。比如法國香水、日本電器和德國啤酒暢銷國際市場無不得益於「生產國效應」。

2. 企業維度

人們不僅關心產品本身的特點，而且越來越注重產品提供者的情況。優秀的企業形象為產品銷售提供了保障。看到品牌，人們會自然聯想到提供產品的企業。

產品維度的品牌形象一般建立在顧客對產品具體特性和消費群體等的聯想上。而企業維度的品牌形象則與較為抽象的企業價值觀、組織專長和技術特色等相關。

企業角度的主要測評指標包括：

（1）品質。有些時候對品質的認同是消費者通過企業而不是產品產生的，所以許多企業都致力於改善品質而使企業成為同業中的「最佳」。

（2）創新能力。創新能力也是最重要的「企業聯想」之一，尤其是對於高科技企業。蘋果公司、SONY 等企業的關鍵優勢都在於其優異的技術基礎。

（3）對顧客的關注。許多企業都將「顧客至上」視為企業的核心價值，如果能真正做到這一點，消費者會產生被重視的感覺，對企業更加信賴，且容易產生親近感。

（4）普及率和成敗。如果企業產品的普及率高而且企業在所處行業表現優秀，顧客購買其產品就更加放心。

（5）全球性與當地化。本土化的品牌容易拉近與消費者的距離，而全球性品牌往往具有良好的聲望和巨大的市場影響力。

3. 人性化維度

人們常常喜歡將事物擬人化，賦予其人性特徵。將品牌擬人化，因此形成了無窮的魅力和吸引力，我們會發現品牌形象更豐富和有趣。例如萬寶路充滿陽剛氣，可口可樂是古典雋永的，百事可樂是年輕時尚的。

在消費者眼裡品牌不僅僅代表了某種產品，它實際上也是消費者微妙的心理需求的折

射。人們不會對任何人都接受，因為他的心理空間是有限的。所以，在人群中，個性鮮明者容易脫穎而出，而如果此人再具有多數人所欣賞的個性如誠信、幽默、熱情等品質，就會為多數人接受並喜歡。

同樣，消費者不會任何品牌都接受，因為他把品牌看做人，所以他只接受具有他所認可的個性的品牌。只有具有消費者所欣賞的個性的品牌，才能為消費者接納、喜歡並樂意購買，從而體現出其品牌價值。

由此可見，品牌個性乃是品牌價值的核心，要提升品牌價值就必須塑造出鮮明的品牌個性。

最早用歸納法研究品牌個性維度的學者是美國著名學者珍妮弗·阿克爾（Jennifer Aaker），她第一次根據西方人格理論的「五大」模型，以個性心理學的研究方法為基礎，以西方著名品牌為研究對象，發展了一個系統的品牌個性維度量表（Brand Dimensions Scales，BDS）。五個維度下有15個層面，包括有42個品牌人格特性。這套量表是迄今為止對品牌個性所作的最系統也是最有影響的測量量表，據說可以解釋西方93%的品牌個性的差異（David A. Aaker）。

表10.3　　　　　　　　　　珍妮弗·阿克爾的品牌個性分類[1]

類別	屬性	代表品牌
Sincerity（真誠）	①腳踏實地的：家庭導向的、小城鎮的、傳統的、藍領的；②誠實的：真誠的、真實的、合乎倫理的、體貼的、有同情心的；③健康的：原創的、名副其實的、永葆青春的、經典的、老套的；④愉悅的：感情豐富的、友好的、熱心的、幸福的	柯達
Excitement（刺激）	①大膽的：追逐潮流的、令人興奮的、反傳統的、炫目的、煽動性的；②活潑的：酷的、年輕的、有活力的、開朗的、具有冒險精神的；③有想像力的：獨特的、幽默的、令人驚奇的、有美感的、有趣的；④時尚：特立獨行的、緊隨時代的、創新的、積極進取的	貝納通
Competence（勝任）	①可靠的：勤奮的、安全的、有效的、值得信賴的、仔細的；②智慧的：技術的、團結的、嚴肅的；③成功的：領導者的、自信的、有影響力的	IBM
Sophistication（教養）	①上流社會的：富有魅力的、外形美觀的、自命不凡的、精細的；②有魅力的：女性化的、流暢的、性感的、溫柔的	奔馳
Ruggedness（強壯）	①戶外的：男性化的、西部的、活躍的、運動的；②結實的：粗獷的、強健的、直截了當的	萬寶路

4. 符號維度

符號（或標誌）往往是消費者頭腦中感受最為深刻的東西，是品牌整體形象的高度

---

[1] 資料來源：David A Aaker. Building Strong Brands [M]. NewYork：Free Press，1996.

濃縮和象徵。有兩種符號標示是非常重要的，即視覺符號和隱喻式圖像。

（1）視覺符號是能激發強烈視覺印象的符號，例如，耐克球鞋的勾型商標、麥當勞的黃色 M 型、可口可樂的紅白字體、奔馳汽車的商標等，都強烈地傳達著品牌的形象。

（2）隱喻式圖像主要指能夠同時顯示一個品牌的功能和傳達這個品牌「感情」的標示或標誌。例如，籃球名將喬丹高高躍起，表現了耐克球鞋的運動特色。

品牌的產品形象是指產品的質量、功能、價格、購買是否便利以及購買過程是否愉快，等等。

品牌的人性化形象是品牌擬人化的表現，它使得品牌形象更豐富、更能打動人心。人們往往傾向於偏愛那些與自己存在共性的人和事，因為彼此間更容易產生共鳴。品牌的人性化特徵能與消費者進行良好的溝通。

品牌的企業形象是品牌綜合形象的堅強後盾。由於消費者在選購商品時往往面臨著信息的不對稱，因此在對產品和品牌的優劣作出主觀判斷時，良好的企業形象能對企業品牌形成了一種有力的支持。消費者由品牌聯想到企業，包括企業文化、社會聲譽、創新能力、技術實力、管理水準、規模、產品/服務質量等。企業形象傳承的核心是品牌的精神內涵，這種內涵除了從產品和品牌本身展現出來，同時還體現在企業的文化、組織、管理以及員工之中。

品牌的符號形象是品牌形象最直接的表象，包括品牌標示、包裝、廣告等。其簡潔有力的信息傳遞和強烈的視覺衝擊力極易徵服消費者，是消費者頭腦中對品牌形象感受最為深刻的一部分，是品牌綜合形象的高度濃縮和象徵。品牌符號要具有一定寓意和易記性，並且其設計必須與要傳達的品牌形象保持一致。

三、品牌聯想

品牌聯想指記憶中和品牌相連的每一個知識，是人們對品牌的想法、感受以及期望等的集合。比如一提到麥當勞，人們就會聯想到金黃色的 M 標誌、微笑小醜的麥當勞叔叔、紅色為主的麥當勞招牌、快餐、漢堡包、小孩生日會，等等。這種聯想多少會反應消費者與品牌之間的聯繫程度，是消費者進行購買決策和形成品牌忠誠的基礎。有益的聯想越豐富，品牌的價值越高。

（一）品牌聯想的作用

1. 聯想具有導向性的心理作用

曾經有一個著名的心理學試驗：把被實驗者分成左右組，每組各發一瓶一模一樣的蒸餾水讓其分別飲用。待其喝完了後，實驗者告訴他們左邊小組喝的水是礦泉水，而右邊小組喝的是從廁所馬桶裡的水蒸餾出來的。結果，左邊小組興高採烈的大贊好喝而右邊小組不少人開始嘔吐。這個實驗有效地說明了聯想的作用。

2. 品牌聯想能幫助人獲得、理解並記住關於品牌的信息

比如米其林輪胎胖巨人的形象有利於對其品牌的記憶和聯想。

3. 通過特定聯想而產生品牌區別

比如聯想到義大利的皮具就意味著優質，聯想到海飛絲就意味著去屑。有益的品牌聯想能使品牌資產增值。

4. 特定的聯想可能是購買的依據

比如可口可樂會使我們聯想到經典美國風格；而百事可樂會令我們聯想到年輕時髦的一代。這些不同的聯想吸引著不同的人群。

總之，品牌聯想能夠幫助消費者對品牌形成不同的態度，是品牌延伸的重要基礎。

(二) 品牌聯想的主要內容

1. 品牌核心價值

品牌核心價值是品牌提供給消費者的關鍵利益，是消費者認同、喜歡和願意購買某一個品牌的主要動因。品牌核心價值既包括功能性利益如「舒膚佳有效除菌」，也包括精神價值如「寶馬代表著身價不凡」。一旦品牌核心價值成為最強勁的聯想，就為占領市場奠定了堅實基礎。

2. 產品特性

最常見的品牌戰略定位就是將定位目標與產品屬性或者特性聯繫起來，比如一支高露潔牙膏具有外包裝質地、大小、膏體顏色、細膩程度、潔齒與護齒功能、香味、價格等許多特徵，而高露潔的品牌核心價值只是「有效防止蛀牙」。

不過一般特徵也能提供輔助價值，如透明或者顏色清涼的藍白相間的牙膏膏體也是消費者選擇牙膏時的偏好，而精美別致的包裝也讓「有效防止蛀牙」這一關鍵利益更可信。

3. 聲望感與領先感

聲望感與領先感指的是聯想中對品牌的整體評價，如質量、技術及企業整體實力在行業中的領導地位。消費者願意花更高的價格購買某品牌在很多時候是因為其具備了威望感與領先感，如 ARMARNI 的西裝、蘋果 IPAD 等等。

4. 清晰的相對價格

產品的價格檔次會決定人們對品牌的評價。所以，品牌制定什麼樣的價格必須與其品牌形象相適應。例如，低價品牌的形象，如果要制定相對高的價格來提升品牌地位，會經歷消費者的懷疑和不信任，並付出更高的消費者教育成本。同樣，高價品牌如果制定較低的價格去爭取低端市場，則很容易破壞原有高端形象，產生不好的聯想。因此，品牌定位中價格是非常重要的環節。

5. 使用場合

雀巢咖啡提示的飲用場合是寫字樓白領們的放鬆一刻，人們在星巴克聊天看街景會朋友，穿著小禮服的人們在範思哲咖啡舉行「PARTY」，一個人在河濱漫步看書喝罐裝的左

岸咖啡……品牌的使用場合存在著明顯的差別，這也是實現品牌差異的關鍵因素之一。

6. 使用者/顧客

將品牌與產品的使用者/顧客聯繫起來，這是一種有效的品牌定位方法。如百事可樂用時尚偶像演繹的「活力、個性、激情」更易獲得年輕人的喜歡；樂百氏酸奶明確指向兒童，而達能酸奶的主要消費群是成人；奔馳車比寶馬更適合年紀大、略微保守、穩健的商界成功人士乘坐；沃爾沃則代表著含而不露的知識精英。

當然，品牌強有力的使用者/顧客聯想也會限製品牌目標市場的擴大能力，然而魚與熊掌不可兼得，在產品過剩、競爭異常激烈的年代，必須作出犧牲，選擇特定目標消費群，以使產品與服務更符合目標消費群的需要，增強在細分市場的競爭力，增進目標消費群對品牌的歸屬感。

7. 生活方式與個性

一個品牌就代表著一種生活方式與個性。例如芝華士在中國市場就全力打造著「享受芝華士人生」的生活方式：到阿拉斯加釣魚、到燈塔野餐、在中國體驗全球頂尖音樂的現場表演……輕鬆愜意地過著一切都在掌握之中的有情調、有能力、有品位的芝華士式生活。消費者因為向往著這樣的生活方式而青睞芝華士。

8. 產品類別

哈根達斯是表達愛情的冰淇淋、SONY是畫質優越的電腦、IPHONE是智能手機……品牌牢牢與產品類別聯繫起來，有助於品牌在這一產品類別上立穩腳跟，使其他品牌侵入的難度倍增。不過品牌成為一個品類的代名詞，也容易作繭自縛，降低品牌的延伸能力。如五糧液從白酒到礦泉水的延伸就比較失敗。

9. 競爭對手

參照競爭對手進行定位是定位戰略的主要手段。因此，利用與競爭對手的差異進行聯想是創建品牌的重要手段，如海飛絲的去頭屑功能要比別的洗髮水突出，索尼在顯像管技術上站在行業最前沿，竹葉青比別的綠茶更有品位和高檔……

10. 國家或地理區域

國家或地理區域的自然環境資源、發展歷史、文化造就了其在某些產品領域的特別優勢，如日本的小家電、瑞士的手錶與軍用刀、法國的紅酒與香水、義大利的時裝，等等。被消費者認同的地域聯想，可節省大量宣傳成本。當然，在品牌全球化發展的過程中，與國家相關的聯想變得既複雜又重要。

(三) 品牌聯想的建構方式

1. 講述品牌故事

品牌故事是品牌在發展過程中將那些優秀的東西總結、提煉出來，形成一種清晰、容易記憶又令人浮想聯翩的傳導思想。其實，品牌故事是一種比廣告還要高明的傳播形式，它是品牌與消費者之間成功的情感傳遞。消費者購買的不是冷冰冰的產品，他們更希望得

到產品以外的情感體驗和相關聯想,而且,這種聯想還有助於誘發消費者對品牌的好奇心和認同感。

哈佛堪稱世界教育第一品牌。有關哈佛的故事很多,最著名的有兩個:一個是關於哈佛這個創始人(一說捐獻人)的,一個是關於哈佛的「傲慢與偏見」(據說,這個故事的始作俑者是查爾斯河對岸以「西海岸的哈佛」自居的斯坦福大學)。儘管這兩個故事並不一定是真的歷史,但真真假假,卻像磁石一樣吸引著年復一年的新生和來自全世界的旅遊觀光者,更為這座古老的大學增添了幾分神祕的色彩。

世界未來學者之一、哥本哈根未來研究學院的主任羅爾夫·詹森,早在1999年就作出預測,在21世紀,一個企業應該具有的最重要的技能就是創造和敘述故事的能力。正如詹森提出的:「這是所有企業都面臨的挑戰——不管是生產消費品、生活必需品、奢侈品的公司,還是提供服務的公司,都必須在自己的產品背後創造故事。」

小連結

宅急便的故事

從1957年說起,當時日本大和運輸的創立者——小倉康臣先生,在某天看到一只落單的初生小貓,孤零零躺在馬路邊,眼睛還睜不開,微弱地喵喵呼喊著母貓,讓人看了心疼。康臣心生惻隱,本來要過去移走小貓,以免小貓在人來車往的馬路上受傷,突然一只母貓出現,過去溫柔地舔了一下小貓的眼睛,小心翼翼,輕輕銜起小貓的脖子,然後慢慢地把小貓移往安全的窩。

當時,康臣先生從那只母貓的眼神中發現,這種細心呵護、無微不至的態度,正是宅急便服務應該有的精神:「用母貓對待對自己親骨肉的心態,用小心翼翼的態度面對每次托付,對顧客的包裹視如己出般地呵護。」

雖然當時這個親子貓的標誌已經由全美最大的聯合貨運公司所擁有。康臣先生為了傳達這種小心翼翼、呵護送達的一份感動,他特別向美國公司提出授權的請求,便開始以此作為黑貓宅急便的故事象徵。

黑貓宅急便的每一分子,都謹記著這個 Logo 代表的用心與感動:「每天從不同的顧客手中,接過托運的包裹。我們知道,這些都是有溫度的。」就是為了把客人傳出來的溫暖傳遞下去,宅急便也是用最小心翼翼、視如己出的態度來達成。「小心翼翼,有如親送」也成為其不變的承諾。

資料來源:http://www.t-cat.com.tw/Component/SPageFotT-Cat.aspx?MID=3&SPID=7,黑貓宅急便企業介紹。

2. 借助品牌代言人

借助品牌代言人是指品牌在一定時期內以契約的形式指定一個或幾個能夠代表品牌形象並展示、宣傳品牌形象的人或物。

借助有影響力的用戶代表來建立有價值的品牌聯想。如 2006 年 4 月，中共中央總書記胡錦濤在北京釣魚臺接見了臺灣國民黨名譽主席連戰，並以國酒茅臺互敬。相信許多人還記得，那幾天在世界各大媒體上刊播的那一精彩瞬間，這是茅臺企業花多少錢也買不到的傳播價值。

而著名首飾品牌蒂凡尼（Tiffany），在很多消費者心目中都是第一時間聯想到著名演員赫本在電影《蒂凡尼早餐》（Breakfast at Tiffany）中的美麗倩影。而這種聯想，早已讓客戶忘掉了價格等外在因素的對比，其購買決策更像是來自心靈深處的召喚。

所以，好的代言人對品牌而言是如虎添翼，但如何選擇及如何調控代言人與品牌間的關係，是個複雜的課題。

3. 建立品牌感動

未來學家約翰‧奈比斯特說：「未來社會正朝著高技術與高情感平衡的方向發展。」優秀品牌的傳播無不充滿了人類美好的情感，並給消費者帶來了豐富的情感回報。比如，鑽石彰顯永恆之愛，一句「鑽石恆久遠，一顆永留傳」的廣告語，便將一段刻骨銘心的愛情與一顆光彩奪目的鑽石聯繫了起來，並在消費者心目中建立了一種發自內心的品牌感動。

舉例來講，希望在客戶和最終使用者心中塑造「環保、親近自然」形象的著名石油公司雪佛龍，曾拍攝了一則旨在讓消費者感動的形象廣告。廣告片的訴求表現十分真實：當太陽在西懷俄明升起的時候，奇異好鬥的松雞跳起了獨特的求偶之舞。這是一個生命過程的開始，而一旦有異類侵入它們的孵育領地，這一過程就會遭到破壞。這就是鋪設輸油管道的人們突然停止建設的原因，他們要一直等到小松雞孵化出來之後才回到管道旁繼續工作。企業為了幾只小松雞，真的能夠擱置其商業計劃嗎？這就是雪佛龍廣告為顧客創造的一種品牌感動，這種感動不僅加深了顧客對該品牌意欲樹立的環保形象的認知，而且使得社會大眾將他們對環保的需求在該類聯想中得到理解和融合，從而愈加認同乃至忠誠於雪佛龍品牌。

四、品牌忠誠

在整合行銷傳播的視野裡，品牌價值體現為與顧客及相關利益者的關係程度，因此構建品牌的核心就是構建與顧客及相關利益者的穩定關係。

比如說在美國 8% 的家庭消費者消費 84% 的可樂；16% 的消費者喝掉接近 80% 的酸奶；30% 的消費者吃掉 56% 的快餐；33% 的零售商賣掉 73% 的卷菸產品；6% 的人掌握並擁有 40% 的金融服務⋯⋯所以，建立品牌資產的關鍵在於發展與顧客之間的互相依賴、互相滿足的關係。

艾克在其《品牌領導》一書中說：「這就要求賦予品牌人性化的特徵，使品牌能夠成為消費者的朋友、老師、顧問或者保鏢等，從而品牌就在消費者日常生活中扮演了某個角

色。消費者的利益價值主張在這人性化的品牌形象得以體現，品牌將會獲得消費者的認同，使消費者對品牌產生強烈的歸屬感，為最終形成品牌忠誠奠定基礎。」

（一）消費品市場品牌忠誠

這裡，消費品是指經常或大量購買的、價值較低的非耐用品。消費品市場品牌忠誠通常可以用顧客購買的量、購買的頻率、使用的時間長度來衡量。

作為消費品市場的品牌忠誠有一個十分明顯的特徵，那就是品牌忠誠十分分散，幾乎每一個品牌都會擁有一批忠誠的顧客，而每一位顧客對一個特定品牌的忠誠度也很有限，他們往往同時購買幾個品牌的產品，其原因主要有以下幾個：

（1）顧客因為採用新品牌要冒的風險往往不大，所以有時他們願意冒險去發現新舊產品之間的異同。

（2）促銷作用下，譬如說某一新品牌產品大幅度降價銷售的時候，會激起一部分消費者去採購新品牌。

（3）由於產品多屬於低值產品，在銷售渠道方面往往不能完全滿足顧客的需求，當渠道出現問題，顧客無法買到他所忠誠的某一品牌產品時，會改而使用其他品牌的產品。

（4）這類產品的購買者往往不是直接消費者，且消費者包括幾種不同的品牌忠誠情形，如辦公室秘書為公司採購辦公用品時就是這樣。這種情況下，購買者往往會不斷改變他的品牌忠誠對象。

（5）有些消費品，由於它與消費者（顧客）的切身體會的聯繫不十分明顯，所以當顧客重複購買這類產品時（如保鮮袋）往往對品牌的忠誠表現不明顯。

從以上分析可見，消費品市場品牌忠誠比較好評估但卻很難建立。其主要原因集中在產品與消費者之間的利益關係不突出、消費者更換品牌時所冒的風險較小這兩點上。因此，消費品市場行銷者應該努力去提高產品質量，提供更多的服務，走差異化行銷的道路，並且適時地採用促銷策略。

當然，有的企業從培養顧客對品牌的忠誠轉向經營顧客對企業的忠誠，以適合顧客不斷更新的需求，如聯合利華就是一例。

（二）耐用品市場忠誠

對於耐用品市場而言，由於產品的價值較高、使用時間較長，因此消費者介入的程度高，產品性能、形象對消費者的利益影響深遠，故而消費者往往對某一品牌具有較高的忠誠度。

耐用品的產品質量和性能的重要性是顯而易見的，而且與消費者的切身利益關係密切，因此，要培養耐用品市場的品牌忠誠，企業應該將產品的質量放在第一位。適當的品牌定位往往也是獲得耐用品市場品牌忠誠的有效手段。

（三）服務市場品牌忠誠

目前對服務市場的品牌忠誠研究較少，然而服務市場的品牌忠誠對於服務行銷者來

說，其重要性並不比有形產品市場差。相反，有時顯得更加重要，譬如說餐飲業、美容美髮行業、信息產品、諮詢行業都能受益於品牌的忠誠。服務市場品牌忠誠有以下特點：

（1）一方面，服務（含信息產品）是無形的，顧客往往不能感覺它們的品質和質量的真實內涵；另一方面，顧客與服務的利益涉及程度較高，譬如說諮詢，顧客往往希望利用它來為某一重大決策服務。很明顯，顧客在選擇服務的時候會更看重品牌，將品牌作為衡量服務質量的標準之一。

（2）很多服務具有連貫性，一旦選擇，很難改變，所以在服務市場，顧客對品牌的忠誠度往往較高，而且比較單一，如財會服務的選擇就是這樣。

（3）在服務市場，顧客對服務的忠誠度往往受他們同服務提供者之間的關係密切程度影響較大，一旦建立起了良好的關係，顧客也就很容易形成對品牌的忠誠。一般來說，企業同消費者維持關係的能力都很強，所以服務市場品牌忠誠度一般也都較高，而且有較多的手段加以培養和鞏固。

（4）在服務市場，顧客對產品容易形成習慣、產生依賴，而對其他同類服務的選擇表現出惰性。人們往往喜歡到同一個地方吃飯、理髮、洗衣就是這種原因造成的。

（5）在服務市場中，品牌忠誠度與交易的滿意度之間關係密切，所以服務的滿意度不但從質量上，而且從心理態度方面滿足了顧客的需要，它是服務市場建立和培養品牌忠誠的有力工具。

第二節　品牌成長十階梯

品牌不等於產品，它是一個系統概念，是企業各方面的優勢如質量、技術、服務、宣傳等的綜合體現。所以，實施品牌戰略要求企業系統地改善整體運作以促進品牌的段位升級。每上一個階梯都要經過企業多方面的努力，是一個長期繁復的巨大工程，一環扣一環。

一談起品牌，人們都會不約而同地談起品牌的知名度、美譽度、忠誠度。實際上，品牌的表現不只是這三個度。我們進一步細化、量化品牌的「度」，可將品牌的締造分成十個不同的階段。眾所周知，品牌的形成非一朝一夕所能完成，品牌的打造猶如攀升階梯一般，需要經過一步步地累積、不斷地提高段位，最後才能登上成功的巔峰，如圖10－3所示。

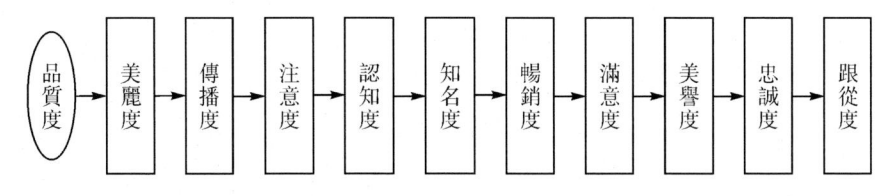

品質度 → 美麗度 → 傳播度 → 注意度 → 認知度 → 知名度 → 暢銷度 → 滿意度 → 美譽度 → 忠誠度 → 跟從度

圖10－3　品牌建設階梯模型

一、品牌入段——品質度

所謂品質度，是指品牌結構中核心產品的質量。產品質量（包括服務質量）是品牌這座摩天大樓得以建立的根本基礎，基礎不牢，任何知名度、美譽度都是建造在沙灘上的一座海市蜃樓。同樣的產品，其品質度不一樣，品牌的基礎就不一樣。通常，我們認為只有處於一段以上的產品才能面對行銷市場，並且隨著品牌的上升，產品質量也應該從二段到三段……六段、七段等往上攀登。

品質是市場接受的基本理由。所以，眾多品牌都大力宣傳自己品質優良。比如吉列強調自己是「男人可以得到的最好的剃須刀」，VOLVO 的廣告語是「最安全的汽車」等等。可惜這麼初級的要求，並不是所有的品牌都能做得到。沒有優良品質作基礎，是無法成就一個真正的品牌的。

二、品牌一段——美麗度

所謂美麗度，就是一個品牌的形象塑造後所呈現的美觀程度。

人們所感知的外部信息，有 83% 是通過視覺通道到達人們心智的。消費者也是首先通過視覺感知產品與品牌。因此，好的產品外觀設計、良好的材質運用、妥帖漂亮的包裝、獨特精緻的產品標誌、賞心悅目的廣告等，美麗的東西通常會給人們留下良好的第一印象，將為品牌的後續的發展開創一個良好的開端。

瑞士雷達表在中國的售價每只 1 萬元以上，可它生產成本只有不到 1000 元。事實證明，在新的產業革命推動下，世界已進入了設計時代。而國產品牌由於在設計等方面不夠重視，無法給消費者提供驚喜和激動，在與國際品牌的市場競爭中很容易處於下風。在未來，沒有設計的品牌就沒有發言權。我們必須通過設計創新，才能提升產品附加值和品牌形象。

三、品牌二段——傳播度

好的產品、好的形象必須通過有效的傳播才能取得更大的市場。廣泛的傳播度是品牌建立的堅實基礎，是品牌發展的有力支持。在現今的媒體社會中，無論是在品牌建立的初始階段還是成熟階段，傳播的支持都尤為重要。如何能夠達到覆蓋面廣、影響力深的程度，這是品牌傳播的目標。僅靠視覺傳播、口碑傳播、廣告傳播，是遠遠不夠的，還要進行整合傳播，將品牌傳播出去，深入人心。

小連結

整合行銷傳播

1992 年，全球第一部 IMC（Integrated Marketing Communications，簡稱 IMC）專著《整合行銷傳播》在美國問世。作者是在廣告界極負盛名的美國西北大學教授唐・舒爾茨及其合作者斯坦利・I. 田納本（Stanley I. Tannenbaum）、羅伯特・E. 勞特朋（Robert F. Lauterborn）。其概念的內涵也隨著實踐的發展不斷豐富和完善。整合行銷傳播的開展，是 20 世紀 90 年代市場行銷界最為重要的發展，整合行銷傳播理論也得到了企業界和行銷理論界的廣泛認同。

整合行銷傳播 IMC 的核心思想是將與企業進行市場行銷有關的一切傳播活動一元化。整合行銷傳播一方面把廣告、促銷、公關、直銷、CI、包裝、新聞媒體等一切傳播活動都涵蓋到行銷活動的範圍之內，另一方面則使企業能夠將統一的傳播資訊傳達給消費者。所以，整合行銷傳播也被稱為用一個聲音說話（Speak With One Voice），即行銷傳播的一元化策略。

一、整合行銷傳播的兩個特性

1. 戰術的連續性

戰術的連續性是指所有通過不同行銷傳播工具在不同媒體傳播的信息都應彼此關聯呼應，在所有行銷傳播中的創意要素要保持一貫性。譬如在一個行銷傳播戰術中可以使用相同的口號、標籤說明以及在所有廣告和其他形式的行銷傳播中表現相同行業特性等。心理的連續性是指對該機構和品牌的一貫態度，它是消費者對公司的「聲音」與「性格」的知覺，這可通過貫穿所有廣告和其他形式的行銷傳播的主題、形象或語調等來完成。

2. 戰略的導向性

戰略的導向性是通過設計來完成戰略性的公司目標，強調在一個行銷戰術中所有的包括物理和心理的要素都應保持一貫性。許多行銷傳播專家雖然能製作出超凡的創意廣告作品，深深地感動受眾甚至獲得廣告或傳播大獎，但是卻未必有助於本機構的戰略目標，例如銷售量市場份額及利潤目標等。能夠促使一個行銷傳播戰術整合的就是其戰略焦點，信息必須設計來達成特殊的戰略目標，而媒體則必須通過有利於戰略目標的考慮來對其進行選擇。

二、整合行銷傳播的七個層次

1. 認知的整合

這是實現整合行銷傳播的第一個層次，在這裡只有要求行銷人員認識或明了行銷傳播的需要。

2. 形象的整合

第二個層次牽涉到確保信息與媒體一致性的決策。信息與媒體一致性一是指廣告的文字與其他視覺要素之間要達到的一致性，二是指在不同媒體上投放廣告的一致性。

3. 功能的整合

把不同的行銷傳播方案編製出來,作為服務於行銷目標(如銷售額與市場份額)的直接功能,也就是說每個行銷傳播要素的優勢劣勢都要經過詳盡的分析,並與特定的行銷目標緊密結合起來。

4. 協調的整合

第四個層次是人員推銷功能與其他行銷傳播要素(廣告公關促銷和直銷)等被直接整合在一起,這意味著各種手段都要用來確保人際行銷傳播與非人際行銷傳播的高度一致。例如推銷人員所說的內容必須與其他媒體上的廣告內容協調一致。

5. 基於消費者的整合

行銷策略必須在瞭解消費者的需求和欲求的基礎上鎖定目標消費者,在給產品以明確的定位以後才能開始行銷策劃。換句話說,行銷策略的整合使得戰略定位的信息直接到達目標消費者的心中。

6. 基於風險共擔者的整合

行銷人員應該認識到目標消費者不是本機構應該傳播的唯一群體,其他共擔風險的經營者也應該包含在整體的整合行銷傳播戰術之內,如本機構的員工、供應商、配銷商以及股東等。

7. 關係管理的整合

這一層次被認為是整合行銷的最高階段。關係管理的整合就是要向不同的關係單位進行有效的傳播,公司必須發展有效的戰略。這些戰略不只是行銷戰略,還有製造戰略、工程戰略、財務戰略、人力資源戰略以及會計戰略等。也就是說,公司必須在每個功能環節內(如製造、工程、研發、行銷等環節)發展出行銷戰略以達成不同功能部門的協調,同時對社會資源也要作出戰略整合。

三、整合行銷傳播的六種方法

1. 建立消費者資料庫

這個方法的起點是建立消費者和潛在消費者的資料庫。資料庫的內容至少應包括人員統計資料、心理統計、消費者態度的信息和以往購買記錄等。整合行銷傳播和傳播行銷溝通的最大不同在於整合行銷傳播是將整個焦點置於消費者、潛在消費者身上,因為所有的廠商、行銷組織,無論是在銷售量還是利潤上的成果,最終都依賴消費者的購買行為。

2. 研究消費者

這是第二個重要的步驟,就是要盡可能使用消費者及潛在消費者的行為方面的資料作為市場劃分的依據,相信消費者「行為」資訊比起其他資料如「態度與意想」測量結果更能夠清楚地顯現消費者在未來將會採取什麼行動,因為用過去的行為推論未來的行為更為直接有效。在整合行銷傳播中,可以將消費者分為三類:對本品牌的忠誠消費者、他品牌的忠誠消費者和遊離不定的消費者。很明顯這三類消費者有著各自不同的「品牌網

路」，而想要瞭解消費者的品牌網路就必須借助消費者行為資訊。

3. 接觸管理

所謂接觸管理就是企業可以在某一時間、某一地點或某一場合與消費者進行溝通，這是 20 世紀 90 年代市場行銷中一個非常重要的課題。在以往消費者自己會主動找尋產品信息的年代裡，決定「說什麼」要比「什麼時候與消費者接觸」重要。然而，現在的市場由於資訊超載、媒體繁多、干擾的「噪聲」大為增大。目前最重要的是決定「如何、何時與消費者接觸」，以及採用什麼樣的方式與消費者接觸。

4. 發展傳播溝通策略

這意味著在什麼樣的接觸管理之下，該傳播什麼樣的信息，而後，為整合行銷傳播計劃制定明確的行銷目標。對大多數的企業來說，行銷目標必須非常正確，同時在本質上也必須是數字化的目標。例如對一個擅長競爭的品牌來說，行銷目標就可能是以下三個方面：激發消費者試用本品牌產品；消費者試用過後積極鼓勵其繼續使用並增加用量；促使他品牌的忠誠者轉換品牌並建立起對本品牌的忠誠度。

5. 行銷工具的創新

行銷目標一旦確定之後，第五步就是決定要用什麼行銷工具來完成此目標。顯而易見，如果我們將產品、價格、通路都視為和消費者溝通的要素，整合行銷傳播企劃人將擁有更多樣、廣泛的行銷工具來完成企劃，其關鍵在於哪些工具、哪種結合最能夠協助企業達成傳播目標。

6. 傳播手段的組合

這最後一步就是選擇有助於達成行銷目標的傳播手段。這裡所用的傳播手段可以無限寬廣，除了廣告、直銷、公關及事件行銷以外，產品包裝、商品展示、店面促銷活動等，只要能協助達成行銷及傳播目標的方法，都是整合行銷傳播中的有力手段。

資料來源：http://wiki.mbalib.com/wiki/整合行銷傳播理論，智庫百科。

小連結

英特爾品牌行銷啟示錄

這是一個具有典型意義的品牌行銷和整合傳播案例。英特爾（Intel）以生產電腦的中央處理器而眾所周知，在全世界有 80% 的個人電腦所使用的都是英特爾生產的微處理器芯片，它已經成為當今世界 IT 產業的最為著名的品牌之一。雖然生產一系列微處理器是英特爾多年以來始終如一的業務，但是市場最初對它的品牌認同並不像今天這樣。早期英特爾的微處理器是通過它的數字代碼標示的。早在 20 世紀 80 年代個人電腦開始流行的時候，人們就知道 286、386、486——英特爾用不同的數字表示相應的科技水準，它的微處理器橫掃整個電腦市場。然而英特爾卻並沒有為這些「X86」申請商標註冊——事實上數字本身也不能成為一種商標，「X86」也僅僅只代表了一種產品的科技含量，因此許多類

似的公司都不約而同地在自己生產的微處理器上標示出「X86」的字眼。英特爾巨大的市場份額受到了蠶食。於是，一種經過精心策劃的有意識的品牌運動開始在全球推廣。

這項運動就是著名的「內有英特爾」（Intel Inside）。英特爾的整合行銷傳播活動是從1991年開始的，他的做法是：要求眾多的電腦生產商，如 IBM、康柏（Compaq）、戴爾（Dell）、通路電腦（Gateway）等，在所生產銷售的電腦、說明書、包裝和廣告上，都增加「內有英特爾」（Intel Inside）的商標。作為報答，英特爾將從他們的銷售額中劃出最高達3%的返利給這些電腦生產商作為聯合廣告補貼，而如果同業將「Intel Inside」商標印在售出的電腦包裝上，那麼他們將獲得的回扣高達5%。可以說這種雙管齊下的整合策略遠遠超出了一般廣告運動的影響。它不僅極大地提高了英特爾的知名度，而且使英特爾的形象從單純芯片製造商轉變為一種質量領袖。當每一個下游電腦生產商在他的產品或者包裝上標註「內有英特爾」（Intel Inside）標示時，實際上都在向消費者傳輸著這樣一個信念：購買內有英特爾處理器的電腦，無論從技術含量和穩定性上都是一個深思熟慮的選擇。這樣英特爾通過這項整合運動，不但穩定了他和下游生產商、經銷商的關係，而且也與消費者達成了一種默契，這些都直接反應到了他的品牌價值之上。

為了擴大這項活動的影響面，英特爾同時還花巨資開展了一個聲勢浩大的廣告運動。它運用了電視、報紙以及大量的印刷廣告等形式，並把「內有英特爾」（Intel Inside）設計成為一個有特色的商標，向整個社會集中宣傳。這項計劃從一開始廣告預算就是每年一億美元，其明顯的結果是在短短18個月內，僅僅出於這項計劃之下的「Intel Inside」廣告，總量就高達90,000多則。如果把這些廣告份數換算成曝光次數，據估計可能高達100億次。根據調查，就在這短短18個月裡，電腦的商業用戶中，知道英特爾的人數從原來的46%驟然上升到80%，這個巨大的增長幅度相當於其他品牌數十年的努力結果。然而最重要的還不在於此，在英特爾的品牌價值也大幅度提升的同時，其市場份額也大幅提升。僅僅在1992年，即「Intel Inside」廣告推出之後的一年，英特爾的全球銷售額就增長了63%。就在採用英特爾處理器電腦風靡全球之時，那些因為沒有採用英特爾處理器的電腦卻必須折價出售。

這項持續的運動給英特爾帶來了巨大的利益。在運動推廣開始的1991年，英特爾公司的市值僅僅是100億元。到10年後的2001年，它的市值增加了26倍，是2600億元。2002年，國際品牌公司 Interbrand 根據權威調查進行評估，美國《商業周刊》（Business Week）評選出年度最有價值的「全球品牌100強」（Top 100 Global Brands），英特爾的品牌價值為306億美元，居於可口可樂（696億美元）、微軟（640億美元）、IBM（512億美元）和通用電器（413億美元）之後，名列全球最有價值品牌第五位。

在「內有英特爾」（Intel Inside）活動之後，它的整合行銷傳播活動一直沒有停止。幾乎在後來的每一次戰略性行銷中，英特爾都在強化著自己的品牌，從「英特爾有顆奔騰的心」，到「英特爾無處不在」（Intel Everywhere）。正如英特爾首席執行官克雷格·巴

雷特（Craig Barrett）所說的那樣，公司將積極尋找 PC（個人電腦）之外的商業機會。也許未來英特爾的芯片將會出現在各種數字設備中，從手機到平面電視，再到便攜式影視播放器和家庭無線網絡甚至是診斷設備。如果這些新的市場能夠進一步開發，它將為公司帶來新的收益。而這一切都來自品牌的整合與創新。

「內有英特爾」（Intel Inside）是一個典型的整合行銷傳播活動。儘管在 1991 年整合行銷傳播還沒有得到充分的認識，大家也沒有意識到英特爾實際上所做的是一項地道的整合行銷傳播創舉，但事實上它的操作過程卻完整地體現了整合行銷傳播的精髓：通過一致性的信息傳播突出了英特爾品牌，不僅巧妙地把自己從同類產品中區隔開來，而且使這種隱藏在電腦裡面的部件跳出個人電腦的框架，進入到消費者的視野中。它不僅大大擴大了自己的市場，而且通過強化品牌增加了產品附加值，使消費者心服口服地願意付出更多的價錢去購買它。在這項整合行銷傳播運動中，每一步都可以看出英特爾的精心設計。

其一是對品牌價值的確認。英特爾認識到，要想建立自己的競爭優勢，必須強化品牌資源與行銷鏈中的各個環節的穩定關係，尤其是得到個人電腦的終端用戶認同，為此第一步是確立品牌商標。最初英特爾曾打算保護他的產品編號，使自己不再受到競爭對手的侵犯；但是這種試圖把編號變為品牌商標的做法在聯邦法院被駁回，最後那些「X86」編號只能是作為芯片發展水準的代名詞。因此英特爾必須為自己創立一個商標，這個商標不僅能夠使自己與其他產品區隔開來，而且還必須能夠有效地實現一種品牌資源的整合。為此他創立了「Intel Inside」（內有英特爾）。這個商標的好處就在於它突出了英特爾品牌本身，同時又不僅僅是一個簡單的區隔符號，還明確地傳達了一種信念，包含了對行銷價值鏈的整合意識。也就是說，這個商標的確立本身就是基於對市場以及未來開發策略的考慮。

其二是渠道和技術傳播的有力推動。對此英特爾採取兩個方面的策略：一方面通過行銷渠道，實現多層級的渠道傳播；另一方面借助渠道宣傳，強化消費者對這種技術產品的認識。電腦微處理器是一個高技術性產品，它和電腦的其他許多組件一樣，隱藏在電腦中，並沒有真切被消費者感覺到。英特爾要求電腦生產商在自己的包裝和說明中，特別強調「內有英特爾」（Intel Inside），這不僅突出了英特爾的品牌，而且也相應地強調了這個組件對電腦的重要性。而且渠道傳播對於技術性產品具有特別的引導價值：當普通的電腦購買者衝著所謂「奔Ⅲ」、「奔Ⅳ」而來時，絕大部分的購買者並不十分清楚這個被稱做「微處理器」的電腦部件的具體工作程序是怎樣的，英特爾的微處理器與其他品牌又有什麼不同。儘管不斷有技術人員在解釋，事實上還是有很多消費者依然不明白「微處理器」到底是什麼東西。從消費者角度分析，一個簡單的理由可能是：這些電腦製造商——如 IBM、康柏等，他們花那麼多錢做廣告，告訴大家自己採用的是英特爾處理器，這些電腦公司顯然不是笨蛋，這個被稱做「微處理器」的東西一定很重要。

其三是媒體和各種接觸點的整合。「Intel Inside」（內有英特爾）這個商標被完整地套用在各種行銷傳播活動中，英特爾一方面通過各種廣告不斷強化它，另一方面專門為它設

计了公关、促销以及各种内外传播活动。可以说无论是生产商、渠道商、消费者、媒介、金融机构，还是股东和员工，对此的认识都十分清楚，并且统一各方面认识也有助于形成合力。这样英特尔就首先完成了操作层面上的整合，即有利于创造出「一种形象、一个声音」的整合形象，并且在此后的媒体策略中使之不断延伸，体现了整合行销传播的一致性原则。

当然，如果说英特尔的整合行销传播仅限于此，那还只不过是形式意义上的整合。事实上英特尔所做的是整合行销传播从形式到本质的整合。正如舒尔茨教授所说的那样，这项计划跨越了多项传统的销售与行销范畴。①英特尔在这项活动中，尽量发展与电脑制造商、渠道商等各个方面的关系。通过优厚的激励措施，有效地保证了行销链中各个环节的利益平衡，并以此与相关利益者建立了良好的品牌关系。这种激励措施不仅体现在合作广告中，还体现在对整个下游环节的推动中。如果没有这些使生产商和渠道商完美结合的措施，英特尔的整合计划必然会大打折扣。因此直到今天，无论是在电脑制造商、渠道商，还是在电脑消费者那里，英特尔的微处理器都占据着不可动摇的地位。

整合行销传播是一项综合性的战略运作，很多情况下它会超出单纯的行销或者传播范畴，比如实施整合行销传播涉及的组织层级和财务支持。从英特尔的案例中，这些都得到了良好处理。从内部来说，英特尔通过最高层的坚定决心，有效地把研究、生产、管理、物流整合起来，使每一个环节都成为对「Intel Inside」强大的支持因素，使整合行销传播不只是一个单纯的行销传播计划，而是一个关乎整个企业营运的品牌发展战略。最后，为了保证计划实施，英特尔提供了坚实的财务支持，在这项活动推进的1991—1993年间，英特尔为了建立品牌资产，耗资5亿美元进行市场推广。对于整个市场而言，推广的受益者不仅是英特尔，也不仅是电脑生产商和渠道商，更重要的还有消费者。当消费者从不同的传播渠道获得英特尔品牌信息时，便坚定不移地相信英特尔就是最好的微处理器品牌，并在购买中获得了相应的价值满足。因此，英特尔在创造品牌价值的同时也为消费者创造了消费价值。

资料来源：卫军英，http://dealer.yesky.com/college/42/11006042_2.shtml，2009-09-22，全球品牌网。

四、品牌三段——注意度

传播能不能引起媒体、公众、消费者的注意是关键。注意力经济时代，传播若不能引起注意，就等于无的放矢。但是在这其中，公众对品牌有一个反应过程，当品牌的传播逐步引起受众的注意并达到一定的程度时，才能量变引起质变，在冲动连锁反应后引起大规模的购买反应。所以，在此阶梯，品牌打造的重点是引起广大受众的眼球聚焦，上升品牌的注意度，激起受众的反应。

吸引眼球并不意味着成功。注意和好感是有很大区别的。在此期间要注意两个问题：其一，对传播度的把握。避免过度频繁的简单重复。其二，注意内容的科学化。单纯、生

硬的內容在過度傳播的狀態下，只會起負面作用。比如恒源祥十二生肖拜年廣告就是一個反面例子。

五、品牌四段——認知度

品牌認知度指消費者對品牌的知曉程度，是消費者對一個品牌的質量或特徵的感性認識。

隨著消費者對品牌的注意不斷提高，對接觸的該品牌產品有所瞭解，消費者開始關注品牌，但是從注意度到對產品的特性、功能、價值、特徵有清楚的認識還有一個跳躍。當品牌被深入一層地瞭解，品牌的發展就又上升了一個階梯，即品牌的認知階段。

品牌認知的作用有：其一，提供購買的理由；其二，區別同類品牌；其三，影響產品的價格；其四，吸引流通渠道的興趣。在此階段，要注重建立品牌的大眾性，提高大眾對品牌的認知，綜合運用廣告、公關宣傳、公關活動等宣傳方式，加強與顧客的全方位的溝通。

六、品牌五段——知名度

品牌的知名度是品牌資產資源的重要組成部分之一，是形成品牌形象、打造成功品牌的先決條件。品牌知名度越高，消費者購買此品牌的可能性也越高，抵禦競爭對手的能力也越強。當品牌達到這個段位時，消費者對之已經有了相當的品牌聯想度，能夠透過品牌聯想到品牌形象。如果這一形象正是消費者所需的，他們便會通過購買滿足需求。

七、品牌六段——暢銷度

知名的產品並不一定暢銷，而擁有暢銷度的知名品牌是更高段位上的品牌。

品牌的暢銷度是品牌生產力的反應，是行銷網絡是否健全科學的評價指標。如果說，知名度的建立更多是傳播、廣告、媒體炒作的功勞，暢銷則更多地仰仗於產品價值、價格、通路、網絡、方便性、服務等。因此，從知名度轉化到暢銷度就像從空中打擊轉化到地面進攻一樣，還有太多工作要做。所以，打造品牌的同時，必須建立科學的行銷網絡，綜合運用促銷組合方式，在促進產品的行銷時，將品牌信息傳遞給廣大消費者，擴大、加深消費者對品牌文化及其內涵的瞭解。而當品牌越暢銷，購買者越多，知名度就越會落到實處，同時反過來也會進一步增加認知度、知名度，從而形成正向反饋、良性循環。

八、品牌七段——滿意度

滿意度是指顧客接受產品和服務的實際感受與其期望值比較的程度。

很多品牌在暢銷一時之後便銷聲匿跡，究其根本是沒能夠讓消費者感到滿意。消費者對品牌的需求有幾個方面：①品質需求，包括使用性、適用性、使用壽命、安全性、經濟性和美觀等；②功能需求，包括主導功能、輔助功能和兼容功能等；③外延需求，包括服

務需求、文化需求、品牌形象需求等；④價格需求，包括價位、價質比、價格彈性等。而這些都是構成消費者滿意的必不可少的內容。

當消費者的滿意度得以實現時，他們就會對品牌保持長時間的忠誠度，並且會對企業的績效進行有力的宣傳。反之，他們會慢慢的轉移、遠離品牌。

九、品牌八段——美譽度

品牌美譽度是品牌力的組成部分之一，它是市場中人們對某一品牌的好感和信任程度。

在市場經濟日益發展的今天，品牌已經成為企業占領市場的制勝法寶。人們的生活變成了各種品牌構成的世界：電腦芯片使用的是英特爾，購買運動服裝首選耐克，轎車追捧奔馳或者寶馬，手機還是諾基亞和蘋果比較受青睞……人們選擇品牌的原因是因為人們信任品牌，品牌給人們帶來了超越於產品本身的價值，購買者認為產品物有所值或得到了超值享受。

品牌的知名度可以通過廣告宣傳等途徑來實現，而美譽度反應的則是消費者在綜合自己的使用經驗和所接觸到的多種品牌信息後對品牌價值認定的程度，是消費者的心理感受，是形成消費者忠誠度的重要因素，它不能僅僅靠廣告宣傳來實現。很多優質品牌之所以能夠獲得很高的品牌美譽度，與其提供的產品和服務的高品質密不可分，而且是經過前面的品牌階梯逐步累積而成的。所以，當品牌擁有很高的美譽度時，說明它在消費者中已經有了較好的口碑，那麼，更需要每時每刻以消費者為核心，維護並提高品牌的美譽度。

十、品牌九段——忠誠度

品牌忠誠是指消費者對某一企業的品牌形成偏愛並長期重複購買該企業產品或服務的傾向，是品牌資產中的最重要部分，也是以上各階梯成績的累積體現。消費者的品牌忠誠一旦形成，就很難受到其他競爭品牌產品的影響。忠誠度是企業競爭優勢的主要來源。

值得注意的是，需要區分滿意與忠誠的概念。真正的顧客忠誠度是一種思想行為，而顧客滿意度只是一種情感態度。滿意度的不斷增加並不代表顧客的忠誠度也在增加。調查顯示，即使滿意度評分達到了 70 以上，依然還會有 65%～85% 的顧客可能選擇競爭對手的產品或服務。兩者的區別在於：企業提供的可使顧客滿意的產品（服務）質量標準是在顧客的期望範圍之內，顧客認為你是應該或者可以提供的，英文中用 desired（渴望的）表示；而可提高顧客忠誠度的產品（服務）質量標準是超出顧客想像範圍、令顧客感到吃驚、興奮的服務，英文用 excited（興奮的）表示。然而，兩者又有必然的聯繫。滿意度是忠誠度的基礎，如果沒有滿意度作為保障，企業不可能提升忠誠度。可以說，服務滿意度提升是企業創建品牌及維繫提升忠誠度的必由之路。

忠誠度是顧客忠誠的量，一般可運用三個主要指標來衡量，分別是：整體的顧客滿意度、重複購買的概率、推薦給他人的可能性。

十一、品牌十段——跟從度

當一個品牌擁有廣泛的品牌跟從度，表明它是一個成功的品牌，就如同被廣大群眾崇拜喜愛並追隨的明星一樣，有很好的市場勢力範圍和發展潛力，可謂達到了品牌行銷的最高境界。在這個段位上，該品牌已經處於市場上的領先地位，品牌所有擁有的資源已經成為經濟效益的重要源泉。達到這個段位的品牌，所考慮的主要是鞏固和保持自己的品牌地位。品牌做到這樣的程度已不僅僅是為了利潤，而是在做一種文化、一種藝術。

總的來說，品牌只是簡單的兩個字，但它的養成卻是一個長期繁復的巨大工程，是一步一步依循品牌階梯，經過企業多方面的努力，層層遞升、綜合累積的，需要經過十段位的層層鍛造、逐步昇華，最終達到成功，從而為企業的發展壯大建立起巨大的無形資產。

思考題

1. 品牌聯想對於品牌資產塑造有什麼意義？
2. 建設品牌最重要的是建立知名度嗎？
3. 品牌形象是企業塑造的嗎？
4. 維珍集團的發展，其根本原因在於什麼？

參考文獻

［1］張樹庭，呂豔丹. 有效的品牌傳播［M］. 北京：中國傳媒大學出版社，2008.

［2］吉爾·格里芬. 抓住顧客心（如何培養維繫忠誠的顧客）［M］. 王秀華，譯. 廣州：中山大學出版社，2000.

［3］祁定江. 口碑行銷：用別人的嘴樹自己的品牌［M］. 北京：中國經濟出版社，2008.

［4］David A. Aaker. Building Strong Brands［M］. New York：Free Press，1996.

［5］祝合良. 品牌創建與管理［M］. 北京：首都經濟貿易大學出版社，2007.

［6］李克琴，喻建良. 品牌忠誠分類研究［J］. 湖南大學學報：社會科學版，2002，16（3）.

［7］晁鋼令. 市場行銷學［M］. 3版. 上海：上海財經大學出版社出版，2008.

［8］鄧肯. 整合行銷傳播：利用廣告和促銷建樹品牌［M］. 周潔如，譯. 北京：中國財政經濟出版社，2004.

［9］舒爾茨，等. 整合行銷傳播：創造企業價值的五大關鍵步驟［M］. 北京：中國財政經濟出版社，2005.

國家圖書館出版品預行編目（CIP）資料

市場培育與拓展 / 馮婕 主編. -- 第一版.
-- 臺北市：財經錢線文化發行：崧博, 2019.12
　　面；　公分
POD版

ISBN 978-957-735-951-3(平裝)

1.行銷學

496　　　　　　　　　　　　　　　　108018084

書　　名：市場培育與拓展
作　　者：馮婕 主編
發 行 人：黃振庭
出 版 者：崧博出版事業有限公司
發 行 者：財經錢線文化事業有限公司
E - m a i l：sonbookservice@gmail.com
粉 絲 頁：　　　　　　網　址：
地　　址：台北市中正區重慶南路一段六十一號八樓 815 室
8F.-815, No.61, Sec. 1, Chongqing S. Rd., Zhongzheng Dist., Taipei City 100, Taiwan (R.O.C.)
電　　話：(02)2370-3310　傳　真：(02) 2388-1990
總 經 銷：紅螞蟻圖書有限公司
地　　址：台北市內湖區舊宗路二段 121 巷 19 號
電　　話:02-2795-3656 傳真:02-2795-4100　網址：
印　　刷：京峯彩色印刷有限公司（京峰數位）

本書版權為西南財經大學出版社所有授權崧博出版事業股份有限公司獨家發行電子書及繁體書繁體字版。若有其他相關權利及授權需求請與本公司聯繫。

定　　價：350 元
發行日期：2019 年 12 月第一版
◎ 本書以 POD 印製發行